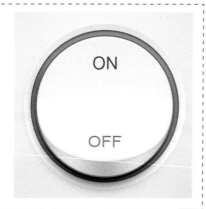

★ 案例名称　课堂案例——圆形开关按钮　**30页**
★ 视频位置　多媒体教学\2.6　课堂案例——圆形开关按钮.avi
★ 学习目标　学习圆形开关按钮的制作方法

★ 案例名称　课堂案例——功能旋钮　**35页**
★ 视频位置　多媒体教学\2.7　课堂案例——功能旋钮.avi
★ 学习目标　掌握功能旋钮的制作方法

★ 案例名称　课堂案例——金属旋钮　**42页**
★ 视频位置　多媒体教学\2.8　课堂案例——金属旋钮.avi
★ 学习目标　学习金属旋钮的制作方法

★ 案例名称　课堂案例——皮革旋钮　**56页**
★ 视频位置　多媒体教学\2.9　课堂案例——皮革旋钮.avi
★ 学习目标　掌握皮革旋钮的制作方法

★ 案例名称　课堂案例——品质音量控件　**64页**
★ 视频位置　多媒体教学\2.10　课堂案例——品质音量控件.avi
★ 学习目标　学习品质音量控件的制作方法

★ 案例名称　课堂案例——音频调节控件　**76页**
★ 视频位置　多媒体教学\2.11　课堂案例——音频调节控件.avi
★ 学习目标　掌握音频调节控件的制作方法

★ 案例名称　习题1——白金质感开关按钮　**86页**
★ 视频位置　多媒体教学\2.13.1　习题1——白金质感开关按钮.avi
★ 学习目标　学习白金质感开关按钮的制作方法

★ 案例名称　习题2——品质音量钮　**87页**
★ 视频位置　多媒体教学\2.13.2　习题2——品质音量钮.avi
★ 学习目标　掌握品质音量钮的制作方法

★ 案例名称　习题3——音量控件　**87页**
★ 视频位置　多媒体教学\2.13.2　习题3——音量控件.avi
★ 学习目标　学习音量控件的制作方法

★ 案例名称　课堂案例——扁平铅笔图标　91页
★ 视频位置　多媒体教学\3.2 课堂案例——扁平铅笔图标.avi
★ 学习目标　学习扁平铅笔图标效果的制作方法

★ 案例名称　课堂案例——微信图标　97页
★ 视频位置　多媒体教学\3.3 课堂案例——微信图标.avi
★ 学习目标　掌握微信图标的制作方法

★ 案例名称　课堂案例——淡雅应用图标控件　99页
★ 视频位置　多媒体教学\3.4 课堂案例——淡雅应用图标控件.avi
★ 学习目标　学习淡雅应用图标控件的制作方法

★ 案例名称　课堂案例——扁平化邮箱界面　104页
★ 视频位置　多媒体教学\3.5 课堂案例——扁平化邮箱界面.avi
★ 学习目标　掌握解扁平化邮箱界面的制作方法

★ 案例名称　课堂案例——iOS风格音乐播放器界面 107页
★ 视频位置　多媒体教学\3.6 课堂案例——iOS风格音乐播放器界面.avi
★ 学习目标　学习iOS风格音乐播放器界面制作技巧

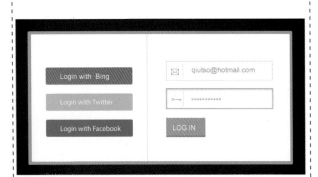

★ 案例名称　课堂案例——社交应用登录框　114页
★ 视频位置　多媒体教学\3.7 课堂案例——社交应用登录框.avi
★ 学习目标　掌握社交应用登录框的制作技巧

★ 案例名称　课堂案例——简约风天气APP　118页
★ 视频位置　多媒体教学\3.8 课堂案例——简约风天气APP.avi
★ 学习目标　掌握简约风天气APP的制作方法

★ 案例名称　课堂案例——个人应用APP界面　**121页**
★ 视频位置　多媒体教学\3.9　课堂案例——个人应用 APP界面.avi
★ 学习目标　学习个人应用APP界面的制作方法

★ 案例名称　习题1——便签图标设计　**127页**
★ 视频位置　多媒体教学\3.11.1　习题1——便签图标设计.avi
★ 学习目标　学习便签图标的制作方法

★ 案例名称　习题2——扁平相机图标　**128页**
★ 视频位置　多媒体教学\3.11.2　习题2——扁平相机图标.avi
★ 学习目标　掌握扁平相机图标的制作方法

★ 案例名称　习题3——天气Widget　**128页**
★ 视频位置　多媒体教学\3.11.3　习题3——天气Widget.avi
★ 学习目标　学习天气Widget的制作方法

★ 案例名称　课堂实例——写实计算器　**132页**
★ 视频位置　多媒体教学\4.2　课堂实例——写实计算器.avi
★ 学习目标　掌握写实计算器的处理技巧

★ 案例名称　课堂实例——写实邮箱图标
　　　　　　　　　　　　　　　　　　　　137页
★ 视频位置　多媒体教学\4.3　课堂实例——写实邮箱图标.avi
★ 学习目标　学习写实邮箱图标的处理技巧

★ 案例名称　课堂实例——写实电视图标　**145页**
★ 视频位置　多媒体教学\4.4　课堂实例——写实电视图标.avi
★ 学习目标　掌握写实电视图标的处理技巧

本书案例展示

- ★ 案例名称　课堂实例——写实小票图标 152页
- ★ 视频位置　多媒体教学\4.5 课堂实例——写实小票图形.avi
- ★ 学习目标　学习拟物手法表现图标的完美视觉效果

- ★ 案例名称　课堂实例——写实开关图标 157页
- ★ 视频位置　多媒体教学\4.6 课堂实例——写实开关图标.avi
- ★ 学习目标　掌握写实开关图标的处理技巧

- ★ 案例名称　课堂实例——写实牛皮钱包图标 164页
- ★ 视频位置　多媒体教学\4.7 课堂案例——写实牛皮钱包图标.avi
- ★ 学习目标　学习写实牛皮钱包图标的处理技巧

- ★ 案例名称　习题1——写实手机图标 174页
- ★ 视频位置　多媒体教学\4.9.1 习题1——写实手机图标.avi
- ★ 学习目标　学习写实手机图标的制作方法

- ★ 案例名称　习题2——写实闹钟图标 174页
- ★ 视频位置　多媒体教学\4.9.2 习题2——写实闹钟图标.avi
- ★ 学习目标　掌握写实闹钟图标的制作方法

- ★ 案例名称　习题3——写实钢琴图标 174页
- ★ 视频位置　多媒体教学\4.9.3 习题3——写实钢琴图标.avi
- ★ 学习目标　学习写实钢琴图标的制作方法

- ★ 案例名称　习题4——写实开关设计 175页
- ★ 视频位置　多媒体教学\4.9.4 习题4——写实开关设计.avi
- ★ 学习目标　学习写实开关图标的制作方法

- ★ 案例名称　课堂案例——苹果风格登录界面 178页
- ★ 视频位置　多媒体教学\5.2 课堂案例——苹果风格登录界面.avi
- ★ 学习目标　学习苹果风格登录界面的制作方法

- ★ 案例名称　课堂案例——电话界面 184页
- ★ 视频位置　多媒体教学\5.3 课堂案例——电话界面.avi
- ★ 学习目标　学习电话界面的制作方法

★ 案例名称　课堂案例——用户界面 191页
★ 视频位置　多媒体教学\5.4 课堂案例——用户界面.avi
★ 学习目标　学习用户界面的制作方法

★ 案例名称　课堂案例——会员登录框界面 208页
★ 视频位置　多媒体教学\5.5 课堂案例——会员登录框界面.avi
★ 学习目标　学习会员登录框界面的制作方法

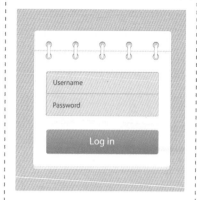

★ 案例名称　课堂案例——翻页登录界面 215页
★ 视频位置　多媒体教学\5.6 课堂案例——翻页登录界面.avi
★ 学习目标　掌握翻页登录界面的处理技巧

★ 案例名称　习题1——摄影网站会员登录 220页
★ 视频位置　多媒体教学\5.8.1 习题1——摄影网站会员登录.avi
★ 学习目标　学习摄影网站会员登录页面的制作方法

★ 案例名称　习题2——iPod应用登录界面 221页
★ 视频位置　多媒体教学\5.8.2 习题2——iPod应用登录界面.avi
★ 学习目标　掌握iPod应用登录界面的制作方法

★ 案例名称　习题3——木质登录界面 221页
★ 视频位置　多媒体教学\5.8.3 习题3——木质登录界面.avi
★ 学习目标　学习木质登录界面的制作方法

★ 案例名称　课堂案例——简洁罗盘图标 226页
★ 视频位置　多媒体教学\6.2 课堂案例——简洁罗盘图标.avi
★ 学习目标　学习简洁罗盘图标的制作方法

★ 案例名称　课堂案例——简洁进程图标 230页
★ 视频位置　多媒体教学\6.3 课堂案例——简洁进程图标.avi
★ 学习目标　掌握简洁进程图标的制作方法

★ 案例名称　课堂案例——唱片机图标 232页
★ 视频位置　多媒体教学\6.4 课堂案例——唱片机图标.avi
★ 学习目标　学习唱片机图标的制作方法

本书案例展示

- ★ 案例名称　课堂案例——湿度计图标　**240页**
- ★ 视频位置　多媒体教学\6.5　课堂案例——湿度计图标.avi
- ★ 学习目标　掌握湿度计图标的制作方法

- ★ 案例名称　课堂案例——小黄人图标　**246页**
- ★ 视频位置　多媒体教学\6.6　课堂案例——小黄人图标.avi
- ★ 学习目标　学习小黄人图标的制作技巧

- ★ 案例名称　课堂案例——流量计图标　**257页**
- ★ 视频位置　多媒体教学\6.7　课堂案例——流量计图标.avi
- ★ 学习目标　掌握流量计图标的制作技巧

- ★ 案例名称　课堂案例——清新邮件图标　**262页**
- ★ 视频位置　多媒体教学\6.8　课堂案例——清新邮件图标.avi
- ★ 学习目标　学习清新邮件图标的制作方法

- ★ 案例名称　课堂案例——清新音乐图标　**265页**
- ★ 视频位置　多媒体教学\6.9　课堂案例——清新音乐图标.avi
- ★ 学习目标　学习清新音乐图标的制作方法

- ★ 案例名称　课堂案例——下载图标　**267页**
- ★ 视频位置　多媒体教学\6.10　课堂案例——下载图标.avi
- ★ 学习目标　掌握下载图标的制作方法

- ★ 案例名称　习题1——清新日历图标　**272页**
- ★ 视频位置　多媒体教学\6.12.1　习题1——清新日历图标.avi
- ★ 学习目标　学习清新日历图标的制作方法

- ★ 案例名称　习题2——进度图标　**273页**
- ★ 视频位置　多媒体教学\6.12.2　习题2——进度图标.avi
- ★ 学习目标　掌握进度图标的制作方法

- ★ 案例名称　习题3——日历和天气图标　**273页**
- ★ 视频位置　多媒体教学\6.12.3　习题3——日历和天气图标.avi
- ★ 学习目标　学习日历和天气图标的制作方法

★ 案例名称　习题4——指南针图标　274页
★ 视频位置　多媒体教学\6.12.4　课后习题4——指南针图标.avi
★ 学习目标　学习指南针图标的制作方法

★ 案例名称　课堂案例——天气预报界面　279页
★ 视频位置　多媒体教学\7.2　课堂案例——天气预报界面.avi
★ 学习目标　掌握天气预报界面的制作方法

★ 案例名称　课堂案例——票券APP界面　284页
★ 视频位置　多媒体教学\7.3　课堂案例——票券APP界面.avi
★ 学习目标　学习票券APP界面的制作方法

★ 案例名称　课堂案例——下载数据界面　290页
★ 视频位置　多媒体教学\7.4　课堂案例——下载数据界面.avi
★ 学习目标　学习下载数据界面的制作方法

★ 案例名称　课堂案例——游戏界面　294页
★ 视频位置　多媒体教学\7.5　课堂案例——游戏界面.avi
★ 学习目标　学习游戏界面的制作方法

★ 案例名称　课堂案例——APP游戏个人界面
　　　　　　　307页
★ 视频位置　多媒体教学\7.6　课堂案例——APP游戏个人界面.avi
★ 学习目标　掌握APP游戏个人界面的制作技巧

★ 案例名称　课堂案例——iOS风格电台界面　312页
★ 视频位置　多媒体教学\7.7　课堂案例——iOS风格电台界面.avi
★ 学习目标　学习iOS风格电台界面的制作技巧

★ 案例名称　习题1——影视播放界面　320页
★ 视频位置　多媒体教学\7.9.1　习题1——影视播放界面.avi
★ 学习目标　学习影视播放界面的制作方法

★ 案例名称　习题2——美食应用APP界面　320页
★ 视频位置　多媒体教学\7.9.2　习题2——美食应用APP界面.avi
★ 学习目标　掌握美食应用APP界面的制作方法

★ 案例名称　习题3——经典音乐播放器界面 321页

★ 视频位置　多媒体教学\7.9.3　习题3——经典
音乐播放器界面.avi

★ 学习目标　学习经典音乐播放器界面的制作
方法

★ 案例名称　课堂案例——精致CD控件 323页

★ 视频位置　多媒体教学\8.1　课堂案例——精致
CD控件.avi

★ 学习目标　掌握精致CD控件的制作方法

★ 案例名称　课堂案例——信息接收控件 330页

★ 视频位置　多媒体教学\8.2　课堂案例——信息
接收控件.avi

★ 学习目标　学习信息接收控件的制作方法

★ 案例名称　课堂案例——天气信息控件 334页

★ 视频位置　多媒体教学\8.3　课堂案例——天气
信息控件.avi

★ 学习目标　学习天气信息控件的制作方法

★ 案例名称　课堂案例——Windows Phone界面
346页

★ 视频位置　多媒体教学\8.4　课堂案例——
Windows Phone界面.avi

★ 学习目标　掌握Windows Phone界面的制作
方法

★ 案例名称　课堂案例——APP游戏下载页面 351页

★ 视频位置　多媒体教学\8.5　课堂案例——APP游
戏下载页面.avi

★ 学习目标　学习APP游戏下载页面的制作技巧

★ 案例名称　课堂案例——APP游戏安装页面 355页

★ 视频位置　多媒体教学\8.6　课堂案例——APP
游戏安装页面.avi

★ 学习目标　学习APP游戏安装页面的制作技巧

★ 案例名称　习题1——点餐APP界面 359页

★ 视频位置　多媒体教学\8.8.1　习题1——点餐
APP界面.avi

★ 学习目标　学习点餐APP界面的制作方法

★ 案例名称　习题2——概念手机界面 360页

★ 视频位置　多媒体教学\8.8.2　习题2——概念手
机界面.avi

★ 学习目标　掌握概念手机界面的制作方法

Photoshop
移动UI设计
实用教程（第2版）

水木居士　编著

人民邮电出版社
北京

图书在版编目（CIP）数据

Photoshop移动UI设计实用教程 / 水木居士编著. --
2版. -- 北京 ： 人民邮电出版社，2018.5（2022.6重印）
ISBN 978-7-115-47196-3

Ⅰ. ①P… Ⅱ. ①水… Ⅲ. ①移动电话机－人机界面
－程序设计－教材②图象处理软件－教材 Ⅳ.
①TN929.53②TP391.413

中国版本图书馆CIP数据核字(2018)第041890号

内 容 提 要

这是一本全面介绍如何使用 Photoshop 进行 UI 设计的实用教程。本书针对零基础读者编写，是快速、全面掌握 UI 设计制作的必备参考书。

本书由具有丰富 UI 设计经验的一线设计师精心编写，通过图文并茂的案例讲解，全面展示 UI 界面设计精髓。从 UI 界面设计基础到精致按钮及旋钮设计，从写实到扁平风格等，对 UI 设计中的各种流行设计风格做了全面剖析。每个案例都有制作流程详解，并且安排了相关的课后习题，读者在案例学习后可以参考习题进行练习，拓展自己的创意思维，提高 UI 界面的设计水平。

本书还为广大读者提供了教学资源，收录了书中所有案例的素材文件及源文件，以及所有案例和课后习题的高清有声教学视频。另外，为方便老师教学，本书还提供了 PPT 教学课件。

本书适合 UI 设计初学者学习使用，可作为平面设计师和手机 App 开发人员的参考用书，也可以作为培训学校、大中专院校相关专业的教学参考书或上机实践指导用书。

◆ 编　著　水木居士
　　责任编辑　张丹阳
　　责任印制　陈　犇

◆ 人民邮电出版社出版发行　北京市丰台区成寿寺路 11 号
　　邮编　100164　电子邮件　315@ptpress.com.cn
　　网址　http://www.ptpress.com.cn
　　固安县铭成印刷有限公司印刷

◆ 开本：787×1092　1/16　　　　彩插：4
　　印张：22.5　　　　　　　　2018 年 5 月第 2 版
　　字数：635 千字　　　　　　2022 年 6 月河北第 14 次印刷

定价：49.00 元

读者服务热线：(010)81055410　印装质量热线：(010)81055316
反盗版热线：(010)81055315
广告经营许可证：京东市监广登字20170147号

前　言

随着移动智能设备的普及，各种智能手机到各类平板电脑正快速地走进人们的生活，甚至改变了人们的生活方式，无论是在公交车还是在地铁上，你都可以看到许多乘客沉浸在一块小小的手机屏幕上，而硕大的招贴海报、广告电子屏却无法吸引他们多看几秒，这就是智能手机的魅力所在。

伴随着智能设备的发展，UI设计渐渐地被越来越多的人所熟知。手机屏幕变大了，功能更多了，人们对视觉效果越来越重视，大部分用户更加青睐易用的操作、华丽的视觉效果，他们希望界面的图标更加漂亮，手机主题更加个性、时尚，而极佳的可识别性更是令他们在更大的屏幕中快速找到自己想要的应用。

本书的出现就是为了让你快速地了解并掌握UI设计，通过案例的方式介绍了如何使用Photoshop进行移动UI设计。全书共分为8章，从认识UI设计讲起，然后通过丰富的移动UI设计知识和详细的设计制作讲解，以逐渐深化的方式为用户呈现设计中的重点门类和制作方法，使读者全面且深入地掌握各种类别移动界面设计案例，让你走在设计行业的前沿，不再觉得UI设计是一门神秘的学问。在这里可以让你轻松打开UI设计这扇窗，自由自在地翱翔在UI设计的天空。

本书的主要特色包括以下4点。

● 全面基础知识：覆盖UI设计快速入门的相关基础知识。

● 最丰富的案例：46个最常见的UI设计课堂案例+22个UI设计延伸课后习题。

● 最超值的赠送：所有案例素材+所有案例源文件+PPT教学课件。

● 高清有声教学：所有案例的高清语音教学，体会大师面对面、手把手的教学。

本书附赠教学资源，内容包括"案例文件""素材文件""多媒体教学"和"PPT课件"4个文件夹。其中："案例文件"中包含本书所有案例的原始分层PSD格式文件，"素材文件"中包含本书所有案例用到的素材文件，"多媒体教学"中包含本书所有课堂案例和课后习题的高清多媒体有声视频教学录像文件，"PPT课件"中包含本书方便任课老师教学使用的PPT课件。读者扫描"资源下载"二维码，即可获得下载方法。

资源下载

本书的参考学时为58学时，其中讲授环节为39学时，实训环节为19学时，各章的参考学时参见下面的学时分配表。

章节	课程内容	学时分配	
		讲授学时	实训学时
第1章	初识UI设计	2	
第2章	精致按钮及旋钮设计	5	2
第3章	趋势流行扁平风	6	3
第4章	超强表现力之写实风格	5	3
第5章	iOS风格界面设计	4	3
第6章	精品极致图标制作	7	4
第7章	流行界面设计荟萃	5	2
第8章	综合设计实战	5	2
课时总计	58	39	19

为了达到使读者轻松自学并深入了解UI设计的目的，本书在版面结构设计上尽量做到清晰明了，如下图所示。

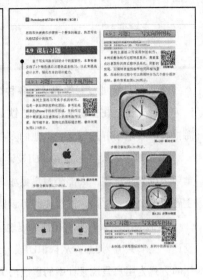

课堂案例：包含大量的平面设计案例详解，让大家深入掌握各种平面设计的制作流程，以快速提升平面设计能力。

技巧与提示：针对软件的实用技巧及平面设计制作过程中的难点进行重点提示。

课后习题：安排重要的平面设计习题，让大家在掌握相应内容以后继续强化所学技能。

本书由水木居士和宋瑞虎共同编著，其中宋瑞虎编写了第1~5章的内容。在此感谢所有创作人员对本书付出的努力。在创作的过程中，由于时间仓促，疏漏之处在所难免，希望广大读者批评指正。如果在学习过程中发现问题，或有更好的建议，欢迎发邮件到bookshelp@163.com与我们联系。

编 者

目录 CONTENTS

目录 CONTENTS

目 录 CONTENTS

目 录 CONTENTS

第 **1** 章

初识UI设计

内容摘要

　　本章主要详解UI设计相关知识。在进入专业的UI设计领域之前需要掌握相关的基础知识，通过对不同的名词剖析，在短时间内理解专业名词的含义，为以后的设计之路打下坚实基础。

课堂学习目标

- 认识UI设计
- UI设计常用图像格式
- UI色彩学基础知识

- 常用设计单位解析
- UI色彩学基础知识
- 精彩UI设计赏析

1.1 认识UI设计

UI（User Interface）即用户界面，UI设计是指对软件的人机交互、操作逻辑、界面美观的整体设计。它是系统和用户之间进行交互和信息交换的媒介，它实现信息的内部形式与人类可以接受形式之间的转换，好的UI设计不仅是让软件变得有个性有品位，还要让软件的操作变得舒适、简单、自由，充分体现软件的定位和特点。如今人们所提起的UI设计大体由以下3个部分组成。

1. 图形界面设计（Graphical User Interface）

图形界面设计是指采用图形方式显示的用户操作界面，图形界面对于用户来说在完美视觉效果上感觉十分明显。它通过图形界面向用户展示了功能、模块、媒体等信息。

在国内通常人们提起的视觉设计师就是指设置图形界面的设计师，一般从事此类行业的设计师大多经过专业的美术培训，有一定的专业背景或者指相关的其他从事设计行业的人员。

2. 交互设计（Interaction Design）

交互设计在于定义人造物的行为方式（人工制品在特定场景下的反应方式）相关的界面。

交互设计的出发点在于研究人与物交流过程中，人的心理模式和行为模式，并在此研究基础上，设计出可提供的交互方式以满足人对使用人造物的需求，交互设计是设计方法，而界面设计是交互设计的自然结果。同时界面设计不一定由显意识交互设计驱动，然而界面设计必然自然包含交互设计（人和物是如何进行交流的）。

交互设计师首先进行用户研究相关领域，以及潜在用户设计人造物的行为，并从有用、可用及易用性等方面来评估设计质量。

3. 用户研究（User Study）

同软件开发测试一样，UI设计中也会有用户测试，工作的主要内容是测试交互设计的合理性以及图形设计的美观性，一款应用经过交互设计、图形界面设计等工作之后需要通过最终的用户测试才可上线，此项的工作尤为重要，通过测试可以发现应用中某个地方的不足，或者不合理性。

1.2 常用UI设计名词解析

在UI设计中，单位的应用非常关键，下面了解常用单位的使用。

1. 英寸

英寸是长度单位，1英寸=25.4毫米。常用来表示计算机的屏幕到电视机再到各类多媒体设备的屏幕大小，通常指屏幕对角的长度。而手持移动设备、手机等屏幕也沿用了这个概念。

2. 分辨率

分辨率是屏幕物理像素的总和，用屏幕宽乘以屏幕高的像素数来表示，如笔记本电脑上的1366px×768px，液晶电视上的1200px×1080px，手机上的480px×800px，640px×960px等。

3. 网点密度

网点密度是屏幕物理面积内所包含的像素数，以DPI（每英寸像素点数或像素/英寸）为单位来计量，DPI越高，显示的画面质量就越精细，在手机UI设计时，DPI要与手机相匹配，因为低分辨率的手机无法满足高DPI图片对手机硬件的要求，显示效果十分糟糕，所以在设计过程中就涉及一个全新的名词——屏幕密度。

4. 屏幕密度（Screen Densities）

以搭载Android操作系统的手机为例，分别如下：

iDPI（低密度）为120 像素/英寸

mDPI（中密度）为160 像素/英寸

hDPI（高密度）为240 像素/英寸

xhDPI（超高密度）为320 像素/英寸

与Android相比，iPhone手机对密度版本的数量要求没有那么多，因为目前iPhone界面仅两种设计尺寸——960px×640px和640px×1136px，而网点密度（DPI）采用mDPI，即160像素/英寸就可以满足设计要求。

1.3 UI设计常用图像格式

界面设计常用的格式主要有以下几种。

- JPEG：JPEG是一种位图文件格式，JPEG的缩写是JPG，JPEG几乎不同于当前使用的任何一种数字压缩方法，它无法重建原始图像。由于JPEG优异的品质和杰出的表现，因此应用非常广泛，特别是在网络和光盘读物上。目前各类浏览器均支持JPEG这种图像格式，因为JPEG格式的文件尺寸较小，下载速度快，使得Web页有可能以较短的下载时间提供大量美观的图像，JPEG也就顺理成章地成为网络上最受欢迎的图像格式，但是不支持透明背景。

- GIF：GIF（Graphics Interchange Format）的原义是"图像互换格式"，是CompuServe公司在1987年开发的图像文件格式。GIF文件的数据，是一种基于LZW算法的连续色调的无损压缩格式。其压缩率一般在50%左右，它不属于任何应用程序。目前几乎所有相关软件都支持它，公共领域有大量的软件在使用GIF图像文件。GIF图像文件的数据是经过压缩的，而且是采用了可变长度等压缩算法。GIF格式的另一个特点是其在一个GIF文件中可以存多幅彩色图像，如果把存于一个文件中的多幅图像数据逐幅读出并显示到屏幕上，就可构成一种最简单的动画，GIF格式自1987年由CompuServe公司引入后，因其体积小而成像相对清晰，特别适合于初期慢速的互联网，而从此大受欢迎。支持透明背景显示，可以以动态形式存在，制作动态图像时会用到这种格式。

- PNG：PNG是一种图像文件存储格式，其目的是试图替代GIF和TIFF文件格式，同时增加一些GIF文件格式所不具备的特性。可移植网络图形格式（Portable Network Graphic Format，PNG）名称来源于非官方的"PNG's Not GIF"，是一种位图文件存储格式，读成"ping"。PNG用来存储灰度图像时，灰度图像的深度可多到16位，存储彩色图像时，彩色图像的深度可多到48位，并且还可存储多到16

位的α通道数据。PNG使用从LZ77派生的无损数据压缩算法，一般应用于JAVA程序中，或应用于网页或S60程序中是因为它压缩比高，生成文件容量小。它是一种在网页设计中常用的格式并且支持透明样式显示，相同图像相比其他两种格式体积稍大，图1.1所示为3种不同格式的显示效果。

JPEG格式

GIF格式 　　　　PNG格式

图1.1 3种不同格式的显示效果

1.4 UI设计准则

UI设计是一个系统化整套的设计工程，看似简单，其实不然，在这套"设计工程"中一定要按照设计原则进行设计，UI的设计原则主要有以下几点。

1. 简易性

在整个UI设计的过程中一定要注意设计的简易性，界面的设计一定要简洁、易用且好用，让用户便于使用，便于了解，并能最大限度地减少选择性的错误。

2. 一致性

一款成功的应用应该拥有一个优秀的界面，同时也是所有优秀界面所具备共同的特点，应用界面的应用必须清晰一致，风格与实际应用内容相同，所以在整个设计过程中应保持一致性。

3. 提升用户的熟知度

用户在第一时间内接触到界面时必须是之前所接触到或者已掌握的知识，新的应用绝对不能超过一般常识，如无论是拟物化的写实图标设计还是扁平化的界面都要以用户所掌握的知识为基准。

4. 可控性

可控性在设计过程中起到了先决性的一点，在设计之初就要考虑到用户想要做什么，需要做什么，而此时在设计中就要加入相应的操控提示。

5. 记性负担最小化

一定要科学地分配应用中的功能说明，力求操作最简化，从人脑的思维模式出发，不要打破传统的思维方式，不要给用户增加思维负担。

6. 从用户的角度考虑

想用户所想，思用户所思，研究用户的行为，考虑用户会如何去做。因为大多数的用户是不具备专业知识的，他们往往只习惯于从自身的行为习惯出发进行思考和操作，因此，在设计的过程中要把自己列为用户，以切身体会去设计。

7. 顺序性

一款功能的应用应该在功能上按一定规律进行排列，一方面可以让用户在极短的时间内找到自己需要的功能，另一方面可以拥有直观的简洁易用的感受。

8. 安全性

无论任何应用在用户进行切身体会自由选择操作时，他所做出的这些动作都应该是可逆的，如在用户做出一个不恰当或者错误操作的时候应当有危险信息提示介入。

9. 灵活性

快速高效率及整体满意度在用户看来都是人性化的体验，在设计过程中需要尽可能地考虑特殊用户群体的操作体验，如残疾人、色盲、语言障碍者等，在这一点可以在iOS操作系统上得到最直观的感受。

1.5 UI设计与团队合作关系

UI设计与产品团队合作流程关系如下。

1.5.1 团队成员

1. 产品经理

对用户需求进行分析调研，针对不同的需求进行产品卖点规划，然后将规划的结果陈述给公司上级，以此来取得项目所要用到的各类资源（人力、物力和财力等）。

2. 产品设计师

产品设计师侧重功能设计，考虑技术可行性，如在设计一款多终端播放器的时候是否在播放的过程中添加动画提示甚至添加一些更复杂的功能，而这些功能的添加都是经过深思熟虑的。

3. 用户体验工程师

用户体验工程师需要了解更多商业层面的内容，其工作通常与产品设计师相辅相成，从产品的商业价值的角度出发，以用户的切身体验实际感觉出发，对产品与用户交互方面的环节进行设计方面的改良。

4. 图形界面设计师

图形界面设计师为应用设计一款能适应用户需求的界面，此款应用能否成功与图形界面也有着分不开的关系。图形界面设计师常用软件有Photoshop、Illustrator及Fireworks等。

1.5.2 UI设计与项目流程步骤

产品定位→产品风格→产品控件→方案制订→方案提交→方案选定。

1.6 智能手机操作系统简介

现今主流的智能手机操作系统主要有Android、iOS和Windows Phone，这3类系统都有各自的特点。

Android：中文名称为安卓，Android是一个基于开放源代码的Linux平台衍生而来的操作系统。Android最初是由一家小型的公司创建的，后来被谷歌所收购，它也是当下最为流行的一款智能手机操作系统。其显著特点在于它是一款基于开放源代码的操作系统，这句话可以理解为它相比于其他操作系统具有超强的可扩展性。图1.2所示为装载Android智能操作系统的手机。

图1.2　装载Android智能操作系统的手机

iOS：源自苹果公司MAC机器装载的OS X系统发展而来的一款智能操作系统，到本书编写完成为止，系统最新版本为8.4版本，此款操作系统是苹果公司独家开发并且只使用于自家的iPhone、iPod Touch、iPad等设备上。相比于其他智能手机操作系统，iOS智能手机操作系统的流畅性、完美的优化及安全等特性是其他操作系统无法比拟的，同时配合苹果公司出色的工业设计一直以来都以高端、上档次为代名词，不过由于它是采用封闭源代码开发的，所以在拓展性上略显逊色。图1.3所示为装载iOS智能操作系统的设备。

图1.3　装载iOS智能操作系统的设备

Windows Phone（简称WP）：是微软公司发布的一款移动操作系统，由于它是一款十分年轻的操作系统，所以Windows Phone相比较其他操作系统而言具有桌面定制、图标拖拽、滑动控制等一系列前卫的操作体验，由于是初入智能手机市场，所以在份额上暂无法与安卓及iOS相比，但是更是因为年轻，所以此款操作系统有很多新奇的功能及操作，同时也是因为源自微软，在与PC端的Windows操作系统互通性上占有很大的优势。图1.4所示为装载Windows Phone操作系统的几款智能手机。

图1.4 装载Windows Phone操作系统的几款智能手机

1.7 UI设计中常用的软件

如今UI设计中常用的主要软件有Adobe公司的Photoshop和Illustrator，Corel公司的CorelDRAW等，在这些软件中以Photoshop和Illustrator最为常用。

1.7.1 Photoshop

Photoshop是Adobe公司旗下最为出名的图像处理软件之一，集图像扫描、编辑修改、图像制作、广告创意、图像输入与输出于一体的图形图像处理

软件，深受广大平面设计人员和计算机美术爱好者的喜爱。这款美国Adobe公司的软件一直是图像处理领域的巨无霸，在出版印刷、广告设计、美术创意、图像编辑等领域得到了极为广泛的应用。

Photoshop的专长在于图像处理，而不是图形创作。有必要区分一下这两个概念。图像处理是对已有的位图图像进行加工处理以及运用一些特殊效果，其重点在于对图像的处理加工；图形创作软件是按照自己的构思创意，使用矢量图形来设计图形，这类软件主要有Adobe公司的另一个著名软件Illustrator和Macromedia公司的Freehand，不过Freehand已经快要淡出历史舞台了。

平面设计是Photoshop应用最为广泛的领域，无论是我们正在阅读的图书封面，还是大街上看到的招贴、海报，这些具有丰富图像的平面印刷品，基本上都需要应用Photoshop软件对图像进行处理。

1.7.2 Illustrator

Illustrator是美国Adobe公司推出的专业矢量绘图工具，是出版、多媒体和在线图像的工业标准矢量插画软件。Adobe公司的英文全称是Adobe Systems Inc，始创于1982年，是广告、印刷、出版和Web领域首屈一指的图形设计、出版和成像软件设计公司，同时也是世界上第二大桌面软件公司，该公司为图形设计人员、专业出版人员、文档处理机构和Web设计人员，以及商业用户和消费者提供了首屈一指的软件。

无论是生产印刷出版线稿的设计者和专业插画家、生产多媒体图像的艺术家，还是互联网页或在线内容的制作者，都会发现Illustrator不仅仅是一个艺术产品工具，能适合大部分小型设计到大型的复杂项目。

1.7.3 CorelDRAW

CorelDRAW Graphics Suite是由世界顶尖软件公司之一的加拿大Corel公司开发的一款图形图像软件。是集矢量图形设计、矢量动画、页面设计、网站制作、位图编辑、印刷排版、文字编辑处理和

图形高品质输出于一体的平面设计软件，深受广大平面设计人员的喜爱，目前主要在广告制作、图书出版等方面得到广泛的应用，功能与其类似的软件有Illustrator、Freehand。

CorelDRAW图像软件是一套屡获殊荣的图形、图像编辑软件，它包含两个绘图应用程序：一个用于矢量图及页面设计；另一个用于图像编辑。这套绘图软件组合带给用户强大的交互式工具，使用户可创作出多种赋予动感的特殊效果及点阵图像即时效果，在简单的操作中就可得到实现，而不会丢失当前的工作。通过CoreldRAW的全方位的设计及网页功能可以融合到用户现有的设计方案中，灵活性十足。

CoreldRAW软件非凡的设计能力以其强大的功能及友好界面广泛地应用于商标设计、标志制作、模型绘制、插图描画、排版及分色输出等诸多领域。其被喜爱的程度可用事实说明，用于商业设计和美术设计的PC端上几乎都安装了CorelDRAW。同时它的排版功能也十分强大，但是由于它与Photoshop、Illustrator不是同一家公司软件，所以在软件操作上互通性稍差。对于目前流行的UI设计，由于没有具有针对性的专业设计软件，所以大部分设计师会选择使用这3款软件来进行UI设计，如图1.5所示。

图1.5　3个软件的界面效果

1.8　UI色彩学基础知识

与很多设计相同，在UI设计中也十分注重色彩的搭配，想要为界面搭配出专业的色彩，给人一种高端、上档次的感受就需要对色彩学基础知识有所了解。下面就为大家讲解关于色彩学的基础知识，通过这些知识的学习可以为UI设计之路添砖加瓦。

1.8.1　颜色的概念

树叶为什么是绿色的？树叶中的叶绿素大量吸收红光和蓝光，而对绿光吸收最少，大部分绿光被反射出来了，进入人眼，人就看到绿色。

"绿色物体"反射绿光，吸收其他色光，因此看上去是绿色。"白色物体"反射所有色光，因此看上去是白色。

颜色其实是一个非常主观的概念，不同动物的视觉系统不同，看到的颜色就会不一样。例如，蛇眼不但能察觉可见光，而且还能感应红外线，因此蛇眼看到的颜色就跟人眼不同。界面颜色效果如图1.6所示。

图1.6 界面颜色效果

1.8.2 色彩三要素

色彩三要素分为色相、饱和度和明度。

• 色相

色相，是指各类色彩的相貌称谓，是区别色彩种类的名称。如红、黄、绿、蓝、青等都代表一种具体的色相。色相又称色调，色相是一种颜色区别于另外一种颜色的特征，日常生活中所接触到的"红""绿""蓝"，就是指色彩的色相。色相两端分别是暖色、冷色，中间为中间色或中型色。在0~360°的标准色相环上，按位置度量色相，如图1.7所示。色相体现着色彩外向的性格，是色彩的灵魂。

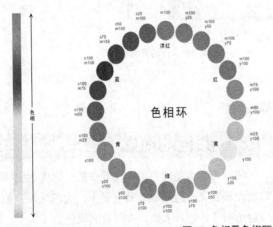

图1.7 色相及色相环

• 饱和度

饱和度是指色彩的强度或纯净程度，也称彩度、纯度、艳度或色度。对色彩的饱和度进行调整也就是调整图像的彩度。饱和度表示色相中灰色分量所占的比例，它使用从0%（灰色）至100%的百分比来度量，当饱和度降低为0时，则会变成一个灰色图像，增加饱和度会增加其彩度。在标准色轮上，饱和度从中心到边缘递增。饱和度受到屏幕亮度和对比度的双重影响，一般亮度好、对比度高的屏幕可以得到很好的色彩饱和度，如图1.8所示。

图1.8 不同饱和度效果

• 明度

明度指的是色彩的明暗程度，有时也可称为亮度或深浅度。在无彩色中，最高明度为白，最低明度为黑。在有彩色中，任何一种色相中都有着一个明度特征。不同色相的明度也不同，黄色为明度最高的色，紫色为明度最低的色。任何一种色相如加入白色，都会提高明度，白色成分越多，明度也就越高；任何一种色相如加入黑色，明度相对降低，黑色越多，明度越低，如图1.9所示。

明度是全部色彩都有的属性，明度关系可以说是搭配色彩的基础，在设计中，明度最适宜于表现物体的立体感与空间感。

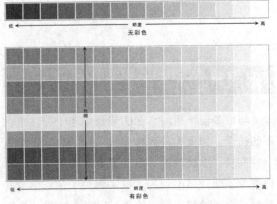

图1.9 明度效果

1.8.3 加法混色

原色，又称为基色，三基色（三原色）是指红（Red）、绿（Green）、蓝（Blue）三色，是调配其他色彩的基本色。原色的色纯度最高，最纯净、最鲜艳，可以调配出绝大多数色彩，而其他颜色不能调配出三原色，如图1.10所示。

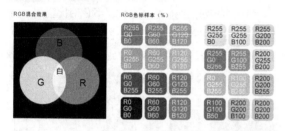

图1.10　三原色及色标样本

加色三原色基于加色法原理。人的眼睛是根据所看见的光的波长来识别颜色的。可见光谱中的大部分颜色可以由3种基本色光按不同的比例混合而成，这三种基本色光的颜色就是红、绿、蓝三原色光。这3种光以相同的比例混合，且达到一定的强度，就呈现白色；若3种光的强度均为零，就是黑色。这就是加色法原理，加色法原理被广泛应用于电视机、监视器等主动发光的产品中。

1.8.4 减法混色

减色原色是指一些颜料，当按照不同的组合将这些颜料添加在一起时，可以创建一个色谱。减色原色基于减色法原理。与显示器不同，在打印、印刷、油漆、绘画等靠介质表面的反射被动发光的场合，物体所呈现的颜色是光源中被颜料吸收后所剩余的部分，所以其成色的原理叫作减色法原理。打印机使用减色原色（青色、洋红色、黄色和黑色颜料）并通过减色混合来生成颜色。减色法原理被广泛应用于各种被动发光的场合。在减色法原理中的三原色颜料分别是青（Cyan）、品红（Magenta）和黄（Yellow），如图1.11所示。通常所说的CMYK模式就是基于这种原理。

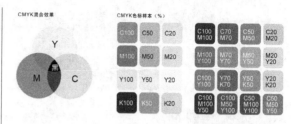

图1.11　CMYK混合效果及色标样本

1.8.5 补色

两种颜色混合在一起产生中性色，则称这两种颜色互为补色。补色是指两种混合后会产生白色的颜色，例如，红+绿+蓝=白，红+绿=黄，因此，黄+蓝=白，黄色是蓝色的补色。

对于颜料，补色是混合后产生黑色的颜色，例如，红+蓝+黄=黑，黄+蓝=绿，因此红色是绿色的补色。

在色环上相对的两种颜色互为补色，一种颜色与其补色是强烈对比的，补色搭配会产生强烈的视觉效果。

1.8.6 芒塞尔色彩系统（Munsell Color System）

人们平日描述颜色通常是模糊的，例如，草绿色、嫩绿色等，事实上不同人对于"草绿色"的理解又有细微的差异，因此就需要一种精确描述颜色的系统。

芒塞尔色彩系统由美国教授A.H. Munsell在20世纪初提出。芒塞尔色彩系统提供了一种数值化的精确描述颜色的方法，该系统使用色相（Hue）、纯度（Chroma）、明度（Value）3个维度来表示色彩。如图1.12所示。

- 色相分为红（R）、红黄（YR）、黄（Y）、黄绿（GY）、绿（G）、绿蓝（BG）、蓝（B）、蓝紫（PB）、紫（P）、紫红（RP）5种主色调与5种中间色调，每种色调又分为10级（1~10），其中第5级是该色调的中间色。

- 明度分为11级，数值越大表示明度越高，最小值是0（黑色），最大值是10（白色）。

- 纯度最小值是0，理论上没有最大值。数值越大，表示纯度越纯。

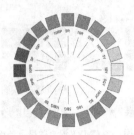
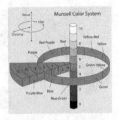

图1.12 芒塞尔色彩系统

1.9 UI设计常见配色方案

如果想使自己设计的作品充满生气、稳健、冷清或者温暖等感觉都是由整体色调决定的，那么怎么才能够控制好整体色调呢？只有控制好构成整体色调的色相、明度、纯度关系和面积关系等，才可以控制好我们设计的整体色调，通常这是一整套的色彩结构并且是有规律可循的。通过下面几种常见的配色方案就比较容易找到这种规律。

1. 单色搭配

由一种色相的不同明度组成的搭配，这种搭配很好地体验了明暗的层次感。单色搭配效果如图1.13所示。

图1.13 单色搭配效果

2. 近似色搭配

相邻的2~3种颜色称为近似色。如图1.14所示（橙色/褐色/黄色），这种搭配比较让人赏心悦目，低对比度，较和谐。

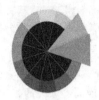

图1.14 近似色搭配效果

3. 补色搭配

色环中相对的两个色相搭配。颜色对比强烈，传达能量、活力、兴奋等意思，补色中最好让一个颜色多，一个颜色少。如图1.15所示（紫色和黄色）。

图1.15 补色搭配效果

4. 分裂补色搭配

同时用补色及类比色的方法确定颜色关系，就称为分裂补色。这种搭配，既有类比色的低对比度，又有补色的力量感，形成一种既和谐又有重点的颜色关系，如图1.16所示，红色文字就显得特别的铿锵有力，特别突出。

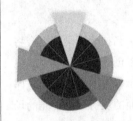

图1.16 分裂补色搭配效果

5. 原色的搭配

色彩明快，这样的搭配在欧美也非常流行，如蓝红搭配，麦当劳的logo色与主色调红黄色搭配等。原色的搭配效果如图1.17所示。

图1.17 原色的搭配效果

1.10 UI设计配色秘籍

无论在任何设计领域，颜色的搭配永远都是至关重要的，优秀的配色不仅带给用户完美的体验，更能让使用者心情舒畅，提升整个应用的价值。下面是几种常见的配色对用户的心情影响。

1. 百搭黑白灰

提起黑白灰这3种色彩，人们总是觉得在任何地方都离不开它们，也是最常见到的色彩，它们既能和任何色彩作为百搭的辅助色，同时又能作为主色调，通过对一些流行应用的观察，它们的主色调大多离不开这3种颜色。白色具有洁白、纯真、清洁的感受；而黑色则能带给人一种深沉、神秘、压抑的感受；灰色则具有中庸、平凡、中立和高雅的感受，所以说在搭配方面这3种颜色几乎是万能的百搭色，同时最强的可识别性也是黑白灰配色里的一大特点。图1.18所示为黑白灰配色效果。

图1.18 黑白灰配色效果

2. 甜美温暖橙

橙色是一种界于红色和黄色之间的一种色彩，它不同于大红色过于刺眼又比黄色更加富有视觉冲击感，在设计过程中这种色彩既可以大面积地使用，同样可以作为搭配色用来点缀，在搭配时和黄色、红色、白色等搭配，如果和绿色搭配则给人一种清新甜美的感觉，在大面积的橙色中稍添加绿色可以起到一种画龙点睛的效果，这样可以避免了只使用一种橙色而引起的视觉疲劳。图1.19所示为甜美温暖橙配色效果。

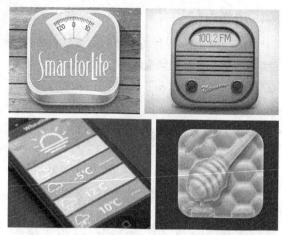

图1.19 甜美温暖橙配色效果

3. 气质冷艳蓝

蓝色给人的第一感觉就是舒适，没有过多的刺激感，给人一种非常直观的清新、静谧、专业、冷静的感觉，同时蓝色也很容易和其他的色彩搭配。在界面设计过程中可以把蓝色做得相对大牌，也可以用得趋于小清新，假如在搭配的过程中找不出别的颜色搭配，此时选用蓝色总是相对安全的。在搭配时和黄色、红色、白色、黑色等搭配，蓝色是冷色系里最典型的代表，而红色、黄色、橙色则是暖色系里最典型的代表，这两种冷暖色系对比之下，会更加具有跳跃感，这时感觉一种强烈的兴奋感，很容易感染用户的情绪。蓝色和白色的搭配会显得更清新、素雅，极具品质感。蓝色和黑色的搭配类似于红色和黑色搭配，能产生一种极强的时尚感，瞬间让人眼前一亮，通常在做一些质感类图形图标设计时用得较多。图1.20所示为气质冷艳蓝配色效果。

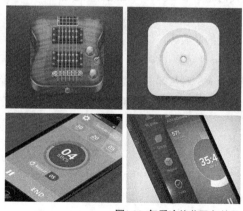

图1.20 气质冷艳蓝配色效果

4. 清新自然绿

与蓝色一样，绿色是一个和大自然相关的灵活色彩，它与不同的颜色进行搭配时带给人不同的心理感受。柠檬绿代表了一种潮流，橄榄绿则显得十分平和贴近，而淡绿色可以给人一种清爽的春天的感觉，紫色和绿色是奇妙的搭配，紫色神秘又成熟，绿色又代表希望和清新，所以它是一种非常奇妙的颜色。图1.21所示为清新自然绿配色效果。

图1.21 清新自然绿配色效果

5. 热情狂热红

大红色在界面设计中是一种不常见的颜色，一般作为点缀色使用，如警告、强调、警示，使用过度则容易造成视觉疲劳。红色和黄色搭配是中国比较传统的喜庆搭配。这种艳浓重的色彩向来会让我们想到节日庆典，因此喜庆感更强。而红色和白色搭配相对会让人感觉更干净整洁，也容易体现出应用的品质感。红色和黑色的搭配比较常见，会带给人一种强烈的时尚气质感，如大红和纯黑搭配能带给人一种炫酷的感觉，红色和橙色搭配则给人一种甜美的感觉。图1.22所示为热情狂热红配色效果。

图1.22 热情狂热红配色效果

6. 靓丽醒目黄

黄色的亮度最高，灿烂、多作为大面积配色中的点睛色，它没有红色那么抢眼和俗气，却可以更加柔和地让人产生刺激感，在进行配色的过程中，应该和白色、黑色、白色、蓝色进行搭配。黄色和黑色、白色搭配容易形成较高层次的对比，突出主题；而与黄色、蓝色、紫色搭配，除强烈地刺激眼球外，还能够有较强的轻快时尚感。在日常店铺装修中黄色多用于各种促销活动的页面设计，它和红色进行搭配，给人欢快、明亮的感觉，并且活跃度较高。图1.23所示为靓丽醒目黄配色效果。

图1.23 靓丽醒目黄配色效果

1.11 UI设计色彩学

生活在一个充满着色彩的世界，色彩一直刺激我们的视觉器官，而色彩也往往是作品给人的第一印象。

1.11.1　色彩与生活

在认识色彩前要先建立一种观念，就是如果要了解色彩，认识色彩，便要用心去感受生活，留意生活中的色彩，否则容易变成一个视而不见的色盲，就如人体的其他感官一样。色彩就活像我们的味觉，一样的材料但因用了不同的调味料而有了不同的味道，成功的好吃，失败的往往让人难以下咽，而色彩对生理与心理都有重大的影响，如图1.24所示。

图1.24　色彩与生活

1.11.2　色彩意象

当我们看到色彩时，除了会感觉其物理方面的影响，心里也会立即产生感觉，这种感觉一般难以用言语形容，我们称之为印象，也就是色彩意象。下面就是色彩意象的具体说明。

● **红色的色彩意象**

由于红色容易引起注意，所以在各种媒体中也被广泛地利用，除了具有较佳的明视效果之外，更被用来传达有活力、积极、热忱、温暖、前进等含义的企业形象与精神。另外红色在工业安全用色中常用来作为警告、危险、禁止、防火等标示用色，人们在一些场合或物品上，看到红色标示时，常不必仔细看内容，即能了解警告危险之意。常见红色为大红、桃红、砖红、玫瑰红。常见红色APP如图1.25所示。

图1.25　常见红色APP

● **橙色的色彩意象**

橙色明视度高，在工业安全用色中，橙色即是警戒色，如火车头、登山服装、背包、救生衣等，由于橙色非常明亮刺眼，有时会使人有负面低俗的意象，这种状况尤其容易发生在服饰的运用上，所以在运用橙色时，要注意选择搭配的色彩和表现方式，才能把橙色明亮活泼具有口感的特性发挥出来。常见橙色为鲜橙、橘橙、朱橙。常见橙色APP如图1.26所示。

图1.26　常见橙色APP

● **黄色的色彩意象**

黄色明视度高，在工业安全用色中，橙色即是警告危险色，常用来警告危险或提醒注意，如交通号志上的黄灯、工程用的大型机器、学生用雨衣、雨鞋等，都使用黄色。常见黄色为大黄、柠檬黄、柳丁黄、米黄。常见黄色APP如图1.27所示。

图1.27　常见黄色APP

● **绿色的色彩意象**

在商业设计中，绿色所传达的清爽、理想、希望、生长的意象，符合了服务业、卫生保健业的诉求。在工厂中为了避免操作时眼睛疲劳，许多工作的机械也是采用绿色，一般的医疗机构场所也常采用绿色作空间色彩规划或标示医疗用品。常见绿色为大绿、翠绿、橄榄绿、墨绿。常见绿色APP如图1.28所示。

图1.28　常见绿色APP

- **蓝色的色彩意象**

由于蓝色沉稳的特性，具有理智、准确的意象，在商业设计中，强调科技、效率的商品或企业形象，大多选用蓝色作标准色、企业色，如笔记本电脑、汽车、影印机、摄影器材等，另外蓝色也代表忧郁，这是受了西方文化的影响，这个意象也运用在文学作品或感性诉求的商业设计中。常见蓝色为大蓝、天蓝、水蓝、深蓝。常见蓝色APP如图1.29所示。

图1.29 常见蓝色APP

- **紫色的色彩意象**

由于紫色具有强烈的女性化性格，在商业设计用色中也受到相当的限制，除了和女性有关的商品或企业形象之外，其他类的设计不常采用紫色为主色。常见紫色为大紫、贵族紫、葡萄紫、深紫。常见紫色APP如图1.30所示。

图1.30 常见紫色APP

- **褐色的色彩意象**

在商业设计中，褐色通常用来表现原始材料的质感，如麻、木材、竹片、软木等，或用来传达某些饮品原料的色泽或味感，如咖啡、茶、麦类等，或强调格调古典优雅的企业或商品形象。常见褐色为茶色、可可色、麦芽色、原木色。常见褐色APP如图1.31所示。

图1.31 常见褐色APP

- **白色的色彩意象**

在商业设计中，白色具有高级、科技的意象，通常需和其他色彩搭配使用，纯白色会带给别人寒冷、严峻的感觉，所以在使用白色时，都会掺一些其他的色彩，如象牙白、米白、乳白、苹果白，在生活用品、服饰用色上，白色是永远流行的主要色，可以和任何颜色作搭配。常见白色APP如图1.32所示。

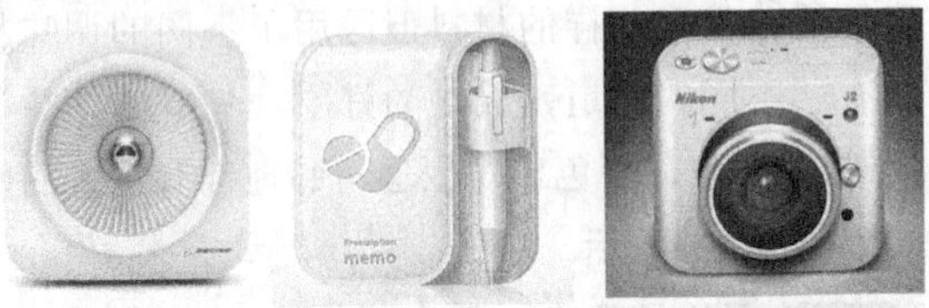

图1.32 常见白色APP

- **黑色的色彩意象**

在商业设计中，黑色具有高贵、稳重、科技的意象，许多科技产品的用色，如电视、跑车、摄影机、音响、仪器的色彩，大多采用黑色，在其他方面，黑色的庄严的意象也常用在一些特殊场合的空间设计，生活用品和服饰设计大多利用黑色来塑造高贵的形象。黑色是一种永远流行的主要颜色，适合和许多色彩作搭配。常见黑色APP如图1.33所示。

图1.33 常见黑色APP

- **灰色的色彩意象**

在商业设计中，灰色具有柔和、高雅的意象，而且属于中间性格，男女皆能接受，所以灰色也是永远流行的主要颜色，许多的高科技产品，尤其是和金属材料有关的，几乎都采用灰色来传达高级、科技的形象，使用灰色时，大多利用不同的层次变化组合或搭配其他色彩，才不会过于素、沉闷，而有呆板、僵硬的感觉。常见灰色为大灰、老鼠灰、蓝灰、深灰。常见灰色APP如图1.34所示。

图1.34 常见灰色APP

1.12 精彩UI设计赏析

在设计过程中出现阻碍时，苦于无解决之道，这时就需要欣赏一些具有一定"概念化"的设计界面，以此获取灵感，打开全新的设计之窗。通过下面几个精选的界面的赏析一定让你在短时间内灵感而发。优秀界面欣赏如图1.35所示。

图1.35 优秀界面欣赏

1.13 本章小结

本章通过对UI的讲解，让读者对用户界面有个基本的了解，同时讲解了智能操作系统及UI设计中颜色的配色技巧。通过本章学习能够对用户界面有大致的认识，并对设计配色有详细的了解。

第 **2** 章

精致按钮及旋钮设计

—————————— 内容摘要 ——————————

　　本章主要详解精致按钮及旋钮设计制作。按钮类设计在UI设计中占有相当一部分的比重，无论是在PC端还是在移动它是用户界面中必不可少的组成部分。按钮及旋钮类控件是一种结构简单、应用十分广泛的控件。按钮开关的结构各类很多，如普通揿钮式、旋柄式、带指示灯式及带灯符号式等，有单钮、双钮、三钮及不同组合形式，按钮开关可以完成启动、停止、正反转、变速以及互锁等基本控制。本章通过多个实战案例，详细讲解了UI设计中常见按钮类控件的设计方法。

————————— 课堂学习目标 —————————

- 了解按钮及旋钮的分类和作用
- 学习不同按钮及旋钮的制作方法
- 掌握不同质感按钮及旋钮的设计技巧

2.1 理论知识——移动APP按钮尺寸分析

在操作过程中，大按钮肯定比小按钮更易操作，当设计移动界面时，最好把可点击的按钮目标尺寸做得大上些，这样更有利于用户点击，但这个"大"到底需要多"大"呢？移动APP的界面有限，加上美观和整体效果，按钮需要设计多"大"才能方便用户的使用呢？

1. 一般规范标准

《iPhone人机界面设计规范》建议最小点击目标尺寸是44px×44px，《Windows手机用户界面设计和交互指南》建议使用34px×34px，最小也要264px×26px，诺基亚开发指南中建议，目标尺寸应该不小于1cm×1cm或者284px×284px，《Android的界面设计规范》建议使用48dp×48dp（物理尺寸为9mm左右）。尽管这些规范给我们列举了各平台下可点击目标的尺寸标准，但是彼此的标准并不一致，更无法和人类手指的实际尺寸相一致。一般来说，规范标准建议的尺寸比手指的平均尺寸要小，这样会影响触摸屏幕时的精准度。

2. 手指与尺寸大小

MIT触摸实验室做了一项研究，以手指指尖作为调查，分析其感觉机能。研究发现，成年人的食指宽度一般是1.6~2cm，转换成像素就是45~57px；拇指要比食指宽，平均宽度大概为2.5cm，转换成像素为72px×72px。

人们在使用中最常用的手势是"点击"和"滑动"，拇指的使用非常频繁。有时候用户只能用一只手握住手机，而用拇指和食指操作。在这种情景下，用户的操作精度有限，就需要提高目标尺寸来避免操作错误，这就是所谓的友好的触控体验。

智能手机受尺寸的限制，如何在第一时间让用户得到有效信息，显得尤为重要。若按钮的尺寸太大，会导致页面拥挤，屏幕空间不够用，增加用户的翻页操作，操作成本高，体验较差；若按钮的尺寸太小，对于用户体验来说是非常糟糕的，因为在用户体验过程中，需要调整手指的操作方式，如将指心调整为指尖的操作，这种操作就变得很吃力，用户体验就非常差，会增加用户操作的挫败感，不仅如此，目标的尺寸过小，很多的目标会拥挤在一起，用户在操作时很容易造成因目标尺寸过小，一个手指的宽度过大面而出现误操作。

3. 理想状态和特殊情况

从拇指大小来看，72像素的实际使用效果是理想状态，更容易定位，操作的舒适感也更好，所以将目标尺寸的大小设置为跟手指大小相近，这是最理想的状态。当然，这种设置也并不适合所有的设计场景，如手机上，由于空间有限，目标尺寸如果设置得过大，那么屏幕空间就不够用了；如果设置成翻页效果，则用户在使用时需要不停地翻页，这在体验上会很糟糕；在这种情况下，就需要使用指导的规范尺寸了，尽管有些过小，但还是最优状态。

对于平板设置来说，情况就简单多了，因为平板整个屏幕较大，所以空间就更多，这样对于设计师来说，就可以通过提高尺寸来提高操作适用性。

虽然无法知道每个用户在手指上的使用习惯，如是食指操作更多，还是拇指操作更多？但有一种情况比较特殊，那就是游戏，对于游戏来说，大多数的用户使用拇指操作，所以一些控件的尺寸一般可以按照拇指的尺寸来设置，这样用户双手稳定操作时更加精准。

2.2 课堂案例——下单按钮

案例位置	案例文件\第2章\下单按钮.psd
视频位置	多媒体教学\2.2课堂案例——下单按钮.avi
难易指数	★★☆☆☆

本例讲解的是下单按钮的制作，此按钮采用黄色调，与账单主题相呼应，同时具有圆角效果的按钮外观圆滑，视觉效果十分出色，最终效果如图2.1所示。

扫码看视频

图2.1 最终效果

2.2.1 打开素材

01 执行菜单栏中的"文件"I"打开"命令，打开"素材文件\第2章\下单按钮\背景.jpg"文件，如图2.2所示。

图2.2 打开素材

02 选择工具箱中的"圆角矩形工具" ▢，在选项栏中将"填充"更改为黄色（R：250，G：177，B：95），"描边"为黄色（R：223，G：154，B：90），"大小"为1点，"半径"为15像素，在小票图像的右下位置绘制一个圆角矩形，此时将生成一个"圆角矩形1"图层，如图2.3所示。

图2.3 绘制图形

2.2.2 添加质感

01 在"图层"面板中，选中"圆角矩形1"图层，单击面板底部的"添加图层样式" fx 按钮，在

菜单中选择"渐变叠加"命令，在弹出的对话框中将"混合模式"更改为柔光，"不透明度"更改为40%，如图2.4所示。

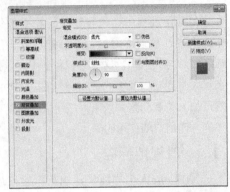

图2.4 设置渐变叠加

02 勾选"投影"复选框，将"颜色"更改为黄色（R：140，G：88，B：28），"不透明度"更改为30%，取消勾选"使用全局光"复选框，"角度"更改为90度，"距离"更改为1像素，"大小"更改为2像素，完成之后单击"确定"按钮，如图2.5所示。

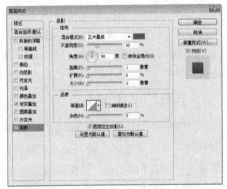

图2.5 设置投影

03 选择工具箱中的"横排文字工具" T，在画布适当位置添加文字，这样就完成了效果制作，最终效果如图2.6所示。

图2.6 添加文字及最终效果

2.3 课堂案例——下载按钮

案例位置　案例文件\第2章\下载按钮.psd
视频位置　多媒体教学\2.3 课堂案例——下载按钮.avi
难易指数　★★☆☆☆

扫码看视频

本例讲解的是下载按钮的制作，下载按钮的形式有多种，本例讲解的是一款简洁风格的按钮，在绘制过程中采用与背景相对应的颜色，整体的色彩及外观十分协调，最终效果如图2.7所示。

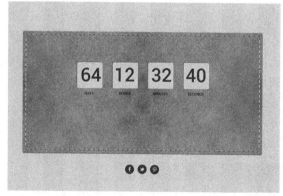

图2.7 最终效果

2.3.1 打开素材

01 执行菜单栏中的"文件"|"打开"命令，打开"素材文件\第2章\下载按钮\背景.jpg"文件，如图2.8所示。

图2.8 打开素材

02 选择工具箱中的"圆角矩形工具" ，在选项栏中将"填充"更改为黄色（R：234，G：203，B：157），"描边"为无，"半径"为5像素，在画布中绘制一个圆角矩形，此时将生成一个"圆角矩形1"图层，如图2.9所示。

图2.9 绘制图形

2.3.2 添加质感

01 在"图层"面板中，选中"圆角矩形1"图层，单击面板底部的"添加图层样式" fx 按钮，在菜单中选择"渐变叠加"命令，在弹出的对话框中将"混合模式"更改为柔光，"不透明度"更改为50%，如图2.10所示。

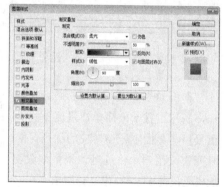

图2.10 设置渐变叠加

02 勾选"投影"复选框，将"混合模式"更改为正常，"颜色"更改为黄色（R：147，G：84，B：35），取消勾选"使用全局光"复选框，"角度"更改为90度，"距离"更改为2像素，完成之后单击"确定"按钮，如图2.11所示。

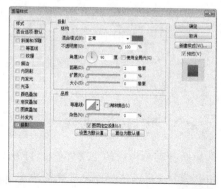

图2.11 设置投影

03 选择工具箱中的"横排文字工具" **T**，在画布适当位置添加文字，这样就完成了效果制作，最终效果如图2.12所示。

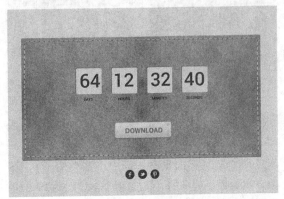

图2.12 添加文字及最终效果

2.4 课堂案例——简洁进度条

案例位置 案例文件\第2章\简洁进度条.psd
视频位置 多媒体教学\2.4 课堂案例——简洁进度条.avi
难易指数 ★★☆☆☆

本例讲解的是简洁进度条的制作，制作过程十分简单，进度条的颜色采用与界面主题相对应的绿色，同时两端采用圆角化处理，视觉效果更加出色，最终效果如图2.13所示。

扫码看视频

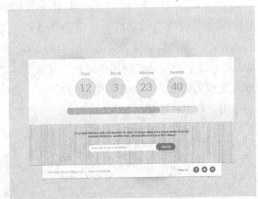

图2.13 最终效果

2.4.1 打开素材

01 执行菜单栏中的"文件"|"打开"命令，打开"素材文件\第2章\简洁进度条\背景.jpg"文件，如图2.14所示。

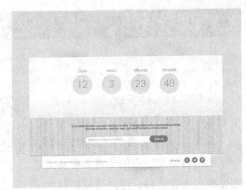

图2.14 打开素材

02 选择工具箱中的"圆角矩形工具" ▢，在选项栏中，将"填充"更改为灰色（R：227，G：227，B：227），"描边"为无，"半径"为15像素，在适当位置绘制一个圆角矩形，此时将生成一个"圆角矩形1"图层，如图2.15所示。

图2.15 绘制图形

2.4.2 复制变换图形

01 在"图层"面板中，选中"圆角矩形1"图层，将其拖至面板底部的"创建新图层" ▢按钮上，复制1个"圆角矩形1 拷贝"图层，如图2.16所示。

02 选中"圆角矩形1 拷贝"图层，将其图形颜色更改为绿色（R：177，G：196，B：0），再缩短图形宽度，如图2.17所示。

图2.16 复制图层　　　　图2.17 变换图形

03 在"图层"面板中，选中"圆角矩形1"图层，单击面板底部的"添加图层样式" **fx** 按钮，在菜单中选择"内阴影"命令，在弹出的对话框中将"不透明度"更改为20%，"距离"更改为1像素，"大小"更改为2像素，完成之后单击"确定"按钮，如图2.18所示。

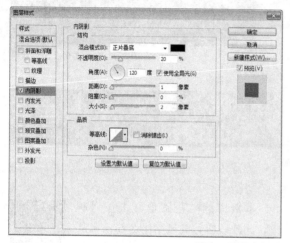

图2.18 设置内阴影

04 选择工具箱中的"横排文字工具" **T**，在画布适当位置添加文字，这样就完成了效果制作，最终效果如图2.19所示。

图2.19 添加文字及最终效果

2.5　课堂案例——音量滑动条

案例位置	案例文件\第2章\音量滑动条.psd
视频位置	多媒体教学\2.5 课堂案例——音量滑动条.avi
难易指数	★★☆☆☆

扫码看视频

本例讲解的是音量滑动条的制作，本例在制作过程中采用扁平化手法绘制，整个制作过程十分简单，注意滑动条的颜色，最终效果如图2.20所示。

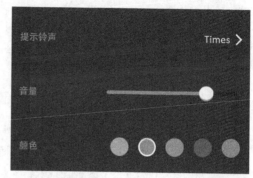

图2.20 最终效果

2.5.1　打开素材

01 执行菜单栏中的"文件"|"打开"命令，打开"素材文件\第2章\音量滑动条\背景.jpg"文件，如图2.21所示。

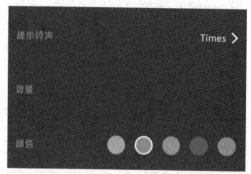

图2.21 打开素材

02 选择工具箱中的"圆角矩形工具" ▢，在选项栏中将"填充"更改为灰色（R：42，G：45，B：50），"描边"为无，"半径"为10像素，在适当位置绘制一个圆角矩形，此时将生成一个"圆角矩形1"图层，如图2.22所示。

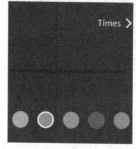

图2.22 绘制图形

03 在"图层"面板中，选中"圆角矩形1"图层，将其拖至面板底部的"创建新图层"⬜按钮上，复制1个"圆角矩形1 拷贝"图层，如图2.23所示。

04 选中"圆角矩形1 拷贝"图层，将其图形颜色更改为青色（R：50，G：172，B：195），再缩短图形宽度，如图2.24所示。

图2.23 复制图层

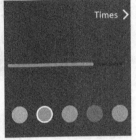

图2.24 变换图形

2.5.2 绘制图形

01 选择工具箱中的"椭圆工具"⬭，在选项栏中将"填充"更改为灰色（R：177，G：177，B：177），"描边"为无，在青色图形右侧顶端位置按住Shift键绘制一个圆形，此时将生成"椭圆1"图层，如图2.25所示。

02 在"图层"面板中，选中"椭圆1"图层，将其拖至面板底部的"创建新图层"⬜按钮上，复制1个"椭圆1 拷贝"图层，如图2.26所示。

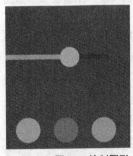

图2.25 绘制图形

图2.26 复制图层

03 选中"椭圆1 拷贝"图层，将图形颜色更改为白色，再按Ctrl+T组合键对其执行"自由变换"命令，将图形高度稍微缩小，完成之后按Enter键确认，这样就完成了效果制作，最终效果如图2.27所示。

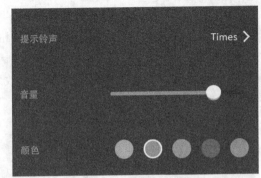

图2.27 变换图形及最终效果

2.6 课堂案例——圆形开关按钮

案例位置　案例文件\第2章\圆形开关按钮.psd
视频位置　多媒体教学\2.6 课堂案例——圆形开关按钮.avi
难易指数　★★☆☆☆

本例讲解的是圆形开关按钮制作。此款按钮外观风格十分简洁，从醒目的标识到真实的触感表现，处处能体现出这是一款高品质的按钮。最终效果如图2.28所示。

扫码看视频

图2.28 最终效果

2.6.1 制作背景并绘制图形

01 执行菜单栏中的"文件"|"新建"命令，在弹出的对话框中设置"宽度"为800像素，"高度"为600像素，"分辨率"为72像素/英寸，"颜色模式"为RGB颜色，新建一个空白画布。

02 选择工具箱中的"渐变工具"▭，编辑灰色（R：250，G：250，B：250）到灰色（R：220，G：220，B：220）的渐变，单击选项栏中的"径向渐变"▭按钮，在画布中从中间位置至右下角拖动为画布填充渐变，如图2.29所示。

图2.29 新建画布并填充渐变

⑩ 选择工具箱中的"椭圆工具" ⬤，在选项栏中将"填充"更改为白色，"描边"为无，在画布中按住Shift键绘制一个圆形，此时将生成一个"椭圆1"图层，如图2.30所示。

⑭ 在"图层"面板中，选中"椭圆1"图层，将其拖至面板底部的"创建新图层" 🔲 按钮上，复制"椭圆1 拷贝""椭圆1 拷贝2"图层，如图2.31所示。

图2.30 绘制图形 **图2.31 复制图层**

⑮ 选择工具箱中的"直接选择工具" ▷，选中"椭圆1 拷贝2"图层中的图形底部锚点向上拖动，如图2.32所示。

图2.32 拖动锚点

⑯ 在"图层"面板中，选中"椭圆1 拷贝2"

图层，单击面板底部的"添加图层样式" 🅵🆇 按钮，在菜单中选择"斜面和浮雕"命令，在弹出的对话框中将"方法"更改为雕刻清晰，"深度"更改为240%，"大小"更改为4像素，取消"使用全局光"复选框，将"角度"更改为90，"高光模式"更改为正常，"不透明度"更改为100%，"阴影模式"中的"不透明度"更改为5%，如图2.33所示。

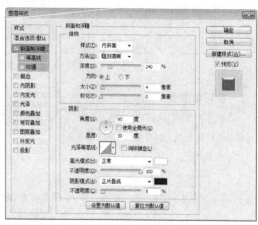

图2.33 设置斜面和浮雕

⑰ 勾选"内发光"复选框，将"混合模式"更改为正常，"不透明度"更改为5%，"颜色"更改为黑色，勾选"边缘"单选按钮，将"大小"更改为8像素，如图2.34所示。

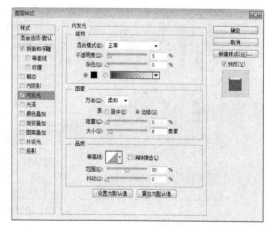

图2.34 设置内发光

⑱ 勾选"渐变叠加"复选框，将"渐变"更改为灰色（R: 246，G: 246，B: 246）到白色到灰色（R: 246，G: 246，B: 246）再到灰色（R: 240，G: 240，B: 240）。将白色色标位置更改为49%，第2个灰色色标位置更改为50%，

如图2.35所示。

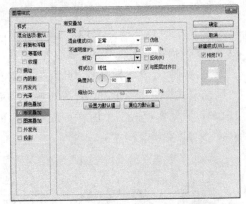

图2.35 设置渐变叠加

技巧与提示

这里渐变的编辑有些特别，这种编辑效果可以产生明显的边缘效果，编辑效果如图2.36所示。

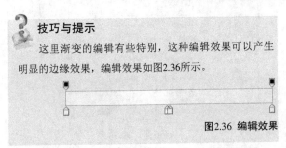

图2.36 编辑效果

⑨ 勾选"投影"复选框，将"不透明度"更改为15%，取消"使用全局光"复选框，将"角度"更改为90度，"距离"更改为1像素，"大小"更改为3像素，完成之后单击"确定"按钮，如图2.37所示。

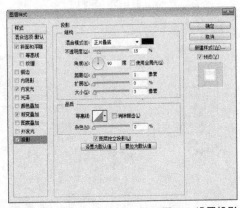

图2.37 设置投影

⑩ 在"图层"面板中，选中"椭圆1 拷贝"图层，单击面板底部的"添加图层样式" fx 按钮，在菜单中选择"渐变叠加"命令，在弹出的对话框中将"渐变"更改为灰色（R：188，G：188，B：188）到灰色（R：226，G：226，B：226）到灰色（R：188，G：188，B：188）

到灰色（R：226，G：226，B：226）再到灰色（R：188，G：188，B：188）。将第2个灰色色标位置更改为25%，第3个灰色色标位置更改为50%，第4个灰色色标位置更改为75%，"角度"更改为0度，如图2.38所示。

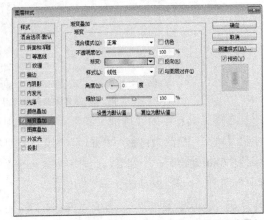

图2.38 设置渐变叠加

⑪ 勾选"投影"复选框，将"不透明度"更改为40%，取消"使用全局光"复选框，将"角度"更改为90度，"距离"更改为5像素，"大小"更改为4像素，完成之后单击"确定"按钮，如图2.39所示。

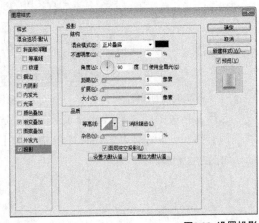

图2.39 设置投影

⑫ 选中"椭圆1 拷贝"图层，在选项栏中将其"描边"更改为灰色（R：112，G：112，B：112），"大小"更改为4点，如图2.40所示。

⑬ 选中"椭圆1"图层，在画布中将其图形颜色更改为灰色（R：154，G：154，B：154）。按Ctrl+T组合键对其执行"自由变换"命令，将图像等比例放大，完成之后按Enter键确认，如图2.41所示。

图2.40 添加描边

图2.41 变换图形

⑭ 在"图层"面板中，选中"椭圆1"图层，单击面板底部的"添加图层样式" fx 按钮，在菜单中选择"描边"命令，在弹出的对话框中将"大小"更改为18像素，"填充类型"更改为渐变，"渐变"更改为灰色（R：229，G：229，B：229）到白色。将白色色标位置更改为60%，"角度"更改为－90度，如图2.42所示。

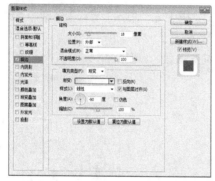

图2.42 设置描边

⑮ 勾选"内阴影"复选框，将"混合模式"更改为正常，"不透明度"更改为100%，取消"使用全局光"复选框，将"角度"更改为90度，"距离"更改为1像素，"大小"更改为8像素，如图2.43所示。

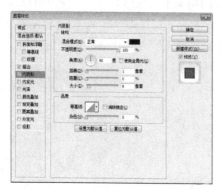

图2.43 设置内阴影

⑯ 勾选"外发光"复选框，将"混合模式"更改为正常，"颜色"更改为白色，"方法"更改为精确，"大小"更改为19像素，"范围"更改为1%，完成之后单击"确定"按钮，如图2.44所示。

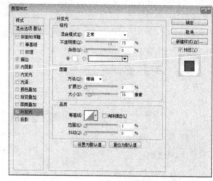

图2.44 设置外发光

⑰ 选择工具箱中的"椭圆工具" ◯，在选项栏中将"填充"更改为黑色，"描边"为无，在按钮图形位置绘制一个椭圆图形，此时将生成一个"椭圆2"图层，将"椭圆2"图层移至"椭圆1"图层上方，如图2.45所示。

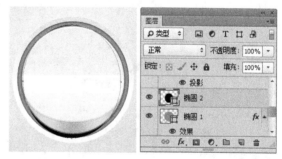

图2.45 绘制图形

⑱ 选中"椭圆2"图层，执行菜单栏中的"滤镜"|"模糊"|"高斯模糊"命令，在弹出的对话框中将"半径"更改为20，完成之后单击"确定"按钮，如图2.46所示。

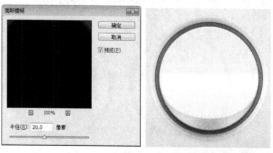

图2.46 设置高斯模糊

⑲ 在"图层"面板中，选中"椭圆2"图层，单击面板底部的"添加图层蒙版" ■ 按钮，为其图层添加图层蒙版，如图2.47所示。

⑳ 选择工具箱中的"画笔工具" ✎ ，在画布中单击鼠标右键，在弹出的面板中选择一种圆角笔触，将"大小"更改为200像素，"硬度"更改为0%，如图2.48所示。

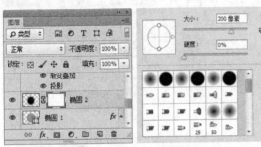

图2.47 添加图层蒙版　　　　图2.48 设置笔触

㉑ 将前景色更改为黑色，在画布中其图像上半部分区域涂抹将部分图像隐藏，如图2.49所示。

图2.49 隐藏图像

2.6.2 添加文字

① 选择工具箱中的"横排文字工具" T，在按钮适当位置添加文字，如图2.50所示。

② 选中"OFF"图层，按Ctrl+T组合键对其执行"自由变换"命令，当出现变形框以后将文字高度缩小，完成之后按Enter键确认，如图2.51所示。

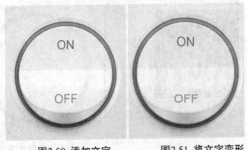

图2.50 添加文字　　　　图2.51 将文字变形

③ 在"图层"面板中，选中"ON"图层，单击面板底部的"添加图层样式" fx 按钮，在菜单中选择"内阴影"命令，在弹出的对话框中取消"使用全局光"复选框，将"角度"更改为90度，"距离"更改为1像素，如图2.52所示。

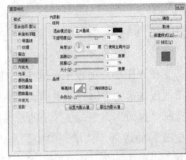

图2.52 设置内阴影

④ 勾选"外发光"复选框，将"混合模式"更改为正常，"不透明度"更改为100%，"颜色"更改为白色，"方法"更改为精确，"扩展"更改为100%，"大小"更改为1像素，完成之后单击"确定"按钮，如图2.53所示。

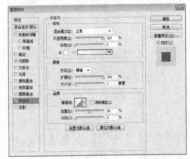

图2.53 设置外发光

⑤ 在"ON"图层上单击鼠标右键，从弹出的快捷菜单中选择"拷贝图层样式"命令。在"OFF"图层上单击鼠标右键，从弹出的快捷菜单中选择"粘贴图层样式"命令。这样就完成了效果制作，最终效果如图2.54所示。

图2.54 复制并粘贴图层样式及最终效果

2.7 课堂案例——功能旋钮

案例位置　案例文件\第2章\功能旋钮.psd
视频位置　多媒体教学\2.7 课堂案例——功能旋钮.avi
难易指数　★★★☆☆

　　本例讲解的是功能旋钮制作，功能旋钮的制作重点在于对功能选择上的明确性，通过合理的区域功能图像的绘制及易读的指示信息，打造出本例中这样一款出色的功能旋钮。最终效果如图2.55所示。

扫码看视频

图2.55 最终效果

2.7.1 制作背景并绘制图形

01 执行菜单栏中的"文件"|"新建"命令，在弹出的对话框中设置"宽度"为600，"高度"为500，"分辨率"为72像素/英寸，将画布填充为蓝色（R：177，G：184，B：192），选择工具箱中的"圆角矩形工具" ，在选项栏中将"填充"更改为蓝色（R：36，G：43，B：50），"描边"为无，"半径"更改为60像素。在画布中按住Shift键绘制一个圆角矩形，此时将生成一个"圆角矩形1"图层，如图2.56所示。

02 在"图层"面板中，选中"圆角矩形1"图层，将其拖至面板底部的"创建新图层" 按钮上，复制2个图层，并将这3个图层名称分别更改为"高光""底座""阴影"，如图2.57所示。

图2.56 绘制图形

图2.57 复制图层

03 选中"高光"图层，将其图形颜色更改为灰色（R：220，G：220，B：223），按Ctrl+T组合键对其执行"自由变换"命令，将图像等比例缩小，完成之后按Enter键确认，如图2.58所示。

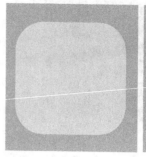
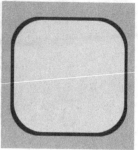

图2.58 变换图形

04 选中"高光"图层，执行菜单栏中的"滤镜"|"模糊"|"高斯模糊"命令，在弹出的对话框中将"半径"更改为6像素，完成之后单击"确定"按钮，如图2.59所示。

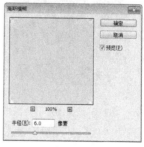

图2.59 设置高斯模糊

05 在"图层"面板中，选中"高光"图层，单击面板底部的"添加图层蒙版" 按钮，为其图层添加图层蒙版，如图2.60所示。

06 选择工具箱中的"画笔工具" ，在画布中单击鼠标右键，在弹出的面板中选择一种圆角笔触，将"大小"更改为250像素，"硬度"更改为0%，如图2.61所示。

图2.60 添加图层蒙版

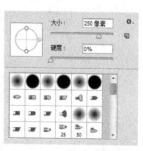

图2.61 设置笔触

⑦ 将前景色更改为黑色，在画布中其图像上部分区域涂抹将其隐藏，如图2.62所示。

图2.62 隐藏图像

⑧ 在"图层"面板中，选中"高光"图层，将其图层混合模式设置为"浅色"，"不透明度"更改为80%，如图2.63所示。

图2.63 设置图层混合模式

⑨ 在"图层"面板中，选中"底座"图层，单击面板底部的"添加图层样式" fx 按钮，在菜单中选择"内发光"命令，在弹出的对话框中将"混合模式"更改为柔光，"颜色"更改为黑色，"大小"更改为50像素，如图2.64所示。

图2.64 设置内发光

⑩ 在"图层"面板中的"底座"图层样式名称上单击鼠标右键，从弹出的快捷菜单中选择"创建图层"命令，此时将生成"'底座'的内发光"新的

图层，如图2.65所示。

图2.65 创建图层

⑪ 在"图层"面板中，选中"'底座'的内发光"图层，单击面板底部的"添加图层蒙版" ◙ 按钮，为其图层添加图层蒙版，如图2.66所示。

⑫ 选择工具箱中的"画笔工具" ✎，在画布中单击鼠标右键，在弹出的面板中选择一种圆角笔触，将"大小"更改为150像素，"硬度"更改为0%，如图2.67所示。

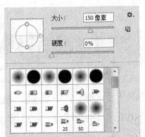

图2.66 添加图层蒙版　　图2.67 设置笔触

⑬ 将前景色更改为黑色，在画布中其图像上部分区域涂抹将其隐藏，如图2.68所示。

图2.68 隐藏图像

⑭ 选中"阴影"图层，执行菜单栏中的"滤

镜"|"模糊"|"高斯模糊"命令，在弹出的对话框中将"半径"更改为6像素，完成之后单击"确定"按钮，如图2.69所示。

图2.69 设置高斯模糊

2.7.2 绘制功能图像

01 选择工具箱中的"椭圆工具" ⬭，在选项栏中将"填充"更改为蓝色（R：0，G：80，B：98），"描边"为深蓝色（R：0，G：17，B：20），"大小"更改为0.5点，在图标位置按住Shift键绘制一个圆形，此时将生成一个"椭圆1"图层，如图2.70所示。

02 在"图层"面板中，选中"椭圆1"图层，将其拖至面板底部的"创建新图层" ⬛ 按钮上，复制1个"椭圆1 拷贝"及"椭圆1 拷贝2"图层，如图2.71所示。

图2.70 绘制图形

图2.71 复制图层

03 在"图层"面板中，选中"椭圆1 拷贝"图层，单击面板底部的"添加图层样式" fx 按钮，在菜单中选择"渐变叠加"命令，在弹出的对话框中将"渐变"更改为青色（R：110，G：243，B：252）到蓝色（R：11，G：122，B：142），"样式"更改为角度，完成之后单击"确定"按钮，如图2.72所示。

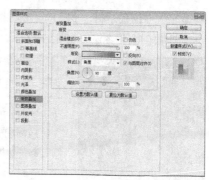

图2.72 设置渐变叠加

04 选中"椭圆 1 拷贝"图层，按Ctrl+T组合键对其执行"自由变换"命令，将图像等比例缩小，完成之后按Enter键确认，如图2.73所示。

图2.73 变换图形

05 在"图层"面板中，选中"椭圆1 拷贝2"图层，将其适当等比例缩小。单击面板底部的"添加图层样式" fx 按钮，在菜单中选择"渐变叠加"命令，在弹出的对话框中将"渐变"更改为灰色（R：42，G：50，B：55）到灰色（R：157，G：164，B：174），完成之后单击"确定"按钮，如图2.74所示。

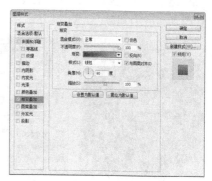

图2.74 设置渐变叠加

06 选择工具箱中的"圆角矩形工具" ⬜，在选项栏中将"填充"更改为蓝色（R：90，G：218，B：230），"描边"为无，"半径"更改为5像素，在圆形靠上方位置绘制一个圆角矩形，此时将生成一个"圆角矩形1"图层，如图2.75所示。

图2.75 绘制图形

07 在"图层"面板中，选中"圆角矩形1"图层，单击面板底部的"添加图层样式" *fx* 按钮，在菜单中选择"内阴影"命令，在弹出的对话框中将"不透明度"更改为45%，"距离"更改为1像素，"大小"更改为1像素，完成之后单击"确定"按钮，如图2.76所示。

图2.76 设置内阴影

08 选择工具箱中的"椭圆工具" ，在选项栏中将"填充"更改为白色，"描边"为无，按住Shift键绘制一个圆形，此时将生成一个"椭圆 2"图层，如图2.77所示。

图2.77 绘制图形

09 在"图层"面板中，选中"椭圆 2"图层，单击面板底部的"添加图层样式" *fx* 按钮，在菜单中选择"外发光"命令，在弹出的对话框中将"颜

色"更改为蓝色（R：106，G：238，B：248），"扩展"更改为18%，"大小"更改为10像素，完成之后单击"确定"按钮，如图2.78所示。

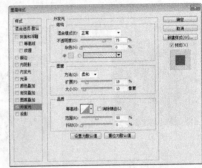

图2.78 设置外发光

2.7.3 制作立体质感

01 选择工具箱中的"椭圆工具" ，在选项栏中将"填充"更改为黑色，"描边"为无，在圆形靠下方位置再次绘制一个椭圆图形，此时将生成一个"椭圆3"图层，将"椭圆3"移至"椭圆1"图层下方，如图2.79所示。

图2.79 绘制图形

02 选中"椭圆 3"图层，执行菜单栏中的"滤镜"|"模糊"|"高斯模糊"命令，在弹出的对话框中将"半径"更改为13像素，完成之后单击"确定"按钮，如图2.80所示。

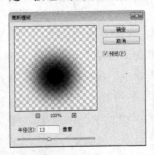

图2.80 设置高斯模糊

03 选中"椭圆 3"图层，执行菜单栏中的"滤

镜"|"模糊"|"动感模糊"命令，在弹出的对话框中将"角度"更改为90度，"距离"更改为30像素，设置完成之后单击"确定"按钮，如图2.81所示。

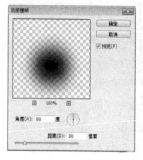

图2.81　设置动感模糊

04 选择工具箱中的"椭圆工具" ，在选项栏中将"填充"更改为白色，"描边"为无。在刚才绘制的圆形上方位置再次绘制一个椭圆图形，此时将生成一个"椭圆4"图层，将其移至"椭圆1"图层下方，如图2.82所示。

图2.82　绘制图形

05 选中"椭圆4"图层，执行菜单栏中的"滤镜"|"模糊"|"高斯模糊"命令，在弹出的对话框中将"半径"更改为6像素。完成之后单击"确定"按钮，再将其图层"不透明度"更改为70%，如图2.83所示。

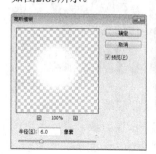

图2.83　设置高斯模糊

06 在"图层"面板中，选中"椭圆4"图层，单

击面板底部的"添加图层蒙版" 按钮，为其图层添加图层蒙版，如图2.84所示。

07 选择工具箱中的"画笔工具" ，在画布中单击鼠标右键，在弹出的面板中选择一种圆角笔触，将"大小"更改为90像素，"硬度"更改为0%，如图2.85所示。

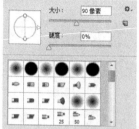

图2.84　添加图层蒙版　　　　图2.85　设置笔触

08 将前景色更改为黑色，在画布中其图像下部分区域涂抹将其隐藏，如图2.86所示。

图2.86　隐藏图像

09 选择工具箱中的"椭圆工具" ，在选项栏中将"填充"更改为无，"描边"为蓝色（R：130，G：144，B：157），"大小"更改为3点，在圆形图形位置按住Shift键绘制一个圆形，此时将生成一个"椭圆5"图层，如图2.87所示。

图2.87　绘制图形

⑩ 在"图层"面板中，选中"椭圆5"图层，单击面板底部的"添加图层蒙版" ▣ 按钮，为其图层添加图层蒙版，如图2.88所示。

⑪ 选择工具箱中的"渐变工具" ▣，编辑黑色到白色的渐变。单击选项栏中的"线性渐变" ▣ 按钮，在画布中从下至上拖动将部分图形隐藏，如图2.89所示。

图2.88 添加图层蒙版

图2.89 隐藏图形

⑫ 在"图层"面板中，选中"椭圆5"图层，单击面板底部的"添加图层样式" fx 按钮，在菜单中选择"内阴影"命令，在弹出的对话框中取消"使用全局光"复选框，将"角度"更改为90度，"距离"更改为1像素，"大小"更改为1像素，完成之后单击"确定"按钮，如图2.90所示。

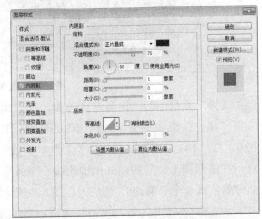
图2.90 设置内阴影

2.7.4 绘制指示图形

① 选择工具箱中的"椭圆工具" ◯，在选项栏中将"填充"更改为蓝色（R：44，G：128，B：152），"描边"为无，在左侧位置按住Shift键绘制一个圆形，此时将生成一个"椭圆6"图层，如图2.91所示。

图2.91 绘制图形

② 在"图层"面板中，选中"椭圆6"图层，将其拖至面板底部的"创建新图层" ▣ 按钮上，复制1个"椭圆6 拷贝"图层。选中"椭圆6 拷贝"图层，将其向右上角方向稍微移动，如图2.92所示。

图2.92 复制图层并移动图形

③ 按住Ctrl键单击"椭圆6 拷贝"图层缩览图，将其载入选区，如图2.93所示。

④ 执行菜单栏中的"选择"|"修改"|"扩展"命令，在弹出的对话框中将"扩展量"更改为1像素，完成之后单击"确定"按钮，如图2.94所示。

图2.93 载入选区　　图2.94 扩展选区

⑤ 单击"椭圆5"图层蒙版缩览图，在画布中将选区填充为黑色将部分图像隐藏，完成之后按Ctrl+D组合键将选区取消，如图2.95所示。

⑥ 用同样的方法将"椭圆6"图层中的图形复制数份并移动将部分图形隐藏，如图2.96所示。

图2.95 隐藏图形

图2.96 复制图形

07 在"椭圆2"图层上单击鼠标右键，从弹出的快捷菜单中选择"拷贝图层样式"命令。在"椭圆6 拷贝3"图层上单击鼠标右键，从弹出的快捷菜单中选择"粘贴图层样式"命令。双击"椭圆6 拷贝3"图层样式名称，在弹出的对话框中将"扩展"更改为5%，"大小"更改为10像素，如图2.97所示。

图2.97 复制并粘贴图层样式

2.7.5 添加文字

01 选择工具箱中的"横排文字工具"T，在图标周围位置添加文字，如图2.98所示。

图2.98 添加文字

02 在"图层"面板中，选中"1"图层，单击面板底部的"添加图层样式" *fx* 按钮，在菜单中选择"投影"命令，在弹出的对话框中取消"使用全局

光"复选框，将"角度"更改为90度，"距离"更改为2像素，"大小"更改为1像素，完成之后单击"确定"按钮，如图2.99所示。

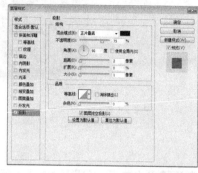
图2.99 设置投影

03 在"I"图层上单击鼠标右键，从弹出的快捷菜单中选择"拷贝图层样式"命令，同时选中"II""III""IV"及"V"图层，在其图层名称上单击鼠标右键，从弹出的快捷菜单中选择"粘贴图层样式"命令，如图2.100所示。

图2.100 复制并粘贴图层样式

04 选中除"背景"和"阴影"之外的所有图层，按Ctrl+G组合键将其编组，此时将生成一个"组1"，将"组1"复制一份，如图2.101所示。

图2.101 将图层编组并复制组

05 在"图层"面板中，选中"组1 拷贝"组，将其图层混合模式设置为"叠加"，"不透明度"更改为20%，这样就完成了效果制作，最终效果如图2.102所示。

图2.102 最终效果

2.8 课堂案例——金属旋钮

案例位置 案例文件\第2章\金属旋钮.psd
视频位置 多媒体教学\2.8 课堂案例——金属旋钮.avi
难易指数 ★★★☆☆

本例讲解的是金属旋钮的制作，在本例中，图形的质感表现为制作重点，通过金属质感的组合控制旋钮与灰色背景的搭配，令整个界面档次显著。最终效果如图2.103所示。

扫码看视频

为画布填充渐变，如图2.104所示。

图2.104 新建画布填充渐变

03 执行菜单栏中的"滤镜"|"杂色"|"添加杂色"命令，在弹出的对话框中勾选"高斯分布"单选按钮，将"数量"更改为1%，完成之后单击"确定"按钮，如图2.105所示。

图2.103 最终效果

2.8.1 制作背景并绘制图形

01 执行菜单栏中的"文件"|"新建"命令，在弹出的对话框中设置"宽度"为600像素，"高度"为500像素，"分辨率"为72像素/英寸，"颜色模式"为RGB颜色，新建一个空白画布。

02 选择工具箱中的"渐变工具" ，编辑灰色（R：40，G：40，B：48）到蓝色（R：20，G：20，B：22）的渐变。单击选项栏中的"径向渐变" 按钮，在画布中从中间向右下角拖动，

图2.105 设置添加杂色

04 选择工具箱中的"椭圆工具" ，在选项栏中将"填充"更改为白色，"描边"为无，在画布靠左侧位置按住Shift键绘制一个圆形，此时将生成一个"椭圆1"图层，如图2.106所示。

05 在"图层"面板中，选中"椭圆1"图层，将其拖至面板底部的"创建新图层" 按钮上，分别复制1个"椭圆1 拷贝"及"椭圆1 拷贝 2"图层，如图2.107所示。

图2.106 绘制图形　　　　图2.107 复制图层

06 在"图层"面板中，选中"椭圆1"图层，单击面板底部的"添加图层样式" fx 按钮，在菜单中选择"渐变叠加"命令，在弹出的对话框中将"渐变"更改为深灰色（R：28，G：28，B：33）到深灰色（R：14，G：14，B：16），如图2.108所示。

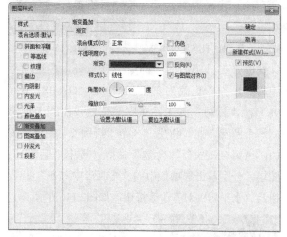

图2.108 设置渐变叠加

07 勾选"投影"复选框，将"混合模式"更改为叠加，"颜色"更改为灰色（R：247，G：247，B：247），"不透明度"更改为20%，取消"使用全局光"复选框，将"角度"更改为90度，"距离"更改为1像素，如图2.109所示。

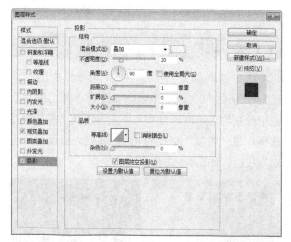

图2.109 设置投影

08 选中"椭圆 1 拷贝"图层，在画布中将图形颜色更改为灰色（R：207，G：213，B：213），按Ctrl+T组合键对其执行"自由变换"命令，当出现变形框以后按住Alt+Shift组合键将图形等比例缩小，完成之后按Enter键确认，如图2.110所示。

图2.110 变换图形

09 在"图层"面板中，选中"椭圆1 拷贝"图层，单击面板底部的"添加图层样式" fx 按钮，在菜单中选择"渐变叠加"命令，在弹出的对话框中将"混合模式"更改为强光，"不透明度"更改为100%，"渐变"更改为灰色（R：57，G：58，B：66）到灰色（R：40，G：40，B：45）到灰色（R：40，G：38，B：46）到灰色（R：78，G：80，B：88）到灰色（R：243，G：243，B：243）。将第2个灰色色标位置更改为15%，第3个灰色色标位置更改为40%，第4个灰色色标位置更改为65%，如图2.111所示。

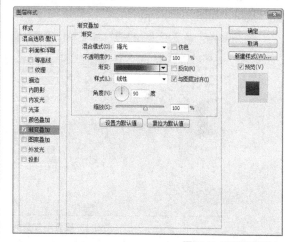

图2.111 设置渐变叠加

10 勾选"投影"复选框，将"混合模式"更改为正常，"颜色"更改为黑色，"不透明度"更改为100%，取消"使用全局光"复选框，将"角度"更改为90度，"距离"更改为5像素，"大小"更改为10像素，完成之后单击"确定"按钮，如图2.112所示。

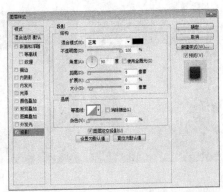

图2.112 设置投影

⑪ 在"图层"面板中，选中"椭圆1 拷贝2"图层，单击面板底部的"添加图层样式" fx 按钮，在菜单中选择"渐变叠加"命令，在弹出的对话框中将"混合模式"更改为强光，"不透明度"更改为95%，"渐变"更改为白色到灰色（R：137，G：136，B：142）到白色到灰色（R：137，G：136，B：142）到白色。将第1个灰色色标位置更改为20%，第2个白色色标位置更改为50%，第2个灰色色标位置更改为70%，最后一个白色色标位置更改为95%，完成之后单击"确定"按钮，如图2.113所示。

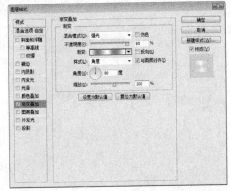

图2.113 设置渐变叠加

⑫ 在"图层"面板中，选中"椭圆1 拷贝2"图层，将其图层"填充"更改为0%，如图2.114所示。

⑬ 选中"椭圆1 拷贝2"图层，按Ctrl+T组合键对其执行"自由变换"命令，将图像适当等比例缩小，完成之后按Enter键确认，如图2.115所示。

图2.114 更改填充　　　　图2.115 变换图形

⑭ 选择工具箱中的"椭圆工具" ◯，在选项栏中将"填充"更改为灰色（R：98，G：98，B：98），"描边"为无，在中间位置按住Shift键绘制一个圆形，此时将生成一个"椭圆2"图层，按Ctrl+A组合键执行"全选"命令，选中"椭圆2"图层，分别单击选项栏中的"垂直居中对齐" 按钮及"水平居中对齐" 按钮，如图2.116所示。

图2.116 绘制图形

2.8.2 制作质感

① 选中"椭圆2"图层，执行菜单栏中的"滤镜"|"杂色"|"添加杂色"命令，在弹出的对话框中分别勾选"高斯分布"单选按钮及"单色"复选框，将"数量"更改为40%，完成之后单击"确定"按钮，如图2.117所示。

图2.117 设置添加杂色

② 选中"椭圆2"图层，执行菜单栏中的"滤

镜"|"模糊"|"径向模糊"命令，在弹出的对话框中勾选"旋转"单选按钮，将"数量"更改为100，完成之后单击"确定"按钮，如图2.118所示。

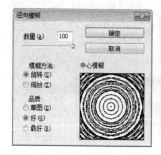

图2.118 添加径向模糊

03 选中"椭圆 2"图层，按Ctrl+F组合键重复执行径向模糊效果，如图2.119所示。

04 选中"椭圆2"图层，执行菜单栏中的"滤镜"|"锐化"|"锐化"命令，按Ctrl+F组合键重复执行锐化效果，如图2.120所示。

图2.119 重复添加模糊效果　　图2.120 将图像锐化

05 选中"椭圆2"图层，将其图层混合模式更改为叠加，"不透明度"更改为60%，并将其中心点与旋钮图像中心点对齐，如图2.121所示。

图2.121 更改不透明度并移动图像

06 在"图层"面板中，单击面板底部的"添加图层蒙版" 按钮，为其图层添加图层蒙版，如图2.122所示。

07 按住Ctrl键单击"椭圆 1 拷贝 2"图层缩览图，将其载入选区，执行菜单栏中的"选择"|"反向"命令，将选区反向，将选区填充为黑色，将部分图像隐藏，完成之后按Ctrl+D组合键将选区取消，如图2.123所示。

图2.122 添加图层蒙版　　图2.123 隐藏图像

08 在"图层"面板中，选中"椭圆 1 拷贝 2"图层，将其拖至面板底部的"创建新图层" 按钮上，复制1个"椭圆 1 拷贝 3"图层，如图2.124所示。

09 双击"椭圆 1 拷贝 3"图层样式名称，在弹出的对话框中将"混合模式"更改为正片叠底，如图2.125所示。

图2.124 复制图层　　图2.125 更改图层样式

10 选择工具箱中的"椭圆工具" ，在选项栏中将"填充"更改为白色，"描边"为无，在旋钮靠上方位置按住Shift键绘制一个圆形，此时将生成一个"椭圆3"图层，如图2.126所示。

图2.126 绘制图形

11 在"图层"面板中，选中"椭圆3"图层，单

45

击面板底部的"添加图层样式" **fx** 按钮，在菜单中选择"渐变叠加"命令，在弹出的对话框中将"混合模式"更改为正常，"不透明度"更改为60%，"渐变"更改为灰色（R：193，G：193，B：196）到灰色（R：78，G：80，B：88），如图2.127所示。

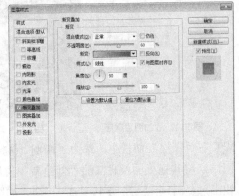

图2.127 设置渐变叠加

12 勾选"投影"复选框，将"混合模式"更改为正常，"颜色"更改为白色，"不透明度"更改为100%，取消"使用全局光"复选框，将"角度"更改为90度，"距离"更改为2像素，"大小"更改为2像素，完成之后单击"确定"按钮，如图2.128所示。

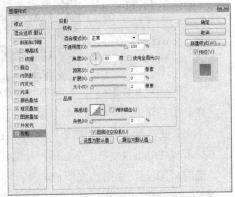

图2.128 设置投影

2.8.3 制作指示标记

01 选择工具箱中的"椭圆工具" ，在选项栏中单击"选择工具模式"按钮，在弹出的选项中选择"路径"，在旋钮的外围绘制一个比其大一圈的路径，如图2.129所示。

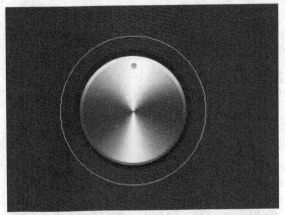

图2.129 绘制路径

02 在"画笔"面板中，选择一个圆角笔触，将"大小"更改为6像素，"硬度"更改为100%，"间距"更改为350%，如图2.130所示。

03 勾选"平滑"复选框，如图2.131所示。

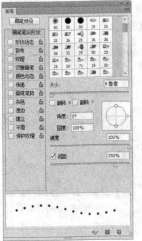

图2.130 设置画笔笔尖形状　　图2.131 勾选平滑

04 单击面板底部的"创建新图层" 按钮，新建一个"图层1"图层。

05 将前景色更改为白色，选中"图层1"，在"路径"面板中的"工作路径"名称上单击鼠标右键，从弹出的快捷菜单中选择"描边路径"命令，在弹出的对话框中选择"工具"为画笔，确认取消勾选"模拟压力"复选框，完成之后单击"确定"按钮，如图2.132所示。

06 选择工具箱中的"矩形选框工具" ，在图像下半部分区域绘制一个选区以选中部分图像，选中"图层1"图层，将选区中的图像删除，完成之后按Ctrl+D组合键将选区取消，如图2.133所示。

图2.132 为路径描边　　图2.133 删除图像

⑦ 在"图层"面板中，选中"图层 1"图层，单击面板底部的"添加图层样式" fx 按钮，在菜单中选择"渐变叠加"命令，在弹出的对话框中将"混合模式"更改为强光，"渐变"更改为绿色（R：117，G：175，B：0）到绿色（R：162，G：230，B：0）。将第2个绿色色标位置更改为70%，如图2.134所示。

图2.134 设置渐变叠加

⑧ 勾选"外发光"复选框，将"混合模式"更改为正常，"不透明度"更改为40%，"颜色"更改为绿色（R：143，G：208，B：0），"大小"更改为5像素，完成之后单击"确定"按钮，如图2.135所示。

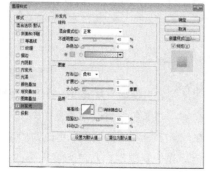

图2.135 设置外发光

⑨ 选择工具箱中的"椭圆工具"，在选项栏

中将"填充"更改为白色，"描边"为无。在刚才绘制的描边路径图像右侧位置按住Shift键绘制一个圆形并将其中的一个圆点覆盖，此时将生成一个"椭圆4"图层，如图2.136所示。

图2.136 绘制图形

⑩ 在"图层"面板中，选中"椭圆4"图层，单击面板底部的"添加图层样式" fx 按钮，在菜单中选择"内阴影"命令，在弹出的对话框中将"混合模式"更改为正常，"不透明度"更改为100%，"距离"更改为1像素，"大小"更改为3像素，如图2.137所示。

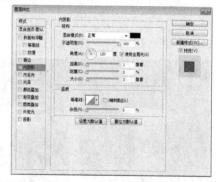

图2.137 设置内阴影

⑪ 勾选"颜色叠加"复选框，将"颜色"更改为深灰色（R：23，G：23，B：27），如图2.138所示。

图2.138 设置颜色叠加

12 勾选"投影"复选框，将"混合模式"更改为滤色，"颜色"更改为灰色（R：73，G：73，B：73），"不透明度"更改为20%，"距离"更改为1像素，完成之后单击"确定"按钮，如图2.139所示。

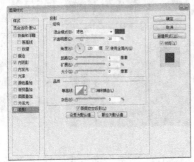

图2.139 设置投影

13 选中"椭圆4"图层，按住Alt键将图像复制数份，并分别将下方的圆点图像覆盖，如图2.140所示。

14 选择工具箱中的"矩形选框工具" ，在刚才复制的图像位置绘制选区，选中"图层1"图层，按Delete键将选区中的图像删除，完成之后按Ctrl+D组合键将选区取消，如图2.141所示。

图2.140 复制图像 　　图2.141 删除图像

15 同时选中除"背景"之外的所有图层，按Ctrl+G组合键将图层编组，将生成的组名称更改为"旋钮"，如图2.142所示。

图2.142 将图层编组

2.8.4 制作滑块图形

01 选择工具箱中的"圆角矩形工具" ，在选项栏中将"填充"更改为灰色（R：26，G：26，B：30），"描边"为无，"半径"更改为15像素，在旋钮图像右侧位置绘制一个圆角矩形，此时将生成一个"圆角矩形1"图层，如图2.143所示。

图2.143 绘制图形

02 在"图层"面板中，选中"圆角矩形1"图层，单击面板底部的"添加图层样式" fx 按钮，在菜单中选择"内阴影"命令，在弹出的对话框中将"混合模式"更改为正常，"不透明度"更改为60%，取消"使用全局光"复选框，将"角度"更改为90度，"大小"更改为8像素，如图2.144所示。

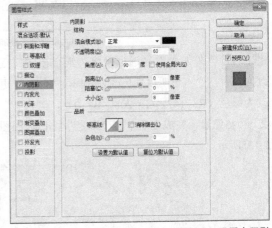

图2.144 设置内阴影

03 勾选"投影"复选框，将"混合模式"更改为叠加，"颜色"更改为灰色（R：247，G：247，B：247），"不透明度"更改为60%，取消"使用全局光"复选框，将"角度"更改为90度，"距离"更改为1像素，完成之后单击"确定"按钮，如图2.145所示。

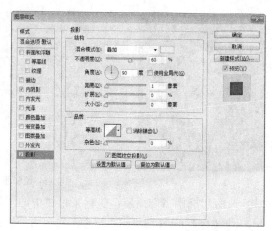

图2.145 设置投影

04 选择工具箱中的"圆角矩形工具" ，在选项栏中将"填充"更改为灰色（R：85，G：87，B：95），"描边"为无，"半径"更改为15像素，绘制一个圆角矩形，此时将生成一个"圆角矩形2"图层，如图2.146所示。

05 在"图层"面板中，选中"圆角矩形2"图层，将其拖至面板底部的"创建新图层" 按钮上，复制1个"圆角矩形2 拷贝"图层，如图2.147所示。

图2.146 绘制图形

图2.147 复制图层

06 在"图层"面板中，选中"圆角矩形2"图层，单击面板底部的"添加图层样式" fx 按钮，在菜单中选择"渐变叠加"命令，在弹出的对话框中将"混合模式"更改为强光，"渐变"更改为灰色（R：150，G：150，B：155）到灰色（R：57，G：58，B：66）到灰色（R：90，G：92，B：100）到灰色（R：78，G：80，B：88）再到灰色（R：254，G：254，B：254）。将第2个灰色色标位置更改为15%，第3个灰色色标位置更改为30%，第4个灰色色标位置更改为45%，如图2.148所示。

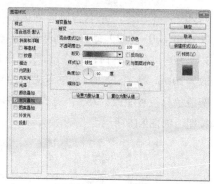
图2.148 设置渐变叠加

07 勾选"投影"复选框，将"混合模式"更改为正常，"不透明度"更改为100，取消"使用全局光"复选框，将"角度"更改为90度，"距离"更改为5像素，"大小"更改为10像素，完成之后单击"确定"按钮，如图2.149所示。

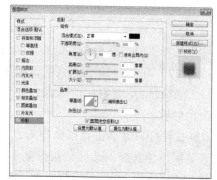
图2.149 设置投影

08 选中"圆角矩形2 拷贝"图层，按Ctrl+T组合键对其执行"自由变换"命令，将图像等比例缩小，完成之后按Enter键确认，如图2.150所示。

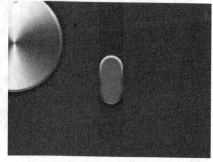
图2.150 变换图形

09 在"图层"面板中，选中"圆角矩形2 拷贝"图层，单击面板底部的"添加图层样式" fx 按钮，在菜单中选择"渐变叠加"命令，在弹出的对话框中将"混合模式"更改为强光，"不透明度"更改为90%，"渐变"更改为白色到灰色（R：137，G：136，B：142）到白色到灰色（R：137，G：136，B：142）到白色。将第1个灰色色标位置更改为20%，第2个白色色标位置更改为50%，第2个灰色色标位置更改为75%，完成之后单击"确定"按钮，如图2.151所示。

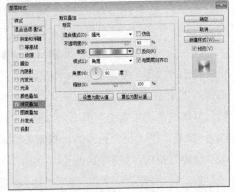

图2.151 设置渐变叠加

⑩ 在"图层"面板中，选中"旋钮"组中的"椭圆2"图层，将其拖至面板底部的"创建新图层"按钮上，复制1个"椭圆2 拷贝"图层，如图2.152所示。

⑪ 按住Ctrl键单击"圆角矩形2 拷贝"图层缩览图，将其载入选区，执行菜单栏中的"选择"|"反向"命令，将选区反向，再单击"椭圆2 拷贝"图层蒙版缩览图，将选区填充为黑色，将部分图像隐藏，完成之后按Ctrl+D组合键将选区取消，如图2.153所示。

图2.152 复制图层　　　　图2.153 隐藏图像

⑫ 选择工具箱中的"椭圆工具"，在选项栏中将"填充"更改为白色，"描边"为无，在滑块图形位置绘制一个椭圆图形，此时将生成一个"椭圆5"图层，将"椭圆5"图层移至"圆角矩形2"图层下方，如图2.154所示。

图2.154 绘制图形

⑬ 选中"椭圆 5"图层，执行菜单栏中的"滤镜"|"模糊"|"高斯模糊"命令，在弹出的对话框中将"半径"更改为7，完成之后单击"确定"按钮，如图2.155所示。

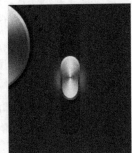

图2.155 设置高斯模糊

⑭ 在"图层"面板中，选中"椭圆 5"图层，将其图层混合模式设置为"叠加"，如图2.156所示。

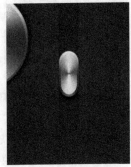

图2.156 设置图层混合模式

⑮ 选择工具箱中的"直线工具"，在选项栏中将"填充"更改为深灰色（R：26，G：26，B：30），"描边"为无，"粗细"更改为2像素。在滑块图形右上角位置按住Shift键绘制一条稍短的水平线段，此时将生成一个"形状 1"图层，如图2.157所示。

图2.157 绘制图形

⑯ 在"图层"面板中，选中"形状 1"图层，单击面板底部的"添加图层样式" *fx* 按钮，在菜单中选择"内阴影"命令，在弹出的对话框中将"混合模式"更改为正常，"不透明度"更改为60%，取消"使用全局光"复选框，将"角度"更改为90度，"大小"更改为8像素，如图2.158所示。

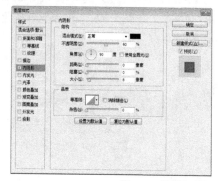

图2.158 设置内阴影

⑰ 勾选"投影"复选框，将"混合模式"更改为叠加，"颜色"更改为灰色（R：247，G：247，B：247），"不透明度"更改为60%，取消"使用全局光"复选框，将"角度"更改为90度，"距离"更改为1像素，完成之后单击"确定"按钮，如图2.159所示。

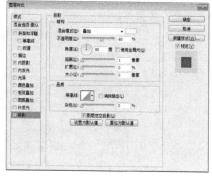

图2.159 设置投影

⑱ 选中"形状1"图层，在画布中按住Alt+Shift组

合键向下拖动将图形复制数份，如图2.160所示。

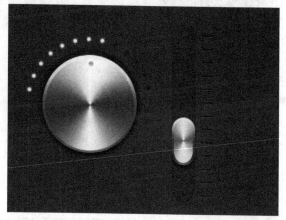

图2.160 复制图形

⑲ 同时选中所有和"形状1"图层相关的图层，按Ctrl+G组合键将图层编组，将生成的组名称更改为"刻度"，如图2.161所示。

图2.161 将图层编组

⑳ 同时选中所有除"背景""旋钮"组和"刻度"组之外的所有图层，按Ctrl+G组合键将图层编组，将生成的组名称更改为"滑块"，如图2.162所示。

图2.162 将图层编组

㉑ 同时选中"刻度"和"滑块"组，在画布中按住Alt+Shift组合键向右侧拖动将图像复制，此时将生成"刻度 拷贝"及"滑块 拷贝"组，如图2.163所示。

图2.163 复制图形

㉒ 同时选中"滑块 拷贝"组中除"圆角矩形1"图层之外的所有图层，将图形向上垂直移动，如图2.164所示。

图2.164 移动图像

2.8.5 制作插孔

① 选择工具箱中的"多边形工具" ⬡，在选项栏中将"填充"更改为白色，"边"为6，在旋钮图像下方位置绘制一个多边形，此时将生成一个"多边形 1"图层，如图2.165所示。

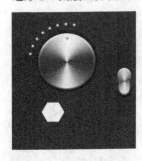

图2.165 绘制图形

② 在"图层"面板中，选中"多边形1"图层，单击面板底部的"添加图层样式" fx 按钮，在菜单中选择"内阴影"命令，在弹出的对话框中将"混合模式"更改为正常，"颜色"更改为白色，"不透明度"更改为100%，取消"使用全局光"复选框，将"角度"更改为90度，"距离"更改为1像素，如图2.166所示。

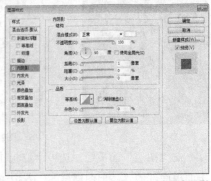

图2.166 设置内阴影

③ 勾选"渐变叠加"复选框，将"混合模式"更改为正常，"不透明度"更改为90%，"渐变"更改为灰色（R：88，G：88，B：98）到灰色（R：72，G：72，B：83）到灰色（R：204，G：204，B：206）。将第2个灰色色标位置更改为30%，如图2.167所示。

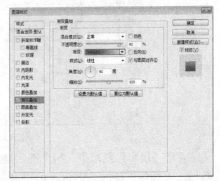

图2.167 设置渐变叠加

④ 勾选"投影"复选框，将"混合模式"更改为正常，"不透明度"更改为90%，取消"使用全局光"复选框，将"角度"更改为90度，"距离"更改为5像素，"大小"更改为5像素，完成之后单击"确定"按钮，如图2.168所示。

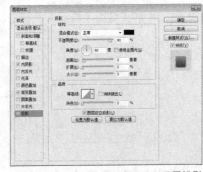

图2.168 设置投影

05　选择工具箱中的"椭圆工具"，在选项栏中将"填充"更改为白色，"描边"为无。在多边形图形上按住Shift键绘制一个圆形，此时将生成一个"椭圆6"图层，如图2.169所示。

06　在"图层"面板中选中"椭圆6"图层，将其拖至面板底部的"创建新图层"按钮上，复制"椭圆6 拷贝""椭圆6 拷贝2""椭圆6 拷贝3"图层，如图2.170所示。

图2.169　绘制图形

图2.170　复制图层

07　在"图层"面板中选中"椭圆6"图层，单击面板底部的"添加图层样式"按钮，在菜单中选择"渐变叠加"命令，在弹出的对话框中将"渐变"更改为灰色（R：84，G：84，B：87）到灰色（R：45，G：45，B：47），如图2.171所示。

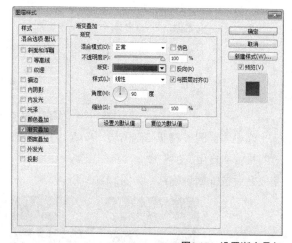

图2.171　设置渐变叠加

08　勾选"投影"复选框，将"混合模式"更改为正常，"颜色"更改为白色，取消"使用全局光"复选框，将"角度"更改为90度，"距离"更改为1像素，完成之后单击"确定"按钮，如图2.172所示。

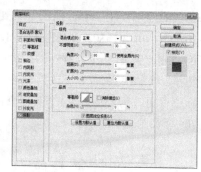

图2.172　设置投影

09　选中"椭圆6 拷贝"图层，按Ctrl+T组合键对其执行"自由变换"命令，将图像等比例缩小，完成之后按Enter键确认，如图2.173所示。

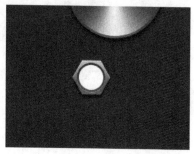

图2.173　缩小图形

10　在"图层"面板中，选中"椭圆6 拷贝"图层，单击面板底部的"添加图层样式"按钮，在菜单中选择"斜面和浮雕"命令，在弹出的对话框中将"深度"更改为60%，"大小"更改为3像素，取消"使用全局光"复选框，将"角度"更改为90度，"高光模式"更改为正常，"不透明度"更改为100%，"阴影模式"更改为正常，"颜色"更改为灰色（R：30，G：30，B：36），如图2.174所示。

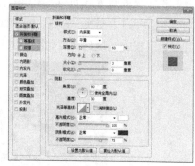

图2.174　设置斜面和浮雕

11　勾选"渐变叠加"复选框，将"渐变"更改为灰色（R：245，G：245，B：245）到灰色（R：185，G：185，B：188）到深灰色（R：70，G：70，B：80）到灰色（R：188，G：190，B：190）到灰色（R：245，G：245，B：245）。将第2个灰色色标位置更改为10%，第3个灰色色标位置更改为25%，第4个灰色色标位置更改为70%，如图2.175所示。

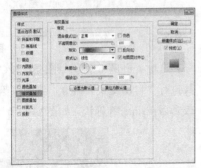

图2.175 设置渐变叠加

⑫ 勾选"投影"复选框，将"混合模式"更改为正常，取消"使用全局光"复选框，将"角度"更改为90度，"距离"更改为2像素，"大小"更改为3像素，完成之后单击"确定"按钮，如图2.176所示。

图2.176 设置投影

⑬ 选中"椭圆 6 拷贝 2"图层，按Ctrl+T组合键对其执行"自由变换"命令，将图像等比例缩小，完成之后按Enter键确认，如图2.177所示。

图2.177 缩小图形

⑭ 在"图层"面板中，选中"椭圆 6 拷贝 2"图层，单击面板底部的"添加图层样式" *fx* 按钮，在菜单中选择"内阴影"命令，在弹出的对话框中将"不透明度"更改为50%，取消"使用全局光"复选框，将"角度"更改为90度，"大小"更改为150像素，如图2.178所示。

图2.178 设置内阴影

⑮ 勾选"渐变叠加"复选框，将"渐变"更改为灰色（R：53，G：53，B：62）到灰色（R：28，G：28，B：32），完成之后单击"确定"按钮，如图2.179所示。

图2.179 设置渐变叠加

⑯ 选中"椭圆 6 拷贝 3"图层，按Ctrl+T组合键对其执行"自由变换"命令，将图像等比例缩小，完成之后按Enter键确认，如图2.180所示。

图2.180 缩小图形

⑰ 在"图层"面板中，选中"椭圆 6 拷贝 3"图层，单击面板底部的"添加图层样式"fx 按钮，在菜单中选择"内发光"命令，在弹出的对话框中将"混合模式"更改为正常，"颜色"更改为黑色，"大小"更改为15像素，完成之后单击"确定"按钮，如图2.181所示。

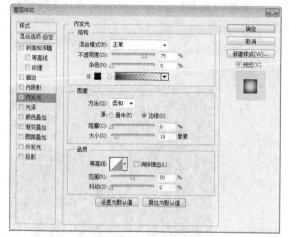

图2.181 设置内发光

⑱ 在"图层"面板中，选中"椭圆 6 拷贝 3"图层，将其图层"填充"更改为0%，如图2.182所示。

图2.182 更改填充

⑲ 选择工具箱中的"椭圆工具" ，在选项栏中将"填充"更改为白色，"描边"为无。在刚才绘制的图形右侧位置按住Shift键绘制一个圆形，此时将生成一个"椭圆7"图层，如图2.183所示。

⑳ 在"图层"面板中，选中"椭圆7"图层，将其拖至面板底部的"创建新图层" 按钮上，复制"椭圆7 拷贝""椭圆7 拷贝 2""椭圆7 拷贝3"图层，如图2.184所示。

图2.183 绘制图形　　　　图2.184 复制图层

㉑ 在"图层"面板中，选中"椭圆7"图层，单击面板底部的"添加图层样式"fx 按钮，在菜单中选择"渐变叠加"命令，在弹出的对话框中将"渐变"更改为灰色（R：28，G：28，B：33）到灰色（R：14，G：14，B：16），如图2.185所示。

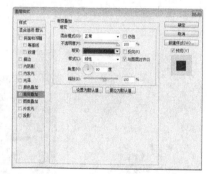

图2.185 设置渐变叠加

㉒ 勾选"投影"复选框，将"混合模式"更改为叠加，"颜色"更改为灰色（R：247，G：247，B：247），取消"使用全局光"复选框，将"角度"更改为90度，"距离"更改为1像素，完成之后单击"确定"按钮，如图2.186所示。

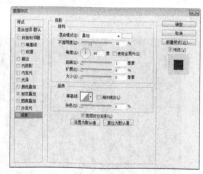

图2.186 设置投影

㉓ 选中"椭圆 7 拷贝"图层，按Ctrl+T组合键对其执行"自由变换"命令，将图像等比例缩小，完成之后按Enter键确认，如图2.187所示。

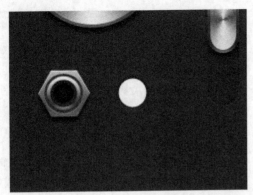

图2.187 缩小图形

24 在"椭圆6 拷贝"图层上单击鼠标右键，从弹出的快捷菜单中选择"拷贝图层样式"命令，在"椭圆7 拷贝"图层上单击鼠标右键，从弹出的快捷菜单中选择"粘贴图层样式"命令，如图2.188所示。

图2.188 复制并粘贴图层样式

25 用同样的方法分别选中"椭圆6 拷贝2""椭圆6 拷贝3"复制其图层样式并分别选中"椭圆7 拷贝2""椭圆7 拷贝3"粘贴图层样式，同时注意将图形适当地缩小，这样就完成了效果制作，最终效果如图2.189所示。

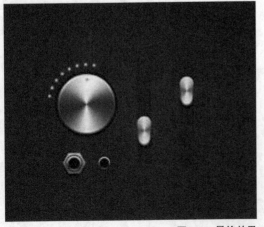

图2.189 最终效果

2.9 课堂案例——皮革旋钮

案例位置　案例文件\第2章\皮革旋钮.psd
视频位置　多媒体教学\2.9 课堂案例——皮革旋钮.avi
难易指数　★★★☆

　　本例主要讲解皮革旋钮的制作，超强的写实是本例的最大特点，通过添加素材图像并配合图层样式的方法，打造出富有超强质感的旋钮图形，在制作过程中应该注意添加的图层样式数值大小控制。最终效果如图2.190所示。

扫码看视频

图2.190 最终效果

2.9.1 制作背景

01 执行菜单栏中的"文件"|"新建"命令，在弹出的对话框中设置"宽度"为800像素，"高度"为600像素，"分辨率"为72像素/英寸，"颜色模式"为RGB颜色，新建一个空白画布，并将画布填充为深黄色（R：100，G：70，B：40），如图2.191所示。

02 执行菜单栏中的"文件"|"打开"命令，在弹出的对话框中选择配套资源中的"素材文件\第2章\皮革旋钮\皮革纹理.jpg"文件，将打开的素材拖入画布中并适当缩小，此时其图层名称将自动更改为"图层1"，如图2.192所示。

图2.191 填充颜色　　　　图2.192 添加素材

03 在"图层"面板中，选中"图层 1"图层，将其图层混合模式设置为"叠加"，"不透明度"更改为50%，如图2.193所示。

图2.193 设置图层混合模式

04 单击面板底部的"创建新图层" 按钮，新建一个"图层 2"图层，选中"图层 2"图层，将其图层颜色填充为深黄色（R：50，G：32，B：14），如图2.194所示。

图2.194 新建图层并填充颜色

05 在"图层"面板中，选中"图层 2"图层，单击面板底部的"添加图层蒙版"按钮，为其图层添加图层蒙版，如图2.195所示。

06 选择工具箱中的"渐变工具" ，在选项栏中单击"点按可编辑渐变"按钮，在弹出的对话框中选择"黑白渐变"，设置完成之后单击"确定"按钮，再单击选项栏中的"径向渐变" 按钮，如图2.196所示。

图2.195 添加图层蒙版　　　　图2.196 设置渐变

07 在图形上从中间向边缘方向拖动，将部分颜色

隐藏，如图2.197所示。

图2.197 隐藏图形

08 在"图层"面板中，选中"图层 2"图层，将其图层混合模式设置为"叠加"，如图2.198所示。

图2.198 设置图层混合模式

2.9.2 绘制图形

01 选择工具箱中的"圆角矩形工具" ，在选项栏中将"填充"更改为白色，"描边"为无，"半径"更改为50像素，在画布中按住Shift键绘制一个圆角矩形，此时将生成一个"圆角矩形1"图层，选中"圆角矩形1"图层，将其拖至面板底部的"创建新图层" 按钮上，分别复制1个"圆角矩形1 拷贝"及"圆角矩形1拷贝2"图层，如图2.199所示。

图2.199 绘制图形并复制图层

02 在"图层"面板中，选中"圆角矩形1"图层，单击面板底部的"添加图层样式" fx 按钮，在菜单中选择"斜面和浮雕"命令，在弹出的对话框中将"深度"更改为220%，"大小"更改为20像素，"软化"更改为12像素，取消"使用全局光"复选框，将"角度"更改为90度，"高光"更改为30度，"高光模式"更改为实色混合，"不透明度"更改为50%，"阴影模式"中的"不透明度"更改为50%，如图2.200所示。

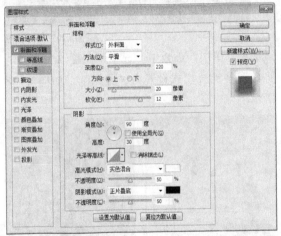

图2.200 设置斜面和浮雕

03 勾选"描边"复选框，将"大小"更改为3像素，"不透明度"更改为55%，"颜色"更改为黑色，如图2.201所示。

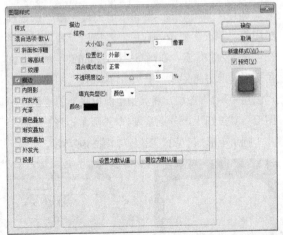

图2.201 设置描边

04 勾选"颜色叠加"复选框，将"颜色"更改为深灰色（R：30，G：30，B：30），完成之后单击"确定"按钮，如图2.202所示。

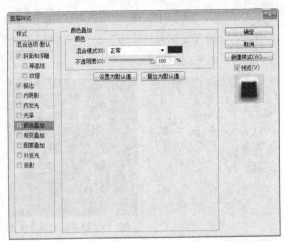

图2.202 设置颜色叠加

05 选中"圆角矩形 1 拷贝"图层，将其图形颜色更改为深黄色（R：108，G：55，B：28），按Ctrl+T组合键对其执行"自由变换"命令，当出现变形框以后按住Alt+Shift组合键将图形等比例缩小，完成之后按Enter键确认，如图2.203所示。

图2.203 变换图形

技巧与提示

在变换"圆角矩形 1 拷贝"图层中的图形时可以先将"圆角矩形 1 拷贝2"图层暂时隐藏。

06 执行菜单栏中的"文件"|"打开"命令，在弹出的对话框中选择配套资源中的"调用素材\第2章\皮革旋钮\皮革纹理.jpg"文件，执行菜单栏中的"编辑"|"定义图案"命令，在弹出的对话框中将"名称"更改为"皮革"，完成之后单击"确定"按钮，如图2.204所示。

图2.204 设置定义图案

07 在"图层"面板中，选中"圆角矩形 1 拷贝"

图层，单击面板底部的"添加图层样式"**fx**按钮，在菜单中选择"内阴影"命令，在弹出的对话框中将"混合模式"更改为线性减淡（添加），"颜色"更改为白色，"不透明度"更改为65%，取消"使用全局光"复选框，将"角度"更改为90度，"距离"更改为2像素，"大小"更改为3像素，如图2.205所示。

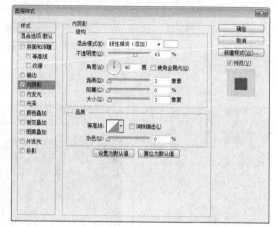

图2.205 设置内阴影

⑧ 勾选"内发光"复选框，将"混合模式"更改为叠加，"颜色"更改为褐色（R：64，G：46，B：26），"大小"更改为13像素，如图2.206所示。

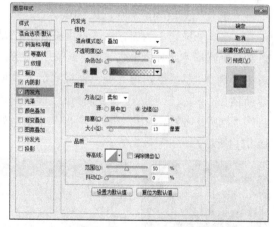

图2.206 设置内发光

⑨ 勾选"图案叠加"复选框，将"混合模式"更改为颜色减淡，"不透明度"更改为70%，单击"图案"后方的按钮，在弹出的面板中选择刚才定义的"皮革"图案，将"缩放"更改为50%，完成之后单击"确定"按钮，如图2.207所示。

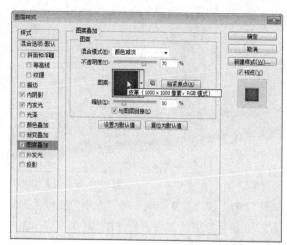

图2.207 设置图案叠加

⑩ 选中"圆角矩形 1 拷贝 2"图层，按Ctrl+T组合键对其执行"自由变换"命令，当出现变形框以后按住Alt+Shift组合键将图形等比例缩小，完成之后按Enter键确认，再将其图形颜色更改为深黄色（R：112，G：58，B：30），"描边"为黄色（R：176，G：130，B：76），"大小"更改为3点。单击"设置形状描边类型"后方的按钮，在弹出的列表中选择第2种描边类型，如图2.208所示。

图2.208 变换图形

⑪ 在"图层"面板中，选中"圆角矩形 1 拷贝 2"图层，单击面板底部的"添加图层样式"**fx**按钮，在菜单中选择"斜面和浮雕"命令，在弹出的对话框中将"深度"更改为110%，"大小"更改为30像素，"软化"更改为8像素，"高光模式"更改为滤色，"不透明度"更改为50%，"阴影模式"中的"不透明度"更改为35%，如图2.209所示。

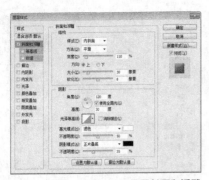

图2.209 设置斜面和浮雕

⑫ 勾选"描边"复选框，将"大小"更改为3像素，"颜色"更改为深黄色（R：100，G：42，B：6），如图2.210所示。

图2.210 设置描边

⑬ 勾选"内阴影"复选框，将"混合模式"更改为柔光，取消"使用全局光"复选框，将"角度"更改为90度，"阻塞"更改为100%，"大小"更改为6像素，如图2.211所示。

图2.211 设置内阴影

⑭ 勾选"渐变叠加"复选框，将"混合模式"更改为浅色，"不透明度"更改为65%，"渐变"更改为透明到黄色（R：244，G：167，B：56），将左侧的"不透明度色标"位置更改为60%，完成之后单击"确定"按钮，如图2.212所示。

图2.212 设置渐变叠加

⑮ 选中"圆角矩形 1 拷贝 2"图层，将其图层"填充"更改为0%，如图2.213所示。

图2.213 更改填充

2.9.3 制作控件

① 选择工具箱中的"椭圆工具" ，在选项栏中将"填充"更改为深黄色（R：108，G：55，B：28），"描边"为无，在图标上按住Shift键绘制一个圆形，此时将生成一个"椭圆1"图层，选中"椭圆1"图层，将其拖至面板底部的"创建新图层" 按钮上，分别复制1个"椭圆1 拷贝""椭圆1 拷贝2"及"椭圆1 拷贝3"图层，如图2.214所示。

图2.214 绘制图形并复制图层

② 在"图层"面板中，选中"椭圆 1"图层，单

击面板底部的"添加图层样式" *fx* 按钮，在菜单中选择"斜面和浮雕"命令，在弹出的对话框中将"深度"更改为440%，"大小"更改为12像素，"软化"更改为10像素，"高光模式"更改为线性光，"不透明度"更改为45%，"阴影模式"中的"不透明度"更改为65%，如图2.215所示。

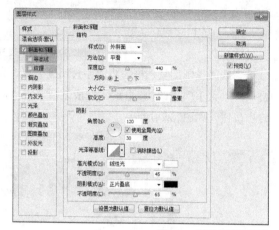

图2.215 设置斜面和浮雕

03 勾选"内阴影"复选框，将"混合模式"更改为"线性减淡（添加）"，"颜色"更改为白色，"不透明度"更改为40%，取消"使用全局光"复选框，将"角度"更改为90度，"距离"更改为2像素，"大小"更改为3像素，如图2.216所示。

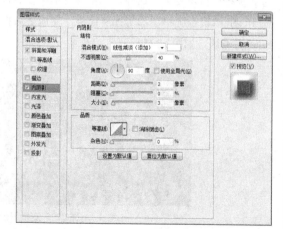

图2.216 设置内阴影

04 勾选"图案叠加"复选框，将"混合模式"更改为"线性减淡"，"不透明度"更改为80%，单击"图案"后方的按钮，在弹出的面板中选择"皮革"，将"缩放"更改为50%，完成之后单击"确定"按钮，如图2.217所示。

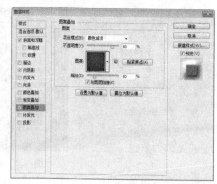

图2.217 设置图案叠加

05 在"图层"面板中，选中"椭圆1拷贝"图层，单击面板底部的"添加图层样式" *fx* 按钮，在菜单中选择"斜面和浮雕"命令，在弹出的对话框中将"大小"更改为5像素，"高光模式"更改为"线性减淡（添加）"，"阴影模式"中的"不透明度"更改为15%，如图2.218所示。

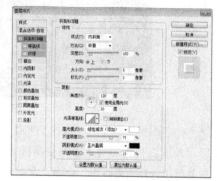

图2.218 设置斜面和浮雕

06 勾选"内阴影"复选框，将"大小"更改为8像素，完成之后单击"确定"按钮，如图2.219所示。

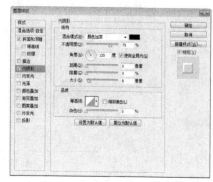

图2.219 设置内阴影

07 选中"椭圆1拷贝"图层，将其图层"填充"更改为0%，如图2.220所示。

图2.220 更改不透明度

⑧ 选中"椭圆 1 拷贝 2"图层，按Ctrl+T组合键对其执行"自由变换"命令，当出现变形框以后按住Alt+Shift组合键将图形等比例缩小，完成之后按Enter键确认，如图2.221所示。

图2.221 变换图形

⑨ 在"图层"面板中，选中"椭圆 1 拷贝 2"图层，单击面板底部的"添加图层样式" fx 按钮，在菜单中选择"内阴影"命令，在弹出的对话框中将"不透明度"更改为65%，"距离"更改为3像素，"大小"更改为3像素，如图2.222所示。

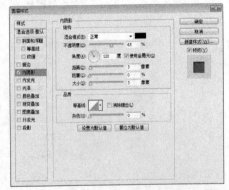

图2.222 设置内阴影

⑩ 勾选"内发光"复选框，将"混合模式"更改为叠加，"颜色"更改为褐色（R：64，G：46，B：26）"阻塞"更改为15%，"大小"更改为15%，如图2.223所示。

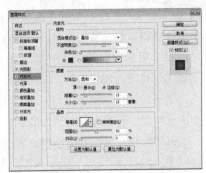

图2.223 设置内发光

⑪ 勾选"投影"复选框，将"不透明度"更改为65%，"大小"更改为8像素，完成之后单击"确定"按钮，如图2.224所示。

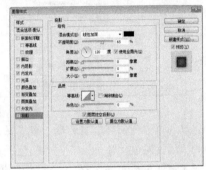

图2.224 设置投影

⑫ 选中"椭圆 1 拷贝 3"图层，按Ctrl+T组合键对其执行"自由变换"命令，当出现变形框以后按住Alt+Shift组合键将图形等比例缩小，完成之后按Enter键确认，如图2.225所示。

图2.225 变换图形

⑬ 在"图层"面板中，选中"椭圆 1 拷贝 3"图层，单击面板底部的"添加图层样式" fx 按钮，在菜单中选择"斜面和浮雕"命令，在弹出的对话框中将"深度"更改为250%，"大小"更改为5像素，"软化"更改为5像素，"阴影模式"中的"不透明度"更改为50%，如图2.226所示。

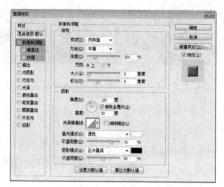

图2.226 设置斜面和浮雕

⑭ 勾选"描边"复选框，将"大小"更改为8像素，"填充类型"更改为渐变，"渐变"更改为灰色（R：40，G：37，B：32）到灰色（R：230，G：230，B：230），如图2.227所示。

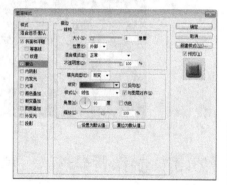

图2.227 设置描边

⑮ 勾选"内阴影"复选框，将"混合模式"更改为"线性减淡（添加）"，"颜色"更改为白色，"距离"更改为2像素，"大小"更改为5像素，如图2.228所示。

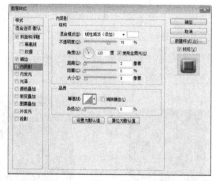

图2.228 设置内阴影

⑯ 勾选"内发光"复选框，将"混合模式"更改为正常，"颜色"更改为黑色，"大小"更改为1像素，如图2.229所示。

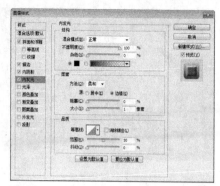

图2.229 设置内发光

⑰ 勾选"渐变叠加"复选框，将"渐变"更改为蓝色（R：170，G：187，B：204）到蓝色（R：224，G：232，B：240），如图2.230所示。

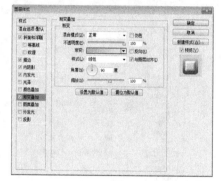

图2.230 设置渐变叠加

⑱ 勾选"投影"复选框，将"不透明度"更改为60%，"距离"更改为65像素，"大小"更改为30像素，完成之后单击"确定"按钮，如图2.231所示。

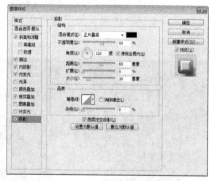

图2.231 设置投影

⑲ 选择工具箱中的"椭圆工具" ◯，在选项栏中将"填充"更改为白色，"描边"为无。在图标右上角位置按住Shift键绘制一个正圆图形，此时将生成一个"椭圆2"图层，如图2.232所示。

图2.232 绘制图形

⑳ 在"图层"面板中，选中"椭圆2"图层，单击面板底部的"添加图层样式" fx 按钮，在菜单中选择"渐变叠加"命令，在弹出的对话框中将"渐变"更改为白色到蓝色（R：160，G：174，B：188），完成之后单击"确定"按钮，如图2.233所示。

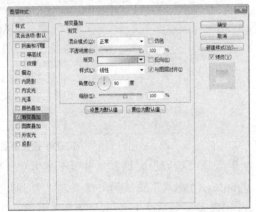

图2.233 设置渐变叠加

㉑ 选中"椭圆 2"图层，将其图层"不透明度"更改为80%，这样就完成了效果制作，最终效果如图2.234所示。

图2.234 降低不透明度及最终效果

2.10 课堂案例——品质音量控件

案例位置 案例文件\第2章\品质音量控件.psd
视频位置 多媒体教学\2.10 课堂案例——品质音量控件.avi
难易指数 ★★★☆☆

本例主要讲解品质音量控件的制作，本例在设计中遵循了传统的控件制作方法，以质感、实用以及贴近用户实际操作体验为基本出发点，控件看
扫码看视频
似简单，但是需要重点注意质感的表现力以及各类真实效果的实现。最终效果如图2.235所示。

图2.235 最终效果

2.10.1 制作背景

① 执行菜单栏中的"文件"|"新建"命令，在弹出的对话框中设置"宽度"为800像素，"高度"为600像素，"分辨率"为72像素/英寸，"颜色模式"为RGB颜色，新建一个空白画布，并将画布填充为深蓝色（R：48，G：50，B：56）。

② 执行菜单栏中的"滤镜"|"杂色"|"添加杂色"命令，在弹出的对话框中将"数量"更改为1%，勾选"平均分布"单选按钮，完成之后单击"确定"按钮，如图2.236所示。

图2.236 设置添加杂色

03 单击面板底部的"创建新图层" 🖼 按钮，新建一个"图层1"图层，选中"图层1"图层，将其图层填充为深蓝色（R：33，G：33，B：40），如图2.237所示。

图2.237 新建图层并填充颜色

04 在"图层"面板中，选中"图层1"图层，单击面板底部的"添加图层蒙版" 🔲 按钮，为其图层添加图层蒙版，如图2.238所示。

05 选择工具箱中的"渐变工具" 🔳，在选项栏中单击"点按可编辑渐变"按钮，在弹出的对话框中选择"黑白渐变"。单击选项栏中的"径向渐变" 🔲 按钮，从中间向边缘方向拖动，将部分颜色隐藏，如图2.239所示。

图2.238 添加图层蒙版　　图2.239 隐藏颜色

06 在"图层"面板中，选中"图层1"图层，将其图层混合模式设置为"叠加"，"不透明度"更改为80%，如图2.240所示。

图2.240 设置图层混合模式及不透明度

2.10.2 制作控件

01 选择工具箱中的"椭圆工具" ⬭，在选项栏中将"填充"更改为白色，"描边"为无，在靠左侧位置按住Shift键绘制一个圆形，此时将生成一个"椭圆1"图层，选中"椭圆1"图层，将其拖至面板底部的"创建新图层" 🖼 按钮上，分别复制1个"椭圆1 拷贝"及"椭圆1 拷贝 2"图层，如图2.241所示。

图2.241 绘制图形并复制图层

02 在"图层"面板中，选中"椭圆1"图层，单击面板底部的"添加图层样式" fx 按钮，在菜单中选择"描边"命令，在弹出的对话框中将"大小"更改为1像素，"位置"更改为居中，"不透明度"更改为5%，"颜色"更改为白色，如图2.242所示。

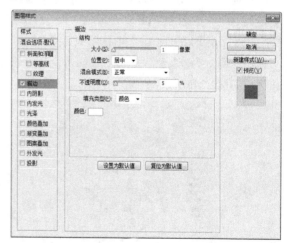

图2.242 设置描边

03 勾选"内阴影"复选框，将"距离"更改为5像素，"大小"更改为5像素，如图2.243所示。

图2.243 设置内阴影

04 勾选"渐变叠加"复选框，将"渐变"更改为深灰色（R：56，G：56，B：56）到深灰色（R：18，G：10，B：20），如图2.244所示。

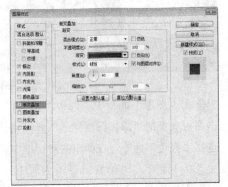

图2.244 设置渐变叠加

05 勾选"外发光"复选框，将"不透明度"更改为10%，"颜色"更改为绿色（R：190，G：228，B：163），"扩展"更改为2%，"大小"更改为2像素，完成之后单击"确定"按钮，如图2.245所示。

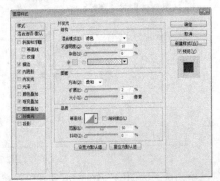

图2.245 设置外发光

06 在"图层"面板中，选中"椭圆 1 拷贝"图层，单击面板底部的"添加图层样式" fx 按钮，在菜单中选择"描边"命令，在弹出的对话框中将

"大小"更改为2像素，"位置"更改为居中，如图2.246所示。

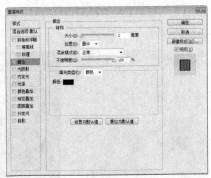

图2.246 设置描边

07 勾选"内阴影"复选框，将"混合模式"更改为正常，"颜色"更改为灰色（R：248，G：248，B：248），"不透明度"更改为100%，取消"使用全局光"复选框，将"角度"更改为90度，"距离"更改为1像素，"大小"更改为2像素，如图2.247所示。

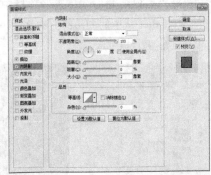

图2.247 设置内阴影

08 勾选"渐变叠加"复选框，将"渐变"更改为深灰色（R：35，G：34，B：40）到深灰色（R：47，G：46，B：52），完成之后单击"确定"按钮，如图2.248所示。

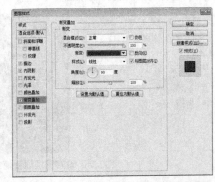

图2.248 设置渐变叠加

⑨ 选中"椭圆 1 拷贝 2"图层，在画布中将其图形颜色更改为深灰色（R：53，G：53，B：55），将图形等比例缩小，如图2.249所示。

图2.249 变换图形

⑩ 在"图层"面板中，选中"椭圆 1 拷贝 2"图层，单击面板底部的"添加图层样式" fx按钮，在菜单中选择"斜面和浮雕"命令，在弹出的对话框中将"样式"更改为内斜面，"方法"更改为雕刻清晰，"深度"更改为10%，"大小"更改为1像素，取消"使用全局光"复选框，将"角度"更改为90度，"高光模式"更改为正常，"颜色"更改为浅绿色（R：210，G：235，B：196），"阴影模式"中的"不透明度"更改为100%，如图2.250所示。

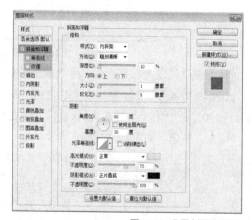

图2.250 设置斜面和浮雕

⑪ 勾选"内阴影"复选框，将"混合模式"更改为线性减淡（添加），"颜色"更改为灰色（R：157，G：158，B：156），"不透明度"更改为20%，取消"使用全局光"复选框，将"角度"更改为90度，"距离"更改为1像素，"大小"更改为4像素，如图2.251所示。

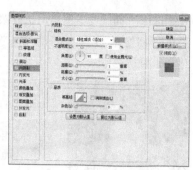

图2.251 设置内阴影

⑫ 勾选"渐变叠加"复选框，将"不透明度"更改为60%，"渐变"更改为深灰色（R：26，G：26，B：26）到深灰色（R：67，G：65，B：70），"角度"更改为60度，如图2.252所示。

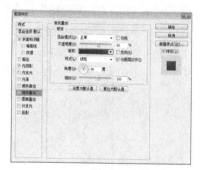

图2.252 设置渐变叠加

⑬ 勾选"投影"复选框，将"不透明度"更改为89%，取消"使用全局光"复选框，将"角度"更改为90度，"距离"更改为20像素，"扩展"更改为16%，"大小"更改为24像素，完成之后单击"确定"按钮，如图2.253所示。

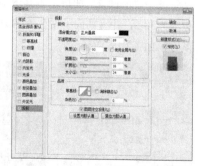

图2.253 设置投影

⑭ 选择工具箱中的"椭圆工具"，在选项栏中将"填充"更改为浅蓝色（R：200，G：238，B：238），"描边"为无，在旋钮图形偏上方位置按住Shift键绘制一个正圆图形，此时将生成1个"椭圆 2"图层，如图2.254所示。

⑮ 选中"椭圆 2"图层，执行菜单栏中的"图层"|"栅格化"|"形状"命令，将当前图形栅格化，如图2.255所示。

图2.254 绘制图形

图2.255 栅格化形状

⑯ 选中"椭圆 2"图层，执行菜单栏中的"滤镜"|"模糊"|"高斯模糊"命令，在弹出的对话框中将"半径"更改为12像素，设置完成之后单击"确定"按钮，如图2.256所示。

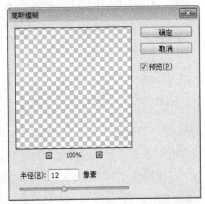
图2.256 设置高斯模糊

⑰ 选中"椭圆 2"图层，将其图层"不透明度"更改为50%，并将其向下移至"椭圆1 拷贝2"图层下方，如图2.257所示。

图2.257 更改图层不透明度

⑱ 选择工具箱中的"椭圆工具"，在选项栏中将"填充"更改为白色，"描边"为无，在旋钮靠右上方位置按住Shift键绘制一个圆形，此时将生成

一个"椭圆3"图层，选中"椭圆3"图层，将其拖至面板底部的"创建新图层"按钮上，复制1个"椭圆3 拷贝"图层，如图2.258所示。

图2.258 绘制图形并复制图层

⑲ 在"图层"面板中，选中"椭圆3"图层，单击面板底部的"添加图层样式"按钮，在菜单中选择"渐变叠加"命令，在弹出的对话框中将"渐变"更改为深灰色（R：46，G：43，B：50）到深灰色（R：7，G：8，B：12），如图2.259所示。

图2.259 设置渐变叠加

⑳ 勾选"外发光"复选框，将"不透明度"更改为10%，"颜色"更改为黄色（R：255，G：255，B：190），"大小"更改为1像素，完成之后单击"确定"按钮，如图2.260所示。

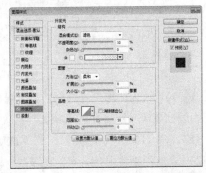
图2.260 设置外发光

㉑ 选中"椭圆 3 拷贝"图层，将图形等比例缩小，如图2.261所示。

图2.261 变换图形

㉒ 在"图层"面板中，选中"椭圆3 拷贝"图层，单击面板底部的"添加图层样式" *fx* 按钮，在菜单中选择"渐变叠加"命令，在弹出的对话框中将"渐变"更改为浅绿色（R：185，G：230，B：145）到绿色（R：90，G：118，B：67），"样式"更改为径向，完成之后单击"确定"按钮，如图2.262所示。

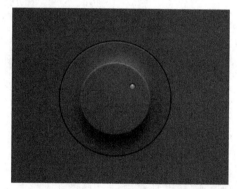

图2.262 设置渐变叠加

㉓ 选择工具箱中的"椭圆工具" ，在选项栏中将"填充"更改为无，"描边"为白色，"大小"更改为6点，绘制一个圆形，此时将生成一个"椭圆4"图层，如图2.263所示。

图2.263 绘制图形

㉔ 在"图层"面板中，同时选中"椭圆4"及"椭圆 1 拷贝 2"图层，单击面板底部的"链接图层" 图标，再选中"椭圆 1 拷贝2"图层，

分别单击选项栏中的"垂直居中对齐" 按钮及"水平居中对齐" 按钮图标将图形对齐，完成之后再次单击链接图层图标，将链接取消，如图2.264所示。

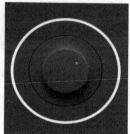

图2.264 对齐图形

㉕ 在"图层"面板中，选中"椭圆4"图层，将其拖至面板底部的"创建新图层" 按钮上，复制1个"椭圆4拷贝"图层，如图2.265所示。

㉖ 选中"椭圆 4 拷贝"图层，在选项栏中将"描边"更改为10点，将图形等比例缩小，如图2.266所示。

图2.265 复制图层　　图2.266 变换图形

㉗ 在"图层"面板中，选中"椭圆 4 拷贝"图层，将其拖至面板底部的"创建新图层" 按钮上，复制1个"椭圆4拷贝2"图层，如图2.267所示。

㉘ 选中"椭圆 4 拷贝2"图层，在选项栏中将"描边"更改为6点，描边颜色设置为青色（R：6，G：240，B：251），将图形等比例缩小，如图2.268所示。

图2.267 复制图层　　图2.268 变换图形

69

㉙ 选择工具箱中的"添加锚点工具" ，在"椭圆4"图层中的图形底部靠左侧位置单击为其添加锚点，用同样的方法在底部靠右侧位置再次单击添加锚点，如图2.269所示。

图2.269 添加锚点

㉚ 选择工具箱中的"直接选择工具" ，选中图形底部锚点按Delete键将其删除，如图2.270所示。

图2.270 删除锚点

㉛ 选中"椭圆4"图层，在选项栏中单击"设置形状描边类型" 按钮，在弹出的面板中单击"端点"下方的 按钮，在弹出的3种类型中选中第2种端点类型，再将其描边"颜色"更改为深灰色（R：28，G：27，B：33），如图2.271所示。

图2.271 设置形状描边类型

㉜ 在"图层"面板中，选中"椭圆4"图层，单击面板底部的"添加图层样式" fx 按钮，在菜单中

选择"内阴影"命令，在弹出的对话框中将"距离"更改为1像素，"大小"更改为1像素，如图2.272所示。

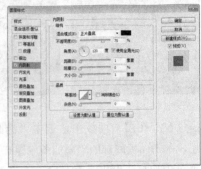

图2.272 设置内阴影

㉝ 勾选"投影"复选框，将"颜色"更改为白色，"距离"更改为1像素，"大小"更改为1像素，完成之后单击"确定"按钮，如图2.273所示。

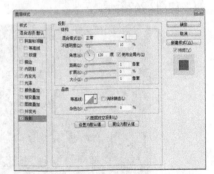

图2.273 设置投影

㉞ 选择工具箱中的"椭圆工具" ，在选项栏中将"填充"更改为蓝色（R：16，G：208，B：237），"描边"为无，在"椭圆4"图层中的图形右侧位置绘制一个椭圆图形，此时将生成一个"椭圆5"图层，如图2.274所示。

㉟ 选中"椭圆5"图层，执行菜单栏中的"图层"|"栅格化"|"形状"命令，将当前图形栅格化，如图2.275所示。

图2.274 绘制图形　　图2.275 栅格化形状

㊱ 选中"椭圆 5"图层，执行菜单栏中的"滤镜"|"模糊"|"动感模糊"命令，在弹出的对话框中将"角度"更改为0度，"距离"更改为30像素，设置完成之后单击"确定"按钮，如图2.276所示。

图2.276 设置动感模糊

㊲ 选中"椭圆5"图层，执行菜单栏中的"滤镜"|"模糊"|"高斯模糊"命令，在弹出的对话框中将"半径"更改为2像素，设置完成之后单击"确定"按钮，如图2.277所示。

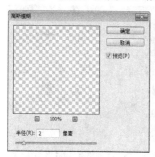

图2.277 设置高斯模糊

㊳ 在"图层"面板中，选中"椭圆5"图层，将其图层混合模式设置为"颜色减淡"，按Ctrl+T组合键对其执行"自由变换"命令，当出现变形框以后将图形适当旋转，完成之后按Enter键确认，如图2.278所示。

图2.278 设置图层混合模式

㊴ 在"椭圆 4"图层上单击鼠标右键鼠标，从弹出的快捷菜单中选择"拷贝图层样式"命令，在"椭圆 4 拷贝"图层上单击鼠标右键，从弹出的快捷菜单中选择"粘贴图层样式"命令，再选中"椭圆 4 拷贝"图层，在选项栏中将其"描边"颜色更改为深灰色（R：28，G：27，B：33），如图2.279所示。

图2.279 复制并粘贴图层样式

㊵ 在"图层"面板中，双击"椭圆4 拷贝"图层样式名称，在弹出的对话框中勾选"外发光"复选框，将"混合模式"更改为正常，"不透明度"更改为30%，"颜色"更改为青色（R：0，G：255，B：252），"大小"更改为5像素，完成之后单击"确定"按钮，如图2.280所示。

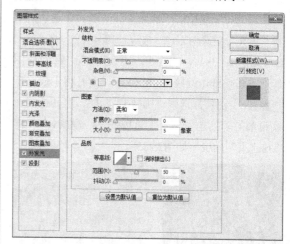

图2.280 设置外发光

㊶ 在"图层"面板中，选中"椭圆4 拷贝2"图层，单击面板底部的"添加图层样式" *fx* 按钮，在菜单中选择"内发光"命令，在弹出的对话框中将"混合模式"更改为正常，"不透明度"更改为100%，"颜色"更改为蓝色（R：16，G：150，B：170），如图2.281所示。

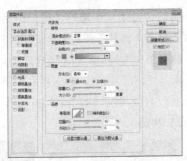

图2.281 设置内发光

42 勾选"渐变叠加"复选框，将"混合模式"更改为变暗，"不透明度"更改为40%，"渐变"更改为黑白渐变，完成之后单击"确定"按钮，如图2.282所示。

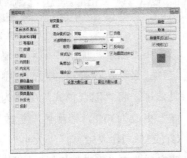

图2.282 设置渐变叠加

43 选择工具箱中的"椭圆工具" ●，在选项栏中将"填充"更改为无，"描边"为深灰色（R：33，G：32，B：38），"大小"更改为6点，在旋钮图形下方按住Shift键绘制一个圆形，此时将生成一个"椭圆6"图层，选中"椭圆6"图层，将其拖至面板底部的"创建新图层" ▣按钮上，复制1个"椭圆6 拷贝"图层，如图2.283所示。

图2.283 绘制图形并复制图层

44 在"椭圆4"图层上单击鼠标右键，从弹出的快捷菜单中选择"拷贝图层样式"命令。在"椭圆6"图层上单击鼠标右键，从弹出的快捷菜单中选择"粘贴图层样式"命令，如图2.284所示。

图2.284 复制并粘贴图层样式

? 技巧与提示

为了方便观察复制图层样式后的图层效果，可以先将"椭圆6 拷贝"图层暂时隐藏。

45 选中"椭圆 6 拷贝"图层，在选项栏中将其"描边"更改为青色（R：16，G：208，B：237），"大小"更改为3点，按Ctrl+T组合键对其执行"自由变换"命令，当出现变形框以后按住Alt+Shift组合键将图形等比例缩小，完成之后按Enter键确认，如图2.285所示。

图2.285 变换图形

46 在"椭圆4 拷贝2"图层上单击鼠标右键，从弹出的快捷菜单中选择"拷贝图层样式"命令。在"椭圆6 拷贝"图层上单击鼠标右键，从弹出的快捷菜单中选择"粘贴图层样式"命令，如图2.286所示。

图2.286 复制并粘贴图层样式

㊼ 选择工具箱中的"矩形工具" ▢，在选项栏中将"填充"更改为青色（R：16，G：208，B：237），"描边"为无，按住Alt+Shift组合键绘制一个矩形，此时将生成一个"矩形1"图层，如图2.287所示。

㊽ 选中"矩形 1"图层，按Ctrl+T组合键对其执行"自由变换"命令，当出现变形框以后在选项栏中"旋转"后方的文本框中输入45度，完成之后按Enter键确认，如图2.288所示。

图2.288 变换图形

㊾ 选择工具箱中的"直接选择工具" ▶，选中图形左侧锚点按Delete键将其删除，再将图形适当移动，如图2.289所示。

图2.289 删除锚点并移动图形

㊿ 在"图层"面板中，选中"矩形 1"图层，单击面板底部的"添加图层样式" fx 按钮，在菜单中选择"内阴影"命令，在弹出的对话框中将"距离"更改为1像素，"大小"更改为1像素，完成之后单击"确定"按钮，如图2.290所示。

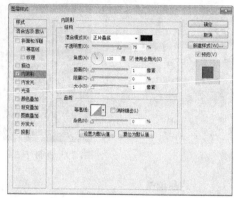

图2.290 设置内阴影

51 选择工具箱中的"横排文字工具" T，在旋钮图形下方位置添加文字，如图2.291所示。

图2.291 添加文字

52 选择工具箱中的"圆角矩形工具" ▢，在选项栏中将"填充"更改为深灰色（R：12，G：12，B：12），"描边"为无，在添加的文字下方位置绘制一个圆角矩形，此时将生成一个"圆角矩形1"图层，选中"圆角矩形 1"图层，将其拖至面板底部的"创建新图层" ▢ 按钮上，复制1个"圆角矩形 1拷贝"图层，如图2.292所示。

图2.292 绘制图形并复制图层

53 在"椭圆4"图层上单击鼠标右键，从弹出的快捷菜单中选择"拷贝图层样式"命令。在"圆角矩形 1"图层上单击鼠标右键，从弹出的快捷菜单中选择"粘贴图层样式"命令，如图2.293所示。

图2.293 复制并粘贴图层样式

技巧与提示

为了方便观察复制图层样式后的图层效果，可以先将"圆角矩形 1 拷贝"图层暂时隐藏。

54 选中"圆角矩形 1 拷贝"图层，按Ctrl+T组合键对其执行"自由变换"命令，将光标移至出现的变形框右侧按住Alt键向左侧拖动，将图形宽度缩短，用同样的方法将光标移至变形框顶部控制点按住Alt键向下拖动，将图形高度缩小，完成之后按Enter键确认，如图2.294所示。

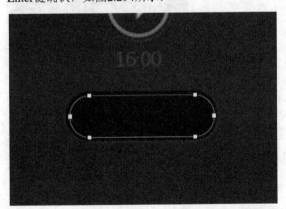

图2.294 变换图形

55 在"图层"面板中，选中"圆角矩形1 拷贝"图层，单击面板底部的"添加图层样式" fx 按钮，在菜单中选择"渐变叠加"命令，在弹出的对话框中将"渐变"更改为深灰色（R：45，G：50，B：57）到深灰色（R：23，G：26，B：30），"角度"更改为0度，如图2.295所示。

图2.295 设置渐变叠加

56 勾选"投影"复选框，将"颜色"更改为白色，"不透明度"更改为20%，"距离"更改为1像素，完成之后单击"确定"按钮，如图2.296所示。

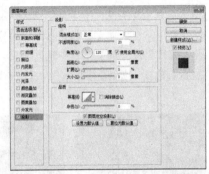

图2.296 设置投影

2.10.3 制作细节

01 在"图层"面板中，选中"矩形1"图层，将其拖至面板底部的"创建新图层" 按钮上，复制1个"矩形1 拷贝"图层，如图2.297所示。

02 选中"矩形 1 拷贝"图层，将图形等比例缩小，再将其移至刚才绘制的圆角矩形右侧位置，如图2.298所示。

图2.297 复制图层　　　　图2.298 变换图形

03 在"图层"面板中，选中"矩形 1 拷贝"图层,将其拖至面板底部的"创建新图层" 按钮上,复制1个"矩形1 拷贝2"图层,选中"矩形1拷贝2"图层,按住Shift键将图形向左侧平移,如图2.299所示。

图2.299 复制图层并移动图形

04 选择工具箱中的"直线工具" ,在选项栏中将"填充"更改为青色(R:16,G:208,B:237),"描边"为无,"粗细"更改为2像素,在刚才绘制的椭圆图形上按住Shift键绘制一条垂直线段,此时将生成一个"形状1"图层,如图2.300所示。

图2.300 绘制图形

05 在"矩形1 拷贝2"图层上单击鼠标右键,从弹出的快捷菜单中选择"拷贝图层样式"命令。在"形状 1"图层上单击鼠标右键,从弹出的快捷菜单中选择"粘贴图层样式"命令,如图2.301所示。

图2.301 复制并粘贴图层样式

06 同时选中"形状1""矩形1 拷贝2"及"矩形1 拷贝"图层,按Ctrl+G组合键将图层编组,将生成的组名称更改为"快进",如图2.302所示。

图2.302 将图层编组

07 在"图层"面板中,选中"快进"组,将其拖至面板底部的"创建新图层" 按钮上,复制1个"快进 拷贝"组,如图2.303所示。

08 选中"快进 拷贝"组,按Ctrl+T组合键对其执行"自由变换"命令,将光标移至出现的变形框上单击鼠标右键,从弹出的快捷菜单中选择"水平翻转"命令,完成之后按Enter键确认,再将图形移至圆角图形左侧位置,如图2.304所示。

图2.303 复制组　　　　　图2.304 变换图形

09 选择工具箱中的"直线工具" ,在选项栏中将"填充"更改为深灰色(R:45,G:50,B:57),"描边"为无,"粗细"更改为1像素,在中间位置按住Shift键绘制一条垂直线段,此时将生成1个"形状2"图层,如图2.305所示。

图2.305 绘制图形

⑩ 选择工具箱中的"横排文字工具"T，在画布靠右侧位置添加文字（字体：Futura Bk BT，样式：Book，字号：47），如图2.306所示。

图2.306 添加文字

⑪ 在"图层"面板中，选中"Touch quality"图层，单击面板底部的"添加图层样式"fx按钮，在菜单中选择"内阴影"命令，在弹出的对话框中将"不透明度"更改为50%，"距离"更改为1像素，"大小"更改为1像素，如图2.307所示。

图2.307 设置内阴影

⑫ 勾选"投影"复选框，将"混合模式"更改为正常，"颜色"更改为白色，"不透明度"更改为60%，"距离"更改为1像素，"大小"更改为1像素，完成之后单击"确定"按钮，如图2.308所示。

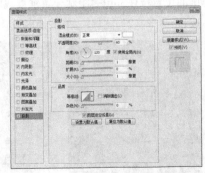

图2.308 设置投影

⑬ 在"图层"面板中，选中"Touch quality"图层，将其图层"填充"更改为0%，这样就完成了效果制作，最终效果如图2.309所示。

图2.309 更改填充及最终效果

2.11 课堂案例——音频调节控件

案例位置　案例文件\第2章\音频调节控件.psd
视频位置　多媒体教学\2.11 课堂案例——音频调节控件.avi
难易指数　★★★☆☆

　　本例主要讲解音频调节控件的制作，本例的制作类似于常见的界面控件，同样是以表达真实的质感为目的，它的操控区域明确，整个布局合理，十分符合用户的传统操作习惯。最终效果如图2.310所示。

扫码看视频

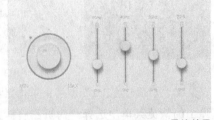

图2.310 最终效果

2.11.1 制作背景并绘制图形

①① 执行菜单栏中的"文件"|"新建"命令，在弹出的对话框中设置"宽度"为1280像素，"高度"为720像素，"分辨率"为72像素/英寸，新建一个空白画布。

②② 选择工具箱中的"渐变工具"，在选项栏中单击"点按可编辑渐变"按钮，在弹出的对话框中，将渐变颜色更改为灰色（R：243，G：243，B：243）到灰色（R：226，G：226，B：226），设置完成之后单击"确定"按钮，再单击选项栏中

的"线性渐变" ▣按钮，从左上角向右下角方向拖动，为画布填充渐变，如图2.311所示。

图2.311 填充颜色

03 选择工具箱中的"椭圆工具" ⬭，在选项栏中将"填充"更改为浅粉色（R：180，G：163，B：160），"描边"为无。在画布靠左侧位置按住Shift键绘制一个圆形，此时将生成一个"椭圆1"图层，选中"椭圆1"图层，将其拖至面板底部的"创建新图层" ▣按钮上，分别复制1个"椭圆1拷贝""椭圆1拷贝2"及"椭圆1拷贝3"图层，如图2.312所示。

图2.312 绘制图形并复制图层

04 在"图层"面板中，选中"椭圆1"图层，单击面板底部的"添加图层样式" fx按钮，在菜单中选择"描边"命令，在弹出的对话框中将"大小"更改为2像素，"填充类型"更改为渐变，"渐变"更改为白色到灰色（R：223，G：215，B：215）到灰色（R：150，G：143，B：143），如图2.313所示。

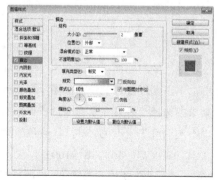

图2.313 设置描边

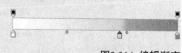

技巧与提示

这里渐变的编辑有些特别，这种编辑效果可以产生明显的边缘效果，编辑效果如图2.314所示。

图2.314 编辑渐变

05 选中"椭圆1拷贝"图层，在画布中将其图形颜色更改为灰色（R：226，G：226，B：226），按Ctrl+T组合键对其执行"自由变换"命令，当出现变形框以后按住Alt+Shift组合键将图形等比例缩小，完成之后按Enter键确认，如图2.315所示。

图2.315 变换图形

06 在"椭圆1"图层上单击鼠标右键，从弹出的快捷菜单中选择"拷贝图层样式"命令。在"椭圆1拷贝"图层上单击鼠标右键，从弹出的快捷菜单中选择"粘贴图层样式"命令，如图2.316所示。

图2.316 复制并粘贴图层样式

07 双击"椭圆1拷贝"图层样式名称，在弹出的对话框中选择"描边"复选框，勾选"渐变"右侧的"反向"复选框，勾选"投影"复选框，取消"使用全局光"复选框，将"角度"更改为90度，"距离"更改为5像素，"大小"更改为5像素，完成之后单击"确定"按钮，如图2.317所示。

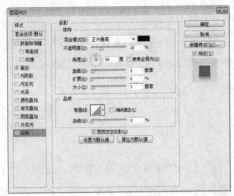

图2.317 设置投影

08 选中"椭圆1拷贝2"图层，在画布中将其图形颜色更改为灰色（R：226，G：226，B：226），将图形等比例缩小，如图2.318所示。

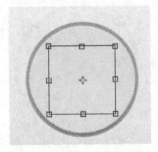 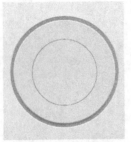

图2.318 变换图形

09 在"图层"面板中，选中"椭圆1拷贝2"图层，单击面板底部的"添加图层样式" fx 按钮，在菜单中选择"投影"命令，在弹出的对话框中将"混合模式"更改为变亮，"颜色"更改为灰色（R：245，G：245，B：245），取消"使用全局光"复选框，将"角度"更改为－77度，"距离"更改为13像素，"大小"更改为18像素，完成之后单击"确定"按钮，如图2.319所示。

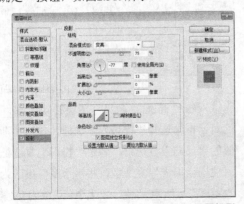

图2.319 设置投影

10 选中"椭圆1拷贝3"图层，在画布中将图形颜色更改为灰色（R：226，G：226，B：226），将图形等比例缩小，如图2.320所示。

 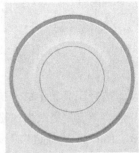

图2.320 变换图形

11 在"图层"面板中，选中"椭圆1拷贝3"图层，将其拖至面板底部的"创建新图层" 按钮上，复制1个"椭圆1拷贝4"图层。

12 在"图层"面板中，选中"椭圆1拷贝3"图层，单击面板底部的"添加图层样式" fx 按钮，在菜单中选择"投影"命令，在弹出的对话框中将"颜色"更改为浅粉色（R：170，G：160，B：160），取消"使用全局光"复选框，将"角度"更改为100度，"距离"更改为27像素，"大小"更改为18像素，完成之后单击"确定"按钮，如图2.321所示。

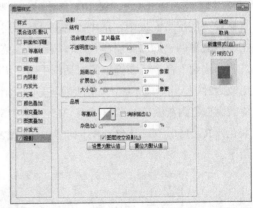

图2.321 设置投影

13 在"图层"面板中，选中"椭圆1拷贝4"图层，单击面板底部的"添加图层样式" fx 按钮，在菜单中选择"外发光"命令，在弹出的对话框中将"不透明度"更改为15%，"颜色"更改为浅粉色（R：180，G：163，B：160），"扩展"更改为16%，"大小"更改为20像素，如图2.322所示。

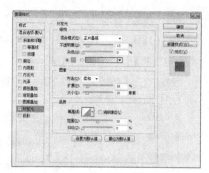

图2.322 设置外发光

⑭ 勾选"投影"复选框,将"颜色"更改为浅粉色(R:170,G:160,G:160),"不透明度"更改为30%,取消"使用全局光"复选框,将"角度"更改为122度,"距离"更改为13像素,"大小"更改为18像素,完成之后单击"确定"按钮,如图2.323所示。

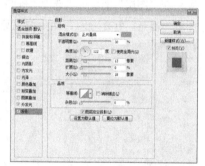

图2.323 设置投影

2.11.2 绘制刻度

① 选择工具箱中的"直线工具" ✐,在选项栏中将"填充"更改为浅粉色(R:180,G:163,B:160),"描边"为无,"粗细"更改为2像素,在旋钮图形左侧位置绘制一条稍短的水平线段,此时将生成1个"形状 1"图层,如图2.324所示。

图2.324 绘制图形

② 在"图层"面板中,选中"形状 1"图层,单击面板底部的"添加图层样式" fx 按钮,在菜单中选择"投影"命令,在弹出的对话框中将"颜色"更改为白色,取消"使用全局光"复选框,将"角度"更改为90度,"距离"更改为2像素,完成之后单击"确定"按钮,如图2.325所示。

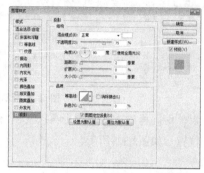

图2.325 设置投影

③ 在"图层"面板中,选中"形状 1"图层,将其图层"填充"更改为40%,如图2.326所示。

图2.326 更改填充

④ 在"图层"面板中,选中"形状 1"图层,将其拖至面板底部的"创建新图层" 按钮上,复制1个"形状 1 拷贝"图层,选中"形状 1 拷贝"图层,按住Shift键将图形向右侧平移,如图2.327所示。

图2.327 复制图层并移动图形

⑤ 在"图层"面板中,选中"形状 1 拷贝"图

层，将其拖至面板底部的"创建新图层" 按钮上，复制1个"形状 1 拷贝2"图层，选中"形状 1 拷贝2"图层，将图形适当旋转，如图2.328所示。

图2.328 复制图层并旋转图形

06 用同样的方法将图形再次复制2份并放在适当位置，如图2.329所示。

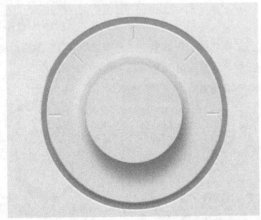

图2.329 复制图形

07 选择工具箱中的"椭圆工具" ，在选项栏中将"填充"更改为白色，"描边"为无，在旋钮图形左侧位置按住Shift键绘制一个圆形，此时将生成一个"椭圆 2"图层，如图2.330所示。

图2.330 绘制图形

08 在"图层"面板中，选中"椭圆 2"图层，单击面板底部的"添加图层样式" 按钮，在菜单中选择"渐变叠加"命令，在弹出的对话框中将"不

透明度"更改为50%，"渐变"更改为白色到浅粉色（R：180，G：163，B：160），完成之后单击"确定"按钮，如图2.331所示。

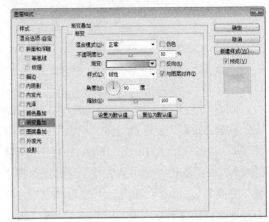

图2.331 设置渐变叠加

09 在"图层"面板中，选中"椭圆 2"图层，将其图层"填充"更改为0%，如图2.332所示。

图2.332 更改填充

10 选中"椭圆 2"图层，按住Alt键将图形拖至旋钮周长的刻度对应的位置，如图2.333所示。

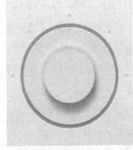

图2.333 复制图形

11 双击"椭圆 2 拷贝"图层样式名称，在弹出的对话框中勾选"颜色叠加"复选框，将"混合模式"更改为正片叠底，"颜色"更改为蓝色（R：66，G：208，B：255），如图2.334所示。

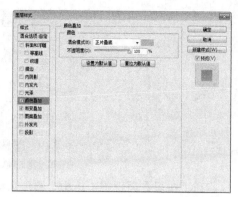

图2.334 设置颜色叠加

⑫ 勾选"外发光"复选框，将"混合模式"更改为正常，"颜色"更改为青色（R：111，G：242，B：250），"大小"更改为10像素，完成之后单击"确定"按钮，如图2.335所示。

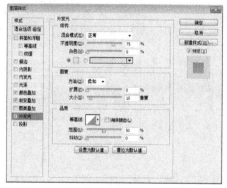

图2.335 设置外发光

⑬ 选择工具箱中的"椭圆工具"，在选项栏中将"填充"更改为白色，"描边"为无，在旋钮靠左上角位置按住Shift键绘制1个圆形，此时将生成1个"椭圆3"图层，如图2.336所示。

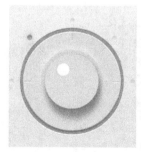

图2.336 绘制图形

⑭ 在"椭圆2"图层上单击鼠标右键，从弹出的快捷菜单中选择"拷贝图层样式"命令，在"椭圆3"图层上单击鼠标右键，从弹出的快捷菜单中选择"粘贴图层样式"命令，如图2.337所示。

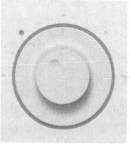

图2.337 复制并粘贴图层样式

⑮ 选择工具箱中的"横排文字工具"，在旋钮下方位置添加文字，如图2.338所示。

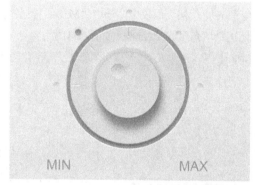

图2.338 添加文字

⑯ 在"图层"面板中，选中"MAX"图层，单击面板底部的"添加图层样式"按钮，在菜单中选择"内阴影"命令，在弹出的对话框中将颜色设置为浅粉色（R：180，G：163，B：160），"距离"更改为2像素，如图2.339所示。

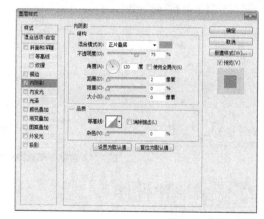

图2.339 设置内阴影

⑰ 勾选"投影"复选框，将"混合模式"更改为变亮，"颜色"更改为白色，"距离"更改为2像素，完成之后单击"确定"按钮，如图2.340所示。

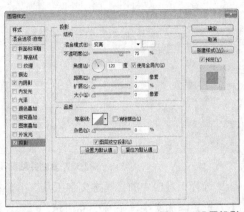

图2.340 设置投影

⑱ 在"图层"面板中，选中"MAX"图层，将其图层"填充"更改为50%，如图2.341所示。

图2.341 更改填充

⑲ 在"MAX"图层上单击鼠标右键，从弹出的快捷菜单中选择"拷贝图层样式"命令。在"MIN"图层上单击鼠标右键，从弹出的快捷菜单中选择"粘贴图层样式"命令，如图2.342所示。

图2.342 复制并粘贴图层样式

2.11.3 制作控件

① 选择工具箱中的"圆角矩形工具" ▢，在选项栏中将"填充"更改为白色，"描边"为无，"半径"更改为10像素，在旋钮右侧位置绘制1个圆角矩形，此时将生成1个"圆角矩形 1"图层，如图2.343所示。

图2.343 绘制图形

② 在"图层"面板中，选中"圆角矩形 1"图层，单击面板底部的"添加图层样式" fx 按钮，在菜单中选择"内阴影"命令，在弹出的对话框中将"不透明度"更改为4%，取消"使用全局光"复选框，将"角度"更改为125度，"距离"更改为6像素，"大小"更改为5像素，如图2.344所示。

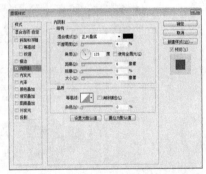

图2.344 设置内阴影

③ 勾选"内发光"复选框，将"混合模式"更改为正片叠底，"不透明度"更改为25%，"颜色"更改为灰色（R：190，G：190，B：190），"大小"更改为8像素，如图2.345所示。

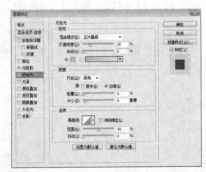

图2.345 设置内发光

④ 勾选"颜色叠加"复选框，将"颜色"更改为灰色（R：162，G：162，B：162），"不透明度"更改为15%，完成之后单击"确定"按钮，如图2.346所示。

图2.349 设置内阴影

图2.346 设置颜色叠加

⑤ 在"图层"面板中，选中"圆角矩形 1"图层，将其图层混合模式设置为"正片叠底"，如图2.347所示。

08 勾选"投影"复选框，将"混合模式"更改为正常，"颜色"更改为白色，"距离"更改为2像素，"大小"更改为2像素，完成之后单击"确定"按钮，如图2.350所示。

图2.347 设置图层混合模式

⑥ 选择工具箱中的"圆角矩形工具"，在选项栏中将"填充"更改为浅粉色（R：180，G：163，B：160），"描边"为无，"半径"更改为5像素，在刚才绘制的圆角矩形上再次绘制1个圆角矩形，此时将生成1个"圆角矩形 2"图层，如图2.348所示。

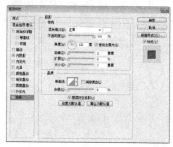

图2.350 设置投影

09 选择工具箱中的"直线工具"，在选项栏中将"填充"更改为浅粉色（R：180，G：163，B：160），"描边"为无，"粗细"更改为2像素，在圆角矩形顶部靠左侧按住Shift键绘制1条水平线段，此时将生成1个"形状 2"图层，如图2.351所示。

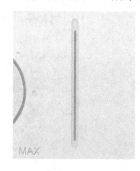

图2.348 绘制图形

⑦ 在"图层"面板中，选中"圆角矩形 2"图层，单击面板底部的"添加图层样式" fx 按钮，在菜单中选择"内阴影"命令，在弹出的对话框中将"不透明度"更改为20%，"距离"更改为5像素，"大小"更改为5像素，如图2.349所示。

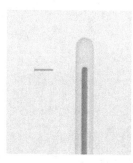

图2.351 绘制图形

⑩ 在"图层"面板中，选中"形状 2"图层，单击面板底部的"添加图层样式" fx 按钮，在菜单中选择"投影"命令，在弹出的对话框中将"混合模式"更改为正常，"颜色"更改为白色，取消"使用全局光"复选框，将"角度"更改为90度，"距离"更改为2像素，完成之后单击"确定"按钮，

如图2.352所示。

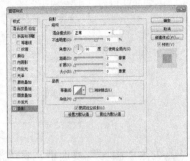

图2.352 设置投影

⑪ 选中"形状 2"图层，在画布中按住Alt+Shift组合键向下拖动，将图形复制3份，再同时选中包括原图形在内以及复制生成的3个图形按住Alt+Shift组合键向右侧拖动，将图形再次复制，如图2.353所示。

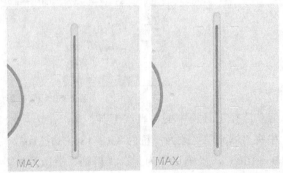

图2.353 复制图形

⑫ 选择工具箱中的"横排文字工具" T，在绘制的调节标示图形上下方添加文字，如图2.354所示。

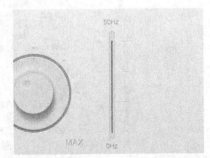

图2.354 添加文字

⑬ 在"MAX"图层上单击鼠标右键，从弹出的快捷菜单中选择"拷贝图层样式"命令。分别在"50Hz"及"0Hz"图层上单击鼠标右键，从弹出的快捷菜单中选择"粘贴图层样式"命令，如图2.355所示。

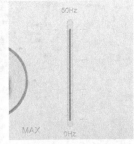

图2.355 复制并粘贴图层样式

⑭ 选择工具箱中的"椭圆工具" ，在选项栏中将"填充"更改为灰色（R：226，G：226，B：226），"描边"为无，在"0Hz"文字上方按住Shift键绘制一个圆形，此时将生成1个"椭圆 4"图层，选中"椭圆 4"图层，将其拖至面板底部的"创建新图层" 按钮上，复制1个"椭圆 4 拷贝"图层，如图2.356所示。

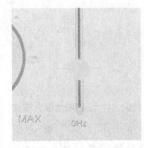

图2.356 绘制图形并复制图层

⑮ 在"图层"面板中，选中"椭圆 4"图层，单击面板底部的"添加图层样式" fx按钮，在菜单中选择"外发光"命令，在弹出的对话框中将"不透明度"更改为15%，"颜色"更改为浅粉色（R：180，G：163，B：160），"扩展"更改为15%，"大小"更改为20像素，如图2.357所示。

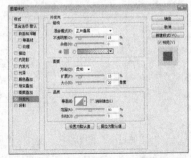

图2.357 设置外发光

⑯ 勾选"投影"复选框，将"颜色"更改为浅粉色（R：170，G：160，B：160），取消"使用全局光"复选框，将"角度"更改为100度，"距离"更

改为27像素，"大小"更改为18像素，完成之后单击"确定"按钮，如图2.358所示。

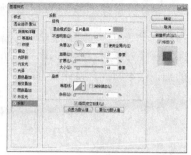

图2.358 设置投影

⑰ 在"图层"面板中，选中"椭圆4拷贝"图层，单击面板底部的"添加图层样式" *fx* 按钮，在菜单中选择"斜面和浮雕"命令，在弹出的对话框中将"大小"更改为5像素，取消"使用全局光"复选框，将"角度"更改为-90度，"高度"更改为37度，"阴影模式"中的"不透明度"更改为50%，如图2.359所示。

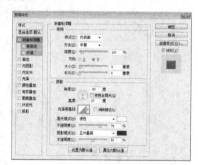

图2.359 设置斜面和浮雕

⑱ 勾选"外发光"复选框，将"混合模式"更改为正片叠底，"不透明度"更改为15%，"颜色"更改为浅粉色（R：180，G：163，B：160），"扩展"更改为15%，"大小"更改为20像素，如图2.360所示。

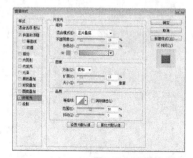

图2.360 设置外发光

⑲ 勾选"投影"复选框，将"颜色"更改为浅粉

色（R：170，G：160，B：160），"不透明度"更改为30%，取消"使用全局光"复选框，将"角度"更改为122度，"距离"更改为13像素，"大小"更改为18像素，完成之后单击"确定"按钮，如图2.361所示。

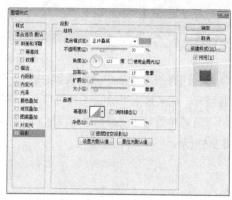

图2.361 设置投影

⑳ 同时选中所有和绘制的均衡器相关的图层，按Ctrl+G组合键将图层编组，将生成的组名称更改为"均衡器"，如图2.362所示。

图2.362 将图层编组

㉑ 选中"均衡器"组，按住Alt+Shift组合键向右侧拖动，将图形复制3份，如图2.363所示。

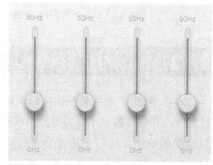

图2.363 复制图形

㉒ 选中"均衡器 拷贝"组，将其展开，同时选中"椭圆4拷贝"及"椭圆4"图层，将图形向上移动，如图2.364所示。

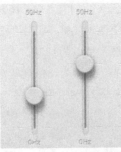

图2.364 移动图形

㉓ 用同样的方法选中"均衡器 拷贝 2"组，将其展开，同时选中"椭圆 4 拷贝"及"椭圆 4"图层，用同样的方法在画布中将图形向上移动，如图2.365所示。

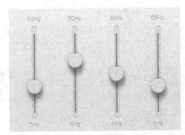

图2.365 移动图形

㉔ 分别选中"均衡器 拷贝""均衡器 拷贝2""均衡器 拷贝 3"组，将均衡器图形上方的文字更改，这样就完成了效果制作，最终效果如图2.366所示。

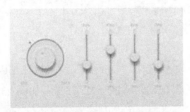

图2.366 更改文字及最终效果

2.12 本章小结

本章通过6个不同类型的按钮及旋钮效果的设计制作，详细讲解了不同类型及不同质感按钮及旋钮的制作方法和技巧，让读者通过这些案例的学习，掌握UI设计中按钮及旋钮类控件的设计方法，通过课后习题对本章内容加以巩固，掌握这类控件的制作技巧。

2.13 课后习题

按钮及旋钮类控件应用非常广泛，鉴于它的重要性，本章针对性安排了3个不同外观的按钮设计案例，作为课后习题以供练习，用于强化前面所学的知识，不断提升设计能力。

2.13.1 习题1——白金质感开关按钮

案例位置 案例文件\第2章\白金质感开关按钮.psd
视频位置 多媒体教学\2.13.1习题1——白金质感开关按钮.avi
难易指数 ★★☆☆☆

本例主要练习白金质感开关按钮的制作，此款图标的质感同样十分出色，金属质感的图标搭配科技蓝的控件令整体的视觉效果惊艳。最终效果如图2.367所示。

扫码看视频

图2.367 最终效果

步骤分解如图2.368所示。

图2.368 步骤分解图

2.13.2 习题2——品质音量旋钮

案例位置 案例文件\第2章\品质音量旋钮.psd
视频位置 多媒体教学\2.13.2习题2——品质音量旋钮.avi
难易指数 ★★☆☆☆

本例主要练习品质音量旋钮的制作，在制作过程上十分注重细节的运用及关键元素的添加，而整体的构思十分高端、上档次，同时在配色方面更能体现出此款旋钮的品质感。最终效果如图2.369所示。

扫码看视频

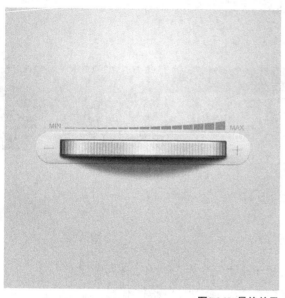

图2.369 最终效果

步骤分解如图2.370所示。

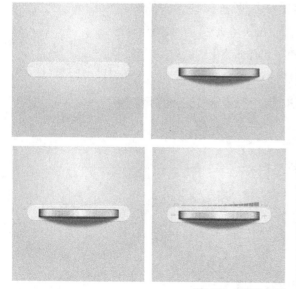

图2.370 步骤分解图

2.13.3 习题3——音量控件

案例位置 案例文件\第2章\音量控件.psd
视频位置 多媒体教学\2.13.3习题3——音量控件.avi
难易指数 ★★☆☆☆

本例主要练习音量控件的制作，通过对控件类图标制作的基础掌握，结合实物图像的观察制作出仿真的图标，同时在细节上着重注意控件中的指示灯、质感实现的制作，即可完成一款光影、质感都很棒的音量控件制作，为背景添加自定义图案更是为质感图标的绘制起到很好的衬托效果。最终效果如图2.371所示。

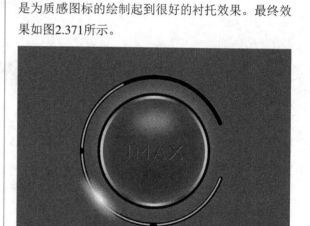

图2.371 最终效果

步骤分解如图2.372所示。

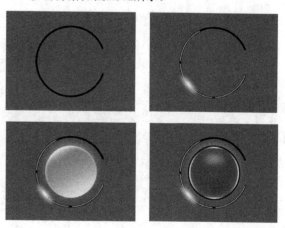

图2.372 步骤分解图

第**3**章

趋势流行扁平风

—————— 内容摘要 ——————

　　扁平化设计也称简约设计、极简设计, 它的核心就是去掉冗余的装饰效果, 在设计中去掉多余的透视、纹理、渐变等能做出3D效果的元素, 并且在设计元素上强调抽象、极简、符号化。扁平化设计与拟物化设计形成鲜明对比, 扁平化在移动系统上不仅界面美观、简洁, 而且降低功耗, 延长待机时间和提高运算速度。作为手机领域风向标的苹果手机最新推出的iOS使用了扁平化设计。本章就以扁平化为设计理念, 将不同UI设计控件的扁平化设计案例进行解析, 让读者对扁平化设计有充分的了解, 进而掌握设计技巧。

—————— 课堂学习目标 ——————

- 了解扁平化设计原理
- 学习扁平化设计概念
- 掌握扁平化UI设计方法

3.1 理论知识——扁平化设计

3.1.1 何为扁平化设计

扁平化设计也称简约设计、极简设计，它的核心就是去掉冗余的装饰效果，摒弃高光、阴影等能造成透视感的效果，通过抽象、简化、符号化的设计元素来表现。界面上极简抽象、矩形色块、大字体、光滑、现代感十足，让你去意会这是个什么东西。其交互核心在于功能本身的使用，所以去掉了冗余的界面和交互。

古希腊时，人们的绘画都是平面的，在二维的线条中讲述我们立体的世界。文艺复兴之后，写实风格日渐风行，艺术家们都追求用笔触还原生活里的真实。如今扁平化的返璞归真让绘画也汲取了新鲜的养分。

作为手机领域的风向标的苹果手机最新推出的iOS使用了扁平化设计，随着iOS8的更新，以及更多APPLE产品的出现，扁平化设计已经成为UI类设计的大方向。这段时间以来，扁平化设计一直是设计师之间的热门话题，现在已经形成一种风气，其他的智能系统也开始扁平化，如Windows、Mac OS、Android系统的设计已经往扁平化设计方向发展。扁平化尤其在如今的移动智能设备上应用广泛，如手机、平板，更少的按钮和选项让界面更加干净整齐，使用起来格外简洁、明了。扁平化可以更加简单直接地将信息和事物的工作方式展示出来，减少认知障碍的产生。

扁平化设计目前最有力的典范是微软的Windows及Windows Phone和Windows RT的Metro界面，Microsoft为扁平化用户体验开拓者。与扁平化设计相比，在目前也可以说之前最为流行的是Skeuomorphic设计，最为典型的就是苹果iOS系统中拟物化的设计，让我们感觉到虚拟物与实物的接近程度，iOS、安卓也已向扁平化改变。

3.1.2 扁平化设计的优缺点

扁平化设计与拟物化设计形成鲜明对比，扁平化在移动系统上不仅界面美观、简洁，而且降低功耗，延长了待机时间，提高了运算速度。当然扁平化设计也有缺点。

1. 扁平化设计的优点

扁平化的流行并非偶然，它有自己的优点。

- 降低移动设备的硬件需求，提高运行速度，延长电池使用寿命和待机时间，使用更加高效。
- 简约而不简单，搭配一流的网格、色彩，让看久了拟物化的用户感觉焕然一新。
- 突出内容主题，减弱各种渐变、阴影、高光等拟真实视觉效果对用户视线的干扰，信息传达更加简单、直观，缓解审美疲劳。
- 设计更容易，开发更简单。扁平化设计更加简约，条理清晰，在适应不同屏幕尺寸方面设计更加容易修改，有更好的适当性。

2. 扁平化设计的缺点

扁平化虽然有很多优点，但对于不适应的人来说，缺点也是有的。

- 因为在色彩和立体感上的缺失，用户体验度降低，特别是在一些非移动设备上，过于简单。
- 由于设计简单，造成直观感缺乏，有时候需要学习才可以了解，增加一定的学习成本。
- 简单的线条和色彩，造成传达的感情不丰富，甚至过于冷淡。

3.1.3 扁平化设计四大原则

扁平化设计虽然简单，但也需要特别的技巧，否则整个设计会因为过于简单而缺少吸引力，甚至没有个性，不能给用户留下深刻的印象。扁平化设计可以遵循以下四大原则。

1. 拒绝使用特效

从扁平化的定义可以看出，扁平化设计属于极简设计，力求去除冗余的装饰效果，在设计上追求二维效果，所以在设计时要去掉修饰，如阴影、斜面、浮雕、渐变、羽化，远离写实主义，通过抽象、简化或符号化的设计手法将其表现出来。因为扁平化设计属于二维平面设计，所以各个图片、按钮、导航等不要有交叉、重叠，以免产生三维感觉。如图3.1所示。

图3.1 扁平化效果

2. 极简的几何元素

扁平化设计中，在按钮、图标、导航、菜单等设计中多使用简单的几何元素，如矩形、圆形、多边形等，使设计整体上趋近极简主义设计理念，通过简单的图形达到设计目的，对于相似的几何元素，可以以不同的颜色填充来进行区别，而且简化按钮和选项，做到极简效果。极简几何元素如图3.2所示。

图3.2 极简几何元素

3. 注重版式设计

扁平化设计时因为其简洁特性，在排版时极易形成信息堆积，造成过度的负荷感觉，使用户在过量的信息规程中应接不暇，所以在版式上就有特别的要求，尽量减少用户界面中的元素，而且在字体和图形的设计上，注意文字大小和图片大小，文字要多采用无衬线字体，精练文字内容，还要注意选择一些特殊的字体，以起到醒目的作用，通过字体、图片大小和比重来区分元素，以带来视觉上的宁静。版式设计效果如图3.3所示。

图3.3 版式设计效果

4. 颜色的多样性

扁平化设计中，颜色的使用是非常重要的，力求色彩鲜艳、明亮，在选色上要注意颜色的多样性，以更多的颜色、更炫丽的颜色，来划分界面不同范围，以免造成平淡的视觉感受。在颜色的选择上，有一些颜色特别受欢迎，设计者要特别注意，如复古色浅橙、紫色、绿色、蓝色、青色等。颜色多样性效果如图3.4所示。

图3.4 颜色多样性效果

3.2 课堂案例——扁平铅笔图标

案例位置 案例文件\第3章\扁平铅笔图标.psd
视频位置 多媒体教学\3.2 课堂案例——扁平铅笔图标.avi
难易指数 ★★☆☆☆

本例主要讲解扁平铅笔图标效果的制作，此款图标的可识别性极强，并且在配色上醒目且不刺眼，能很好地与其他扁平风格的图标相搭配。最终效果如图3.5所示。

扫码看视频

图3.5 最终效果

3.2.1 绘制图标

01 执行菜单栏中的"文件"|"新建"命令，在弹出的对话框中设置"宽度"为800像素，"高度"为600像素，"分辨率"为72像素/英寸，"颜色模式"为RGB颜色，新建一个空白画布，将画布填充为灰绿色（R：75，G：90，B：75），如图3.6所示。

图3.6 填充颜色

02 选择工具箱中的"圆角矩形工具" ◻，在选项栏中将"填充"更改为绿色（R：80，G：174，B：80），"描边"为无，"半径"更改为50像素，在画布中绘制一个圆角矩形，此时将生成一个"圆角矩形1"图层，如图3.7所示。

图3.7 绘制图形

03 选择工具箱中的"圆角矩形工具" ◻，在选项栏中将"填充"更改为白色，"描边"为无，"半径"更改为20像素，在画布中绘制一个圆角矩形，此时将生成一个"圆角矩形2"图层，如图3.8所示。

图3.8 绘制圆角矩形

3.2.2 变换图形

01 选择工具箱中的"添加锚点工具" ✍，在"圆角矩形 2"图层中的图形左上角单击添加锚点，如图3.9所示。

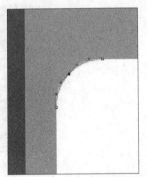

图3.9 添加锚点

02 选择工具箱中的"转换点工具" ▶，在画布中单击刚才添加的锚点，将其转换成节点，如图3.10所示。

03 选择工具箱中的"直接选择工具" ▶，选中刚才经过转换的锚点拖动，将圆角变成直角，如图3.11所示。

图3.10 转换锚点　　　　图3.11 移动锚点

04 用同样的方法将圆角矩形的左下角圆角变成直角，如图3.12所示。

图3.12 变换图形

05 选择工具箱中的"添加锚点工具" ✍，在"圆角矩形 2"图层中的图形靠左侧上方位置单击添加锚点。

06 用同样的方法在对应的锚点下方位置再次添加锚点，如图3.13所示。

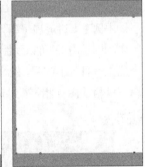

图3.13 添加锚点

07 选择工具箱中的"删除锚点工具" ✍，在图形左侧边缘锚点上单击，将锚点删除。

08 以同样的方法在下方的锚点上再次单击，将锚点删除，如图3.14所示。

图3.14 删除锚点

09 选择工具箱中的"直接选择工具" ▶，选中图形左下角的锚点向上拖动，再用同样的方法选中图形左上角锚点向下拖动，如图3.15所示。

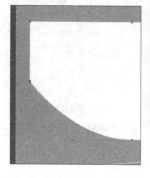 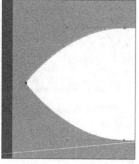

图3.15 移动锚点

⑩ 选择工具箱中的"直接选择工具"，按住Alt键拖动底部锚点的控制杆，如图3.16所示。

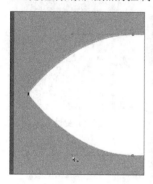 

图3.16 拖动控制杆

⑪ 用同样的方法拖动上方的控制杆，如图3.17所示。

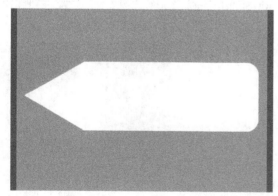

图3.17 变换图形

⑫ 在"图层"面板中，选中"圆角矩形 2"图层，将其拖至面板底部的"创建新图层"按钮上，复制一个"圆角矩形 2 拷贝"图层，如图3.18所示。

⑬ 选中"圆角矩形 2 拷贝"图层，在画布中将其图形颜色更改为浅红色（R：255，G：137，

B：106），如图3.19所示。

图3.18 复制图层　　　图3.19 更改图形颜色

3.2.3 绘制细节

① 选择工具箱中的"椭圆工具"，在选项栏中将"填充"更改为灰色（R：100，G：100，B：100），"描边"为无，在铅笔笔尖位置按住Alt+Shift组合键绘制一个圆形，此时将生成一个"椭圆1"图层，如图3.20所示。

图3.20 绘制图形

② 选中"椭圆1"图层，执行菜单栏中的"图层"|"创建剪贴蒙版"命令，为当前图层创建剪贴蒙版，如图3.21所示。

图3.21 创建剪贴蒙版

③ 选择工具箱中的"椭圆工具"，在选项栏中将"填充"更改为浅黄色（R：250，G：250，B：210），"描边"为无，在笔尖位置再次按住Shift键绘制一个圆形，此时将生成一个"椭圆2"

图层，如图3.22所示。

图3.22 绘制图形

04 选中"椭圆2"图层，在画布中按住Alt+Shift组合键向下拖动将其复制2份，此时将生成"椭圆2拷贝"及"椭圆2拷贝2"图层，如图3.23所示。

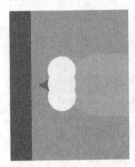

图3.23 复制图形

05 同时选中"椭圆2拷贝2"及"椭圆2"图层，在画布中按住Shift键向左侧稍微移动，如图3.24所示。

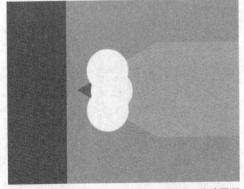

图3.24 移动图形

06 在"图层"面板中，同时选中"椭圆2""椭圆2拷贝"及"椭圆2拷贝2"图层，执行菜单栏中的"图层"|"合并形状"命令，将图层合并，此时将生成一个"椭圆2拷贝2"图层，如图3.25所示。

图3.25 合并图层

07 在"图层"面板中，选中"椭圆2拷贝2"图层，将其向下移至"椭圆1"图层下方，如图3.26所示。

图3.26 更改图层顺序

技巧与提示

当更改图层顺序的时候图层会自动创建剪贴蒙版。

08 选中"椭圆2拷贝2"图层，按Ctrl+T组合键对其执行"自由变换"命令，当出现变形框以后按住Alt+Shift组合键将图形等比例放大并与笔尖右侧拐角处对齐，完成之后按Enter键确认，如图3.27所示。

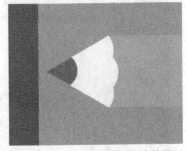

图3.27 变换图形

09 选择工具箱中的"矩形工具" ，在选项栏中将"填充"更改为黄色（R：250，G：175，B：58），"描边"为无，在铅笔笔杆上绘制一个与其高度相同的矩形，此时将生成一个"矩形1"图层，并将其向下移至"椭圆2拷贝2"图层下方，如图3.28所示。

图3.28　绘制图形更改图层顺序

3.2.4　制作阴影

01 选择工具箱中的"矩形工具"▣，在选项栏中将"填充"更改为灰色（R：102，G：102，B：102），"描边"为无，在刚才绘制的矩形位置再次绘制一个矩形，此时将生成一个"矩形2"图层，并将其向下移至"椭圆2 拷贝2"图层下方，如图3.29所示。

图3.29　绘制图形更改图层顺序

02 在"图层"面板中，选中"矩形2"图层，单击面板底部的"添加图层蒙版"▣按钮，为其图层添加图层蒙版，如图3.30所示。

03 选择工具箱中的"渐变工具"▣，在选项栏中单击"点按可编辑渐变"按钮，在弹出的对话框中选择"黑白渐变"，设置完成之后单击"确定"按钮，再单击选项栏中的"线性渐变"▣按钮，如图3.31所示。

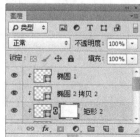
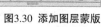
图3.30　添加图层蒙版

图3.31　设置渐变

04 单击"矩形2"图层蒙版缩览图，在画布中其图形上按住Shift键拖动，将部分图形隐藏，如图3.32所示。

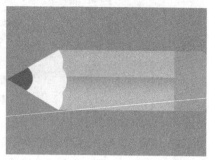

图3.32　隐藏图形

05 选中"矩形2"图层，在画布中按住Alt+Shift组合键向下拖动，将图形复制，此时将生成一个"矩形2 拷贝"图层，如图3.33所示。

图3.33　复制图形

06 选中"矩形 2 拷贝"及"矩形2"图层，将其图层"不透明度"分别更改为50%、30%，如图3.34所示。

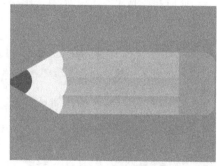

图3.34　更改不透明度

07 选择工具箱中的"矩形工具"▣，在选项栏中将"填充"更改为灰色（R：240，G：240，B：240），"描边"为无，在画布中绘制一个矩形，此时将生成一个"矩形3"图层，再将"矩形3"向下移至"矩形2"图层下方，如图3.35所示。

图3.35 绘制图形

⑧ 同时选中除"背景"及"圆角矩形1"图层之外的所有图层，按Ctrl+T组合键对其执行自由变换，当出现变形框以后将图形适当旋转，完成之后按Enter键确认，如图3.36所示。

图3.36 旋转图形

⑨ 选择工具箱中的"矩形工具" ，在选项栏中将"填充"更改为深灰色（R：66，G：66，B：66），"描边"为无，在画布中绘制一个矩形，此时将生成一个"矩形 4"图层，如图3.37所示。

图3.37 绘制图形

⑩ 选中"矩形4"图层，按Ctrl+T组合键对其执行"自由变换"命令，当出现变形框以后将图形适当旋转并与铅笔右上角边缘和笔尖对齐，完成之后按Enter键确认，如图3.38所示。

图3.38 变换图形

⑪ 选中"矩形 4"图层，将其图层"不透明度"更改为20%，如图3.39所示。

图3.39 更改图层不透明度

⑫ 选择工具箱中的"直接选择工具" ，选中刚才绘制的矩形左上角锚点拖动并与铅笔笔尖对齐，如图3.40所示。

图3.40 拖动锚点

⑬ 在"图层"面板中，选中"矩形 4"图层，将其向下移至"圆角矩形 2"图层上方，如图3.41所示。

图3.41 更改图层顺序

⑭ 选中"矩形4"图层，执行菜单栏中的"图层"Ⅰ"创建剪贴蒙版"命令，为当前图层创建剪贴蒙版，这样就完成了效果制作，最终效果如图3.42所示。

图3.42　创建剪贴蒙版及最终效果

3.3 课堂案例——微信图标

案例位置	案例文件\第3章\微信图标.psd
视频位置	多媒体教学\3.3 课堂案例——微信图标.avi
难易指数	★☆☆☆☆

本例主要讲解微信图标的制作，整个制作过程十分简单，其中的重点在于把控好图标的造型，同时在制作过程中需要注意图标的色彩搭配及可识别性。最终效果如图3.43所示。

扫码看视频

图3.43　最终效果

3.3.1 制作背景

① 执行菜单栏中的"文件"Ⅰ"新建"命令，在弹出的对话框中设置"宽度"为800像素，"高度"为600像素，"分辨率"为72像素/英寸，"颜色模式"为RGB颜色，新建一个空白画布。

② 选择工具箱中的"渐变工具"■，在选项栏中单击"点按可编辑渐变"按钮，在弹出的对话框中将渐变颜色更改为灰色（R：230，G：230，B：230）到灰色（R：248，G：248，B：248），设置完成之后单击"确定"按钮，再单击选项栏中的"线性渐变"■按钮。

③ 在画布中按住Shift键从下至上拖动，为画布填充渐变，如图3.44所示。

图3.44　填充渐变

④ 选择工具箱中的"圆角矩形工具"■，在选项栏中将"填充"更改为绿色（R：78，G：183，B：28），"描边"为无，"半径"更改为80像素，在画布中绘制一个圆角矩形，此时将生成一个"圆角矩形1"图层，如图3.45所示。

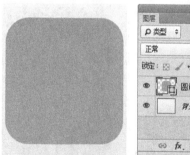

图3.45　绘制图形

⑤ 在"图层"面板中，选中"圆角矩形1"图层，单击面板底部的"添加图层样式"*fx*按钮，在菜单中选择"渐变叠加"命令，在弹出的对话框中将"不透明度"更改为10%，渐变颜色更改为白色到黑色，"样式"更改为径向，完成之后单击"确定"按钮，如图3.46所示。

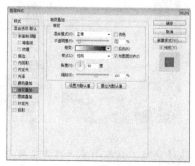

图3.46　设置渐变叠加

3.3.2 绘制图标

01 选择工具箱中的"椭圆工具" ⬭，在选项栏中将"填充"更改为白色，"描边"为无，在刚才绘制的圆角矩形图形上绘制一个椭圆图形，此时将生成一个"椭圆1"图层，如图3.47所示。

图3.47 绘制图形

02 选择工具箱中的"添加锚点工具" ✐，在刚才绘制的椭圆图形左下角位置单击添加3个锚点，如图3.48所示。

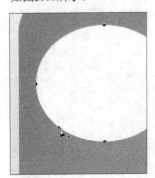

图3.48 添加锚点

03 选择工具箱中的"转换点工具" ⊾，在刚才添加的3个锚点的中间锚点上单击将其转换成节点，如图3.49所示。

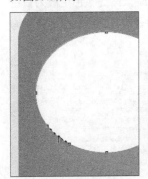

图3.49 转换锚点

04 选择工具箱中的"直接选择工具" ⊾，选中节点向左下角方向拖动，如图3.50所示。

05 按住Alt键拖动两边锚点的控制杆，如图3.51所示。

图3.50 拖动锚点　　　　图3.51 拖动控制杆

06 选择工具箱中的"椭圆工具" ⬭，在选项栏中将"填充"更改为深灰色（R：30，G：50，B：50），"描边"为无，在椭圆靠左上角位置按住Shift键绘制一个圆形，此时将生成一个"椭圆2"图层，如图3.52所示。

图3.52 绘制图形

07 选中"椭圆2"图层，在画布中按住Alt+Shift组合键向右侧平移，此时将生成一个"椭圆2拷贝"图层，如图3.53所示。

图3.53 复制图层

08 同时选中"椭圆 2 拷贝""椭圆 2"图层，执行菜单栏中的"图层"|"合并形状"命令，将其合并，生成一个"椭圆 2 拷贝"层，如图3.54所示。

09 选择"椭圆1"图层,执行菜单栏中的"图层"|"栅格化"|"图层"命令,将其栅格化,如图3.55所示。

图3.54 合并形状　　　　　图3.55 栅格化图层

10 在按Ctrl键的同时单击"椭圆2 拷贝"图层的图层缩览图,将选区载入,确认选择"椭圆1"图层,按Delete键将选区中的图像删除,效果如图3.56所示。按Ctrl+D组合键取消选区,并将"椭圆2 拷贝"图层删除,如图3.57所示。

图3.56 删除效果　　　　　图3.57 删除图层

11 在"图层"面板中,选中"椭圆1"图层,将其拖至面板底部的"创建新图层" 按钮上,复制1个"椭圆1 拷贝"图层,如图3.58所示。

12 选中"椭圆1 拷贝",按Ctrl+T组合键对其执行【自由变换】命令,单击鼠标右键,从弹出的快捷菜单中选择"水平翻转"命令,再按Alt+Shift组合键将图形等比例缩小并移至靠右下角位置,完成之后按Enter键确认,如图3.59所示。

 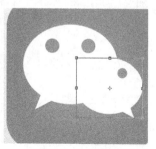

图3.58 复制图层　　　　　图3.59 水平翻转并缩放

13 按住Ctrl键的同时单击"椭圆 1 拷贝"图层的图层缩览图,将选区载入,然后选择"椭圆1"图层,按Delete键将选区中的图像删除,如图3.60所示。

14 按Ctrl+D组合键取消选区,然后选择"椭圆1 拷贝"图层,将其向右下方稍微移动,最后利用选区将多余的白色删除,如图3.61所示。完成最终效果的制作。

图3.60 删除图像　　　　　图3.61 删除多余图像

3.4 课堂案例——淡雅应用图标控件

案例位置　案例文件\第3章\淡雅应用图标控件.psd
视频位置　多媒体教学\3.4 课堂案例——淡雅应用图标控件.avi
难易指数　★★☆☆☆

本例主要讲解淡雅应用图标控件的制作,在所有的控件类图形设计中,淡雅色系类型的控件的特点是采用比较符合用户审美观的配色方案,
扫码看视频
它没有华丽的造型,并且在颜色方面多采用单一色调,在整个制作中将控件上的信息完整地表达出来即可。最终效果如图3.62所示。

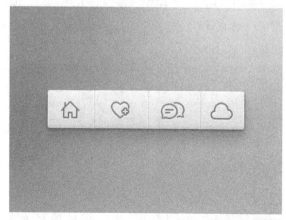

图3.62 最终效果

3.4.1 制作背景

01 执行菜单栏中的"文件"|"新建"命令，在弹出的对话框中设置"宽度"为400像素，"高度"为300像素，"分辨率"为72像素/英寸，新建一个空白画布。

02 选择工具箱中的"渐变工具" ■，在选项栏中单击"点按可编辑渐变"按钮，在弹出的对话框中将渐变颜色更改为蓝色（R：177，G：188，B：204）到蓝色（R：130，G：160，B：192），设置完成之后单击"确定"按钮，再单击选项栏中的"线性渐变" ■按钮，从右下角向左上角方向拖动，为画布填充渐变，如图3.63所示。

图3.63 新建画布并填充渐变

03 选择工具箱中的"椭圆工具" ●，在选项栏中将"填充"更改为蓝色（R：110，G：130，B：154），"描边"为无，靠左侧位置绘制一个椭圆图形，并且使椭圆图形的左侧部分超出画布，此时将生成一个"椭圆 1"图层，如图3.64所示。

04 选中"椭圆 1"图层，执行菜单栏中的"图层"|"栅格化"|"形状"命令，将当前图形形状栅格化，如图3.65所示。

图3.64 绘制图形　　图3.65 栅格化形状

05 执行菜单栏中的"滤镜"|"模糊"|"高斯模糊"命令，在弹出的对话框中将"半径"更改为50像素，设置完成之后单击"确定"按钮，如图3.66所示。

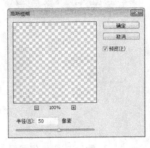

图3.66 设置高斯模糊

06 用同样的方法，在画布右上角位置绘制一个白色的椭圆图形，并以刚才同样的方法为图形添加高斯模糊效果，在设置高斯模糊时将其"半径"更改为80像素，如图3.67所示。

图3.67 绘制图形制作高光效果

3.4.2 绘制图形

01 选择工具箱中的"圆角矩形工具" ■，在选项栏中将"填充"更改为白色，"描边"为无，"半径"更改为3像素，在画布中绘制一个圆角矩形，此时将生成一个"圆角矩形 1"图层，选中"圆角矩形 1"图层，将其拖至面板底部的"创建新图层" ■按钮上，复制1个"圆角矩形 1 拷贝"图层，如图3.68所示。

图3.68 绘制图形并复制图层

02 在"图层"面板中，选中"圆角矩形 1"图层，单击面板底部的"添加图层样式" *fx* 按钮，在菜单中选择"斜面和浮雕"命令，在弹出的对话框中将"大小"更改为5像素，"软化"更改为15像素，取消"使用全局光"复选框，将"角度"更改为90度，"高度"更改为30度，"高光模式"更改为正常，"颜色"更改为白色，"不透明度"更改为100%，"阴影模式"更改为正常，"颜色"更改为蓝色（R：64，G：100，B：138），"不透明度"更改为10%，如图3.69所示。

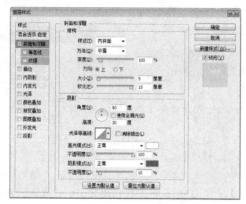

图3.69 设置斜面和浮雕

03 勾选"渐变叠加"复选框，将"渐变"更改为淡蓝色（R：222，G：230，B：240）到淡蓝色（R：240，G：246，B：250），如图3.70所示。

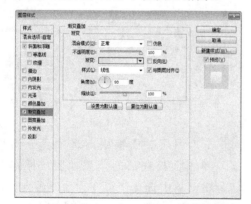

图3.70 设置渐变叠加

04 勾选"投影"复选框，将"颜色"更改为蓝色（R：60，G：92，B：127），"不透明度"更改为100%，取消"使用全局光"复选框，将"角度"更改为90度，"距离"更改为2像素，"大小"更改为4像素，完成之后单击"确定"按钮，如图3.71所示。

图3.71 设置投影

05 在"图层"面板中，选中"圆角矩形 1"图层，将其图层"填充"更改为0%，如图3.72所示。

图3.72 更改填充

06 在"图层"面板中，选中"圆角矩形 1 拷贝"图层，单击面板底部的"添加图层样式" *fx* 按钮，在菜单中选择"斜面和浮雕"命令，在弹出的对话框中将"大小"更改为1像素，"软化"更改为5像素，取消"使用全局光"复选框，将"角度"更改为90度，"高度"更改为30度，"高光模式"更改为正常，"颜色"更改为白色，"不透明度"更改为100%，"阴影模式"更改为正常，"颜色"更改为蓝色（R：64，G：100，B：138），"不透明度"更改为40%，如图3.73所示。

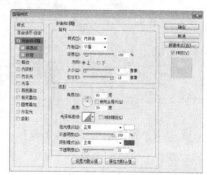

图3.73 设置斜面和浮雕

07 勾选"内发光"复选框，将"不透明度"更改为60%，"颜色"更改为白色，"大小"更改为5

像素，如图3.74所示。

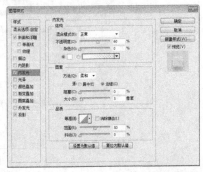

图3.74 设置内发光

08 勾选"投影"复选框，将"颜色"更改为蓝色（R：64，G：100，B：138），"不透明度"更改为40%，取消"使用全局光"复选框，将"角度"更改为90度，"距离"更改为12像素，"大小"更改为18像素，完成之后单击"确定"按钮，如图3.75所示。

图3.75 设置投影

09 在"图层"面板中，选中"圆角矩形 1 拷贝"图层，将其图层"填充"更改为0%，如图3.76所示。

图3.76 更改填充

10 选择工具箱中的"直线工具"，在选项栏中将"填充"更改为白色，"描边"为无，"粗细"更改为1像素，在圆角矩形图形左侧位置按住Shift键绘制一条与其高度相同的垂直线段，此时将生成一个"形状1"图层，如图3.77所示。

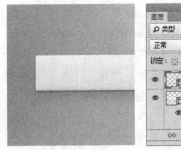
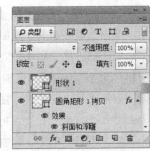

图3.77 绘制图形

11 选中"形状 1"图层，在画面中按住Alt+Shift组合键并向右侧拖动，将图形复制2份，如图3.78所示。

图3.78 复制图形

12 同时选中"形状1 拷贝2""形状1 拷贝"及"形状1"图层，按Ctrl+E组合键将图层合并，将生成的图层名称更改为"分界线"，如图3.79所示。

图3.79 合并图层

13 在"图层"面板中，选中"分界线"图层，单击面板底部的"添加图层样式"按钮，在菜单中选择"渐变叠加"命令，在弹出的对话框中将"不透明度"更改为20%，"渐变"更改为蓝色（R：64，G：100，B：138）到浅蓝色（R：92，G：144，B：200），如图3.80所示。

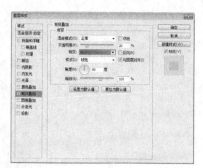

图3.80 设置渐变叠加

⑭ 勾选"投影"复选框,将"颜色"更改为白色,"不透明度"更改为50%,取消"使用全局光"复选框,将"角度"更改为0度,"距离"更改为1像素,"大小"更改为2像素,完成之后单击"确定"按钮,如图3.81所示。

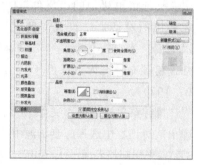

图3.81 设置投影

3.4.3 添加素材

① 执行菜单栏中的"文件"|"打开"命令,在弹出的对话框中选择配套资源中的"素材文件\第3章\淡雅应用图标控件\图标.psd"文件,将打开的素材拖入画布中并适当缩小,再分别将其图形颜色更改为蓝色(R:64,G:100,B:138),如图3.82所示。

图3.82 添加素材

② 在"图层"面板中,选中"主页"图层,单击面板底部的"添加图层样式" *fx* 按钮,在菜单中

选择"投影"命令,在弹出的对话框中将"颜色"更改为白色,取消"使用全局光"复选框,将"角度"更改为90度,"距离"更改为2像素,"大小"更改为1像素,完成之后单击"确定"按钮,如图3.83所示。

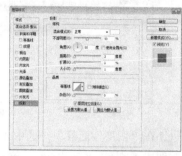

图3.83 设置投影

③ 在"图层"面板中,选中"主页"图层,将其图层"填充"更改为80%,如图3.84所示。

图3.84 更改填充

④ 在"主页"图层上单击鼠标右键,从弹出的快捷菜单中选择"拷贝图层样式"命令,分别在"喜好""信息""云"图层上单击鼠标右键,从弹出的快捷菜单中选择"粘贴图层样式"命令,如图3.85所示。

图3.85 复制并粘贴图层样式

⑤ 双击"喜好"图层样式名称,在弹出的对话框中勾选"渐变叠加"复选框,将"混合模式"更改为叠加,"不透明度"更改为65%,完成之后单击"确定"按钮,如图3.86所示。

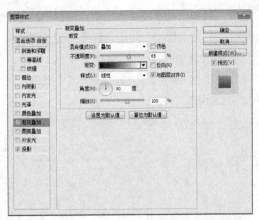

图3.86 设置渐变叠加

图3.88 最终效果

06 在"图层"面板中，选中"喜好"图层，将其图层"填充"更改为50%，这样就完成了效果制作，最终效果如图3.87所示。

图3.87 更改填充及最终效果

3.5 课堂案例——扁平化邮箱界面

案例位置	案例文件\第3章\扁平化邮箱界面.psd
视频位置	多媒体教学\3.5 课堂案例——扁平化邮箱界面.avi
难易指数	★★★☆☆

本例主要讲解扁平化邮箱界面的制作，现代界面设计行业中扁平化已经成为一种趋势，人们越来越注重应用的实用性，由于以往的界面设计风格追求华丽、惊艳，而这种情况下极易产生视觉疲劳感，就是在这种情况下扁平化的视觉效果正变得越来越受欢迎。最终效果如图3.88所示。

扫码看视频

3.5.1 制作背景及状态栏

01 执行菜单栏中的"文件"|"新建"命令，在弹出的对话框中设置"宽度"为640像素，"高度"为1136像素，"分辨率"为72像素/英寸，将画布填充为蓝绿色（R：133，G：210，B：197）。

02 执行菜单栏中的"文件"|"打开"命令，在弹出的对话框中选择配套资源中的"素材文件\第3章\扁平化邮箱界面\图标.psd"文件，将打开的素材拖入画布中顶部位置并适当缩小。

03 选择工具箱中的"直线工具" ╱，在选项栏中将"填充"更改为黑色，"描边"为无，"粗细"更改为2像素，在界面靠中间位置按住Shift键绘制一条水平线段，此时将生成一个"形状1"图层，并将其图层"不透明度"更改为10%，如图3.89所示。

图3.89 绘制图形并降低图层不透明度

04 在"图层"面板中，选中"形状1"图层，将其拖至面板底部的"创建新图层" 按钮上，复制1个"形状1拷贝"图层，选中"形状1拷贝"图层，将图形向下移动，如图3.90所示。

图3.90 复制图层并移动图形

⑤ 选择工具箱中的"圆角矩形工具"，在选项栏中将"填充"更改为灰紫色（R：112，G：93，B：118），"描边"为无，"半径"更改为3像素，在刚才绘制的线段下方位置绘制一个圆角矩形，此时将生成一个"圆角矩形 1"图层，如图3.91所示。

图3.91 绘制图形

⑥ 在"图层"面板中，选中"圆角矩形 1"图层，单击面板底部的"添加图层样式" fx 按钮，在菜单中选择"投影"命令，在弹出的对话框中将"颜色"更改为灰紫色（R：92，G：77，B：97），取消"使用全局光"复选框，将"角度"更改为90度，"距离"更改为4像素，完成之后单击"确定"按钮，如图3.92所示。

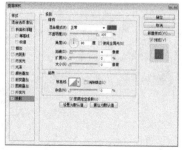

图3.92 设置投影

⑦ 执行菜单栏中的"文件"|"打开"命令，在弹出的对话框中选择配套资源中的"素材文件\第3章\扁平化邮箱界面\图标2.psd"文件，将打开的素

材拖入界面适当位置，如图3.93所示。

图3.93 添加素材

3.5.2 添加文字

① 选择工具箱中的"横排文字工具" T，在界面适当位置添加文字（MAILBOX字体：Vrinda，字号：120，其他字体：Myriad Pro，字号：30），如图3.94所示。

图3.94 添加文字

② 在"图层"面板中，选中"MAILBOX"图层，单击面板底部的"添加图层样式" fx 按钮，在菜单中选择"内阴影"命令，在弹出的对话框中将"混合模式"更改为正常，"颜色"更改为白色，"不透明度"更改为100%，取消"使用全局光"复选框，将"角度"更改为90度，"距离"更改为2像素，"大小"更改为2像素，如图3.95所示。

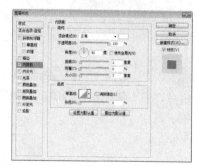

图3.95 设置内阴影

③ 勾选"投影"复选框，将"不透明度"更改为20%，取消"使用全局光"复选框，将"角度"更改为90度，"距离"更改为3像素，完成之后单击

"确定"按钮，如图3.96所示。

图3.96 设置投影

04 在"图层"面板中，选中"MAILBOX"图层，将其图层"填充"更改为80%，如图3.97所示。

图3.97 更改填充

05 选择工具箱中的"椭圆工具" ◉，在选项栏中将"填充"更改为深绿色（R：80，G：126，B：118），"描边"为无，在密码输入的位置按住Shift键绘制一个圆形，此时将生成一个"椭圆 1"图层，如图3.98所示。

图3.98 绘制图形

06 选中"椭圆 1"图层，在画布中按住Alt+Shift组合键向右侧拖动，将图形复制数份，如图3.99所示。

图3.99 复制图形

07 选择工具箱中的"矩形工具" ▭，在选项栏中将"填充"更改为浅绿色（R：106，G：168，B：158），"描边"为无，在画布靠底部位置绘制一个矩形，此时将生成一个"矩形 1"图层，如图3.100所示。

图3.100 绘制图形

08 选择工具箱中的"圆角矩形工具" ▢，在选项栏中将"填充"更改为白色，"描边"为无，"半径"更改为3像素，在刚才绘制的矩形上绘制一个圆角矩形，此时将生成一个"圆角矩形 2"图层，如图3.101所示。

图3.101 绘制图形

09 在"图层"面板中，选中"圆角矩形 2"图层，单击面板底部的"添加图层样式" fx 按钮，在菜单中选择"描边"命令，在弹出的对话框中将"大小"更改为2像素，"位置"更改为内部，"颜色"更改为白色，完成之后单击"确定"按钮，如图3.102所示。

图3.102 设置描边

⑩ 在"图层"面板中，选中"圆角矩形 2"图层，将其图层"填充"更改为10%，如图3.103所示。

图3.103 更改填充

⑪ 执行菜单栏中的"文件"|"打开"命令，在弹出的对话框中选择配套资源中的"素材文件\第3章\扁平化邮箱界面\图标3.psd"文件，将打开的素材拖入界面中并适当缩小，如图3.104所示。

⑫ 选择工具箱中的"横排文字工具"T，在刚才添加的素材右侧位置添加文字（字体：Avenir LT Std，字号：24点），这样就完成了效果制作，最终效果如图3.105所示。

图3.104 添加素材　图3.105 添加文字及最终效果

3.6 课堂案例——iOS风格音乐播放器界面

案例位置 案例文件\第3章\iOS风格音乐播放器界面\iOS风格音乐播放器界面.psd、展示效果.psd
视频位置 多媒体教学\3.6 课堂案例——iOS风格音乐播放器界面.avi
难易指数 ★★★☆☆

本例主要讲解iOS风格音乐播放器界面的制作，整个制作的过程比较简单，由于是iOS平台的软件，所以在制

扫码看视频

作的过程中一切从简，并且从实际的功能点着手，从按钮功能的划分到整体的色彩搭配都能很好地与iOS风格融合。最终效果如图3.106所示。

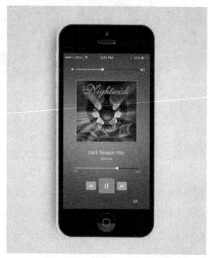

图3.106 最终效果

3.6.1 制作应用界面

① 执行菜单栏中的"文件"|"新建"命令，在弹出的对话框中设置"宽度"为640像素，"高度"为1136像素，"分辨率"为72像素/英寸，"颜色模式"为RGB颜色，新建一个空白画布。将画布填充为蓝色（R：56，G：82，B：98）。

② 单击面板底部的"创建新图层"按钮，新建一个"图层1"图层，如图3.107所示。

③ 选择工具箱中的"画笔工具"，在画布中单击鼠标右键，在弹出的面板中选择一种圆角笔触，将"大小"更改为300像素，"硬度"更改为0%，如图3.108所示。

 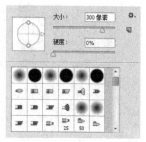

图3.107 新建图层　　图3.108 设置笔触

④ 将前景色更改为青色（R：118，G：238，B：255），选中"图层1"图层，在画布中单击添加画笔笔触效果。

05 将前景色更改为紫色（R：158，G：105，B：201），继续在画布中添加笔触效果，如图3.109所示。

图3.109 添加笔触效果

06 选中"图层 1"图层，执行菜单栏中的"滤镜"|"模糊"|"高斯模糊"命令，在弹出的对话框中将"半径"更改为118像素，设置完成之后单击"确定"按钮，如图3.110所示。

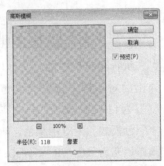

图3.110 设置高斯模糊

07 选择工具箱中的"矩形工具" ▭，在选项栏中将"填充"更改为蓝色（R：35，G:85，B:122），"描边"为无，在画布中绘制一个与画布大小相同的矩形，此时将生成一个"矩形1"图层，如图3.111所示。

图3.111 绘制图形

08 在"图层"面板中，选中"矩形1"图层，将其图层混合模式设置为"正片叠底"，"不透明

度"为50%，如图3.112所示。

图3.112 设置图层混合模式

09 在"图层"面板中，选中"矩形 1"图层，单击面板底部的"添加图层蒙版" ▢ 按钮，为其图层添加图层蒙版，如图3.113所示。

10 选择工具箱中的"渐变工具" ▭，在选项栏中单击"点按可编辑渐变"按钮，在弹出的对话框中将渐变颜色更改为白色到黑色再到白色，设置完成之后单击"确定"按钮，再单击选项栏中的"线性渐变" ▢ 按钮，如图3.114所示。

图3.113 添加图层蒙版　　图3.114 设置渐变

11 单击"矩形1"图层蒙版缩览图，在画布中其图形上按住Shift键从上至下拖动，隐藏部分图形将界面上下边缘部分亮度压暗，使整个色彩对比更加强烈，如图3.115所示。

12 在界面顶部位置绘制手机状态栏以装饰界面，如图3.116所示。

图3.115 隐藏图形　　图3.116 绘制状态栏

⑬ 选择工具箱中的"矩形工具" ■，在选项栏中将"填充"更改为黑色，"描边"为无，在画布中靠上方位置按住Shift键绘制一个矩形，此时将生成一个"矩形1"图层，如图3.117所示。

图3.117 绘制图形

⑭ 在"图层"面板中，选中"矩形1"图层，单击面板底部的"添加图层样式" fx 按钮，在菜单中选择"内阴影"命令，在弹出的对话框中将"混合模式"更改为正常，"颜色"更改为白色，"不透明度"更改为20%，取消"使用全局光"复选框，将"角度"更改为90度，"距离"更改为1像素，如图3.118所示。

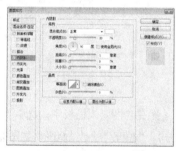

图3.118 设置内阴影

⑮ 勾选"投影"复选框，将"不透明度"更改为30%，取消"使用全局光"复选框，将"角度"更改为90度，"距离"更改为2像素，"大小"更改为2像素，完成之后单击"确定"按钮，如图3.119所示。

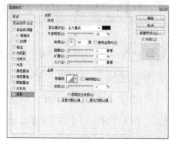

图3.119 设置投影

⑯ 在"图层"面板中，选中"矩形1"图层，将其图层"填充"更改为10%，如图3.120所示。

图3.120 更改填充

⑰ 执行菜单栏中的"文件"|"打开"命令，在弹出的对话框中选择配套资源中的"素材文件\第3章\ iOS风格音乐播放器\专辑封面.jpg"文件，将打开的素材拖入画布中刚才绘制的矩形上并适当缩小，如图3.121所示。

图3.121 添加素材

⑱ 选择工具箱中的"矩形工具" ■，在选项栏中将"填充"更改为白色，"描边"为无，在刚才添加的专辑图像上方位置绘制一个细长的矩形，此时将生成一个"矩形2"图层，如图3.122所示。

图3.122 绘制图形

⑲ 在"图层"面板中，选中"矩形2"图层，将其拖至面板底部的"创建新图层" ◻ 按钮上，复制一个"矩形2 拷贝"图层，如图3.123所示。

⑳ 选中"矩形2 拷贝"图层，在画布中将图形填充为青色（R：98，G：198，B：199），如图3.124所示。

图3.123 复制图形

图3.124 更改图形颜色

㉑ 选中"矩形2 拷贝"图层，按Ctrl+T组合键对其执行"自由变换"命令，将光标移至出现的变形框右侧向左侧拖动，将图形宽度缩短，完成之后按Enter键确认，如图3.125所示。

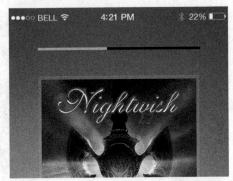
图3.125 缩短图形宽度

㉒ 选中"矩形2"图层，将其图层"不透明度"更改为50%，如图3.126所示。

图3.126 更改图层不透明度

㉓ 选择工具箱中的"椭圆工具" ，在选项栏中将"填充"更改为白色，"描边"为无，在"矩形2"和"矩形2 拷贝"图形接触的位置按住Shift键绘制一个圆形，此时将生成一个"椭圆1"图层，如图3.127所示。

图3.127 绘制图形

㉔ 在"图层"面板中，选中"椭圆1"图层，单击面板底部的"添加图层样式" fx 按钮，在菜单中选择"投影"命令，在弹出的对话框中将"混合模式"更改为正常，"不透明度"更改为20%，取消"使用全局光"复选框，将"角度"更改为90度，"距离"更改为1像素，完成之后单击"确定"按钮，如图3.128所示。

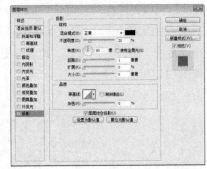
图3.128 设置投影

㉕ 在"图层"面板中，选中"椭圆1"图层，将其图层"填充"更改为90%，如图3.129所示。

图3.129 更改填充

㉖ 选择工具箱中的"钢笔工具" ，在选项栏中单击"选择工具模式" 路径 按钮，在弹出的选项栏中选择"形状"，将"填充"更改为白色，"描边"为无，在刚才绘制的音量进度条左右两侧绘制音量图形，如图3.130所示。

图3.130 绘制音量图形

㉗ 同时选中"椭圆 1""矩形 2 拷贝"及"矩形 2"图层，在画布中按住Alt+Shift组合键向下拖动，将图形复制，如图3.131所示。

图3.131 复制图形

㉘ 选中"椭圆1 拷贝"图层，在画布中按住Shift键向右侧平移，如图3.132所示。

㉙ 选中"矩形2 拷贝2"图层，按Ctrl+T组合键对其执行"自由变换"命令，将光标移至出现的变形框右侧向左侧拖动并与刚才移动的椭圆图形重叠，将图形宽度缩短，完成之后按Enter键确认，如图3.133所示。

图3.132 移动图形　　　　图3.133 变换图形

㉚ 选择工具箱中的"圆角矩形工具" ，在选项栏中将"填充"更改为红色（R：213，G：124，B：142），"描边"为无，"半径"更改为5像素，在下方的进度条下方位置绘制一个圆角矩

形，此时将生成一个"圆角矩形1"图层，如图3.134所示。

图3.134 绘制图形

㉛ 在"图层"面板中，选中"圆角矩形1"图层，将其拖至面板底部的"创建新图层" 按钮上，复制一个"圆角矩形1 拷贝"图层，如图3.135所示。

㉜ 选中"圆角矩形1 拷贝"图层，在画布中按住Shift键将图形向左侧平移再适当缩小，并将其颜色更改为青色（R：98，G：198，B：199），如图3.136所示。

图3.135 复制图层　　　　图3.136 变换图形

㉝ 选中"圆角矩形 1 拷贝"图层，按住Alt+Shift组合键向右侧拖动，将图形复制，此时将生成一个"圆角矩形1 拷贝2"图层，如图3.137所示。

图3.137 复制图形

㉞ 在"图层"面板中，选中"圆角矩形1"图层，单击面板底部的"添加图层样式" 按钮，

在菜单中选择"投影"命令，在弹出的对话框中将"不透明度"更改为30%，取消"使用全局光"复选框，将"角度"更改为90度，"距离"更改为2像素，"大小"更改为2像素，完成之后单击"确定"按钮，如图3.138所示。

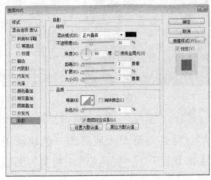

图3.138 设置投影

③⑤ 在"圆角矩形1"图层上单击鼠标右键，从弹出的快捷菜单中选择"拷贝图层样式"命令。分别在"圆角矩形1拷贝"及"圆角矩形1拷贝2"图层上单击鼠标右键，从弹出的快捷菜单中选择"粘贴图层样式"命令，如图3.139所示。

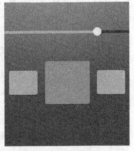

图3.139 复制并粘贴图层样式

③⑥ 选择工具箱中的"矩形工具" ，在选项栏中将"填充"更改为白色，"描边"为无，在刚才绘制的按钮左侧图形上绘制一个矩形，此时将生成一个"矩形3"图层，如图3.140所示。

图3.140 绘制图形

③⑦ 选中"矩形3"图层，按Ctrl+T组合键对其执行"自由变换"命令，当出现变形框以后在选项栏中"旋转"后方的文本框中输入45度，再按住Alt键将图形高度适当等比例缩小，完成之后按Enter键确认，如图3.141所示。

图3.141 变换图形

③⑧ 选择工具箱中的"直接选择工具" ，选中刚才旋转的图形右侧锚点并按Delete键将其删除，如图3.142所示。

图3.142 删除锚点

③⑨ 选中"矩形3"图层，在画布中按住Alt+Shift组合键向右侧拖动，将图形复制，此时将生成一个"矩形3拷贝"图层，如图3.143所示。

图3.143 复制图形

④⓪ 同时选中"矩形3"及"矩形3拷贝"图层，在画布中按住Alt+Shift组合键移至右侧按钮上，将图

形复制,此时将生成2个"矩形3 拷贝2"图层,如图3.144所示。

图3.144 复制图形

㊶ 保持复制所生成的图层选中状态,在画布中按Ctrl+T组合键对其执行"自由变换"命令,将光标移至出现的变形框上单击鼠标右键,从弹出的快捷菜单中选择"水平翻转"命令,完成之后按Enter键确认,如图3.145所示。

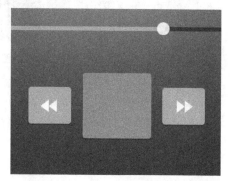

图3.145 变换图形

㊷ 选择工具箱中的"矩形工具" ,在选项栏中将"填充"更改为白色,"描边"为无,在中间按钮上绘制一个矩形,此时将生成一个"矩形4"图层,如图3.146所示。

图3.146 绘制图形

㊸ 选中"矩形4"图层,在画布中按住Alt+Shift组合键移至右侧按钮上,将图形复制,如图3.147所示。

图3.147 复制图形

㊹ 在画布底部位置绘制3个播放模式图形,如图3.148所示。

㊺ 选择工具箱中的"横排文字工具" T,在界面中适当位置添加文字,这样就完成了效果制作,最终效果如图3.149所示。

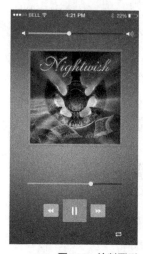

图3.148 绘制图形　　图3.149 添加文字及最终效果

3.6.2 展示页面

㋀ 执行菜单栏中的"文件"|"新建"命令,在弹出的对话框中设置"宽度"为600像素,"高度"为600像素,"分辨率"为72像素/英寸,"颜色模式"为RGB颜色,新建一个空白画布。

㋁ 选择工具箱中的"渐变工具" ,在选项栏中单击"点按可编辑渐变"按钮,在弹出的对话框中将渐变颜色更改为灰色(R:240,G:240,B:240)到灰色(R:212,G:212,B:212),设置完成之后单击"确定"按钮,再单击选项栏中的"径向渐变" 按钮。

㋂ 在画布中从中间向边缘方向拖动,为画布填充渐变,如图3.150所示。

㋃ 执行菜单栏中的"文件"|"打开"命令,

在弹出的对话框中选择配套资源中的"素材文件\第3章\iOS风格音乐播放器界面\手机.psd"文件，将打开的素材拖入画布中并适当缩小，如图3.151所示。

图3.150 填充渐变　　　　图3.151 添加素材

05 选择工具箱中的"矩形工具" ▬ ，在选项栏中将"填充"更改为黑色，"描边"为无，在手机图像左侧位置绘制一个矩形，此时将生成一个"矩形1"图层，将"矩形1"移至"手机"图层下方，如图3.152所示。

图3.152 绘制图形

06 在"图层"面板中，选中"矩形1"图层，执行菜单栏中的"图层"|"栅格化"|"形状"命令，将当前图形形状栅格化，如图3.153所示。

图3.153 栅格化形状

07 选中"矩形1"图层，执行菜单栏中的"滤镜"|"模糊"|"高斯模糊"命令，在弹出的对话框中将"半径"更改为15像素，设置完成之后单击"确定"按钮，如图3.154所示。

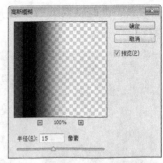

图3.154 设置高斯模糊

08 选中"矩形1"图层，将其图层"不透明度"更改为60%，如图3.155所示。

图3.155 更改图层不透明度

09 打开之前创建的欢迎页面文档，在"图层"面板中选中最上方的图层，按Ctrl+Alt+Shift+E组合键执行盖印可见图层命令，将生成一个"图层3"图层，如图3.156所示。

10 将"图层3"图层中的图形拖至展示页面手机屏幕中并缩小至与手机屏幕边缘对齐，这样就完成了效果制作，展示效果如图3.157所示。

图3.156 盖印可见图层　　　　图3.157 展示效果

3.7 课堂案例——社交应用登录框

案例位置　案例文件\第3章\社交应用登录框.psd
视频位置　多媒体教学\3.7 课堂案例——社交应用登录框.avi
难易指数　★★☆☆☆

本例主要讲解社交应用登录框的制作，此款界面效果不俗，一切从简，甚至在绘制图形的时候极少用到图层样式效果，而整个色彩的搭配更显国际化。最终效果如图3.158所示。

扫码看视频

图3.158 最终效果

3.7.1 制作背景

01 执行菜单栏中的"文件"|"新建"命令，在弹出的对话框中设置"宽度"为800像素，"高度"为500像素，"分辨率"为72像素/英寸，"颜色模式"为RGB颜色，新建一个空白画布。将画布填充为深灰色（R：65，G：65，B：65）。

02 执行菜单栏中的"滤镜"|"杂色"|"添加杂色"命令，在弹出的对话框中将"数量"更改为1%，分别选中"高斯分布"单选按钮及"单色"复选框，完成之后单击"确定"按钮，如图3.159所示。

图3.159 设置添加杂色

03 在"图层"面板中，选中"背景"图层，将其拖至面板底部的"创建新图层" 按钮上，复制一个"背景 拷贝"图层，如图3.160所示。

04 在"图层"面板中，选中"背景 拷贝"图层，将图层填充为深灰色（R：40，G：40，B：40），如图3.161所示。

图3.160 复制图层　图3.161 锁定透明像素并填充颜色

05 在"图层"面板中，选中"背景 拷贝"图层，单击面板底部的"添加图层蒙版" 按钮，为其图层添加图层蒙版，如图3.162所示。

06 选择工具箱中的"渐变工具" ，在选项栏中单击"点按可编辑渐变"按钮，在弹出的对话框中选择"黑白渐变"，设置完成之后单击"确定"按钮，再单击选项栏中的"径向渐变" 按钮，如图3.163所示。

图3.162 添加图层蒙版　　图3.163 设置渐变

07 单击"背景 拷贝"图层，在画布中从中间向边缘方向拖动，将部分图形隐藏，如图3.164所示。

图3.164 隐藏图形

技巧与提示

选择工具箱中的"画笔工具" ，设置适当大小笔触及硬度，单击"背景 拷贝"图层蒙版缩览图，在画布中其图形中间位置涂抹可以制作出明暗更加准确的背景效果。

3.7.2 绘制界面

① 选择工具箱中的"圆角矩形工具" ▭，在选项栏中将"填充"更改为白色，"描边"为无，"半径"更改为3像素，在画布中绘制一个圆角矩形，此时将生成一个"圆角矩形1"图层，如图3.165所示。

图3.165 绘制图形

② 在"图层"面板中，选中"圆角矩形 1"图层，单击面板底部的"添加图层样式" fx 按钮，在菜单中选择"描边"命令，在弹出的对话框中将"大小"更改为6像素，"位置"更改为内部，"颜色"更改为深青色（R：78，G：183，B：168），完成之后单击"确定"按钮，如图3.166所示。

图3.166 设置描边

③ 选择工具箱中的"直线工具" ∕，在选项栏中将"填充"更改为灰色（R：220，G：220，B：220），"描边"为无，"粗细"更改为1像素，在"圆角矩形1"上按住Shift键绘制一条宽度与其相同的垂直线段，此时将生成一个"形状1"图层，如图3.167所示。

图3.167 绘制图形

④ 选择工具箱中的"圆角矩形工具" ▭，在选项栏中将"填充"更改为红色（R：253，G：92，B：79），"描边"为无，"半径"更改为3像素，在"形状1"图形左侧位置绘制一个圆角矩形，此时将生成一个"圆角矩形2"图层，如图3.168所示。

图3.168 绘制图形

⑤ 选中"圆角矩形2"图层，在画布中按住Alt+Shift组合键向下拖动，将图形复制2份，此时将分别生成一个"圆角矩形2 拷贝"和"圆角矩形2 拷贝2"图层，如图3.169所示。

图3.169 复制图形

⑥ 选中"圆角矩形2 拷贝"图层，将其图形更改为青色（R：14，G：212，B：255），选中"圆角矩形 2 拷贝 2"图层，将其图形颜色更改为蓝色（R：74，G：126，B：189），如图3.170所示。

图3.170 更改图形颜色

⑦ 选择工具箱中的"矩形工具" ▭，在选项栏中

将"填充"更改为无，"描边"为灰色（R：220，G：220，B：220），"大小"更改为1点，在垂直线段右侧绘制一个矩形，此时将生成一个"矩形1"图层，如图3.171所示。

图3.171　绘制图形

08 选择工具箱中的"直线工具"，在选项栏中将"填充"更改为灰色（R：220，G：220，B：220），"描边"为无，"粗细"更改为1像素，在"矩形1"图层中的图形靠左侧按住Shift键绘制一条垂直线段，此时将生成一个"形状2"图层，如图3.172所示。

图3.172　绘制图形

09 同时选中"形状2"及"矩形1"图层，在画布中按住Alt+Shift组合键向下拖动，将图形复制，此时将生成"形状2 拷贝"及"矩形1 拷贝"图层，如图3.173所示。

图3.173　复制图形

10 选中"矩形1 拷贝"图层，将其填充更改为白

色，"描边"更改为无，如图3.174所示。

图3.174　更改图形描边及颜色

11 在"图层"面板中，选中"矩形1 拷贝"图层，单击面板底部的"添加图层样式" fx 按钮，在菜单中选择"描边"命令，在弹出的对话框中将"大小"更改为1像素，"位置"更改为内部，"颜色"更改为深青色（R：50，G：173，B：156），如图3.175所示。

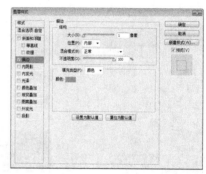

图3.175　设置描边

12 勾选"内阴影"复选框，将"颜色"更改为深青色（R:50，G:173，B:156），"不透明度"更改为70%，取消"使用全局光"复选框，将"角度"更改为90度，"距离"更改为1像素，"大小"更改为5像素，完成之后单击"确定"按钮，如图3.176所示。

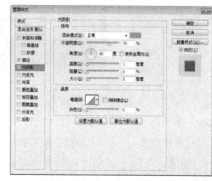

图3.176　设置内阴影

⑬ 选择工具箱中的"矩形工具" ▢，在选项栏中将"填充"更改为深青色（R：31，G：157，B：139），"描边"为无，在画布中适当位置绘制一个矩形，此时将生成一个"矩形2"图层，将"矩形2"复制一份，如图3.177所示。

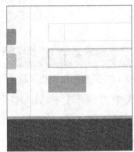

图3.177 绘制图形

⑭ 选中"矩形2 拷贝"图层，在画布中将其图形颜色更改为青色（R：78，G：183，B：168），将"矩形2"向下稍微移动，如图3.178所示。

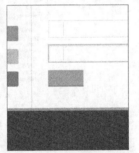

图3.178 更改图形并移动位置

⑮ 选择工具箱中的"横排文字工具" T，在画布中适当位置添加文字，如图3.179所示。

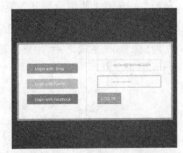

图3.179 添加文字

⑯ 选择工具箱中的"自定形状工具" ✿，"填充"为灰色（R:173，G:173，B:173），在画布中单击鼠标右键，从弹出的快捷菜单中选择"信封2"图层，在刚才绘制的图形适当位置按住Shift键绘制一个信封图形，如图3.180所示。

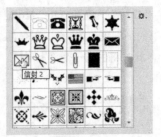

图3.180 绘制图形

⑰ 选择工具箱中的"自定形状工具" ✿，在画布中再次单击鼠标右键，从弹出的快捷菜单中选择"物体"|"钥匙1"，在下方的登录框中按住Shift键绘制图形，这样就完成了效果制作，最终效果如图3.181所示。

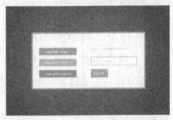

图3.181 设置形状

3.8 课堂案例——简约风天气APP

案例位置　案例文件\第3章\简约风天气APP.psd
视频位置　多媒体教学\3.8 课堂案例——简约风天气APP.avi
难易指数　★★☆☆☆

本例主要讲解简约风天气APP界面的制作，本例的制作过程比较简单，需要注意绘制的图形与文字的搭配的协调性，同时文字位置的摆放也决定了界面的整体美观性。最终效果如图3.182所示。

扫码看视频

图3.182 最终效果

3.8.1 制作背景

01 执行菜单栏中的"文件"|"新建"命令，在弹出的对话框中设置"宽度"为640像素，"高度"为1136像素，"分辨率"为72像素/英寸，新建一个空白画布。在"图层"面板中单击面板底部的"创建新图层" ▣ 按钮，新建一个"图层1"图层，如图3.183所示。

02 选中"图层1"图层，将选区填充为白色，填充完成之后按Ctrl+D组合键将选区取消，如图3.184所示。

图3.183 新建图层　　　　图3.184 填充颜色

03 在"图层"面板中，选中"图层1"图层，单击面板底部的"添加图层样式" *fx* 按钮，在菜单中选择"渐变叠加"命令，在弹出的对话框中将"渐变"更改为蓝色（R：73，G：194，B：244）到蓝色（R：10，G：138，B：190），完成之后单击"确定"按钮，如图3.185所示。

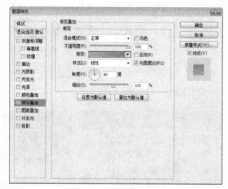

图3.185 设置渐变叠加

04 选择工具箱中的"矩形工具" ▣ ，在选项栏中将"填充"更改为蓝色（R：2，G：115，B：160），"描边"为无，靠顶部绘制一个矩形，此时将生成一个"矩形1"图层，如图3.186所示。

05 在"图层"面板中，选中"矩形1"图层，将其拖至面板底部的"创建新图层" ▣ 按钮上，复制一个

"矩形1拷贝"图层，如图3.187所示。

图3.186 绘制图形　　　　图3.187 复制图层

06 执行菜单栏中的"文件"|"打开"命令，在弹出的对话框中选择配套资源中的"素材文件\第3章\简约风天气APP\手机状态图标.psd"文件，将打开的素材拖入画布中，如图3.188所示。

图3.188 绘制状态图形

07 选中"矩形1 拷贝"图层，按Ctrl+T组合键对其执行"自由变换"命令，将图形高度增加再将其向下移动，并将颜色更改为蓝色（R：10，G：138，B：190），如图3.189所示。

图3.189 变换图形

3.8.2 添加素材并绘制图形

01 执行菜单栏中的"文件"|"打开"命令，在弹出的对话框中选择配套资源中的"素材文件\第3章\简约风天气APP\天气图标.psd"文件，将打开的素材拖入画布中，如图3.190所示。

图3.190 添加素材

02 选择工具箱中的"矩形工具" ，在选项栏中将"填充"更改为无，"描边"为白色，"大小"更改为8点，按住Shift键绘制一个矩形，此时将生成一个"矩形2"图层，如图3.191所示。

图3.191 绘制图形

03 选中"矩形2"图层，按Ctrl+T组合键对其执行"自由变换"命令，在选项栏中"旋转"后方的文本框中输入45度，完成之后按Enter键确认，再将其移至刚才添加的素材图形左侧位置，如图3.192所示。

图3.192 变换图形

04 在"图层"面板中，选中"矩形2"图层，单击面板底部的"添加图层蒙版" 按钮，为其图层添加图层蒙版，如图3.193所示。

05 选择工具箱中的"矩形选框工具" ，在矩形2图形右侧绘制一个选区以选中部分图形，如图3.194所示。

图3.193 添加图层蒙版　　　图3.194 绘制选区

06 单击"矩形2"图层蒙版缩览图，将选区填充为黑色，将部分图形隐藏，完成之后按Ctrl+D组合键将选区取消，如图3.195所示。

图3.195 隐藏图形

07 在"图层"面板中，选中"矩形2"图层，将其拖至面板底部的"创建新图层" 按钮上，复制一个"矩形2拷贝"图层，如图3.196所示。

08 选中"矩形2拷贝"图层，按住Shift键将图形向右侧平移，再按Ctrl+T组合键对其执行"自由变换"命令，单击鼠标右键，从弹出的快捷菜单中选择"水平翻转"命令，完成之后按Enter键确认，如图3.197所示。

图3.196 复制图层　　　图3.197 变换图形

09 执行菜单栏中的"文件"|"打开"命令，在弹出的对话框中选择配套资源中的"素材文件\第3

120

章\简约风天气APP\天气图标2.psd"文件，将打开的素材拖入画布中靠底部位置，如图3.198所示。

图3.198　添加素材

⑩ 选择工具箱中的"椭圆工具"⚬，在选项栏中将"填充"更改为无，"描边"为白色，在画布靠底部位置按住Shift键绘制一个圆形，此时将生成一个"椭圆1"图层，如图3.199所示。

⑪ 在"图层"面板中，选中"椭圆1"图层，将其拖至面板底部的"创建新图层"🗅按钮上，复制一个"椭圆1 拷贝"图层，如图3.200所示。

图3.199　绘制图形　　　　图3.200　复制图层

⑫ 选中"椭圆1 拷贝"图层，将图形"填充"更改为白色，"描边"更改为无，再按住Shift键将其向左侧平移，如图3.201所示。

⑬ 选中"椭圆1 拷贝"图层，按住Alt+Shift组合键向右侧平移并复制，如图3.202所示。

图3.201　变换图形　　　　图3.202　复制图形

⑭ 选择工具箱中的"横排文字工具"T，在界面适当位置添加文字，这样就完成了效果制作，最终效果如图3.203所示。

图3.203　添加文字及最终效果

3.9　课堂案例——个人应用APP界面

案例位置　案例文件\第3章\个人应用APP界面.psd
视频位置　多媒体教学\3.9 课堂案例——个人应用APP界面.avi
难易指数　★★★☆☆

　　本例主要讲解个人应用APP界面的制作，本例在制作过程中采用了蓝天大海的背景图像配合滤镜效果，制作动感的背景效果，而深蓝色系的界面与背景搭配也十分协调，同时相应的功能布局及元素的添加很好地体现这款扁平APP界面的风格。最终效果如图3.204所示。

扫码看视频

图3.204　最终效果

3.9.1 制作背景

01 执行菜单栏中的"文件"|"新建"命令，在弹出的对话框中设置"宽度"为800像素，"高度"为600像素，"分辨率"为72像素/英寸，"颜色模式"为RGB颜色，新建一个空白画布。

02 执行菜单栏中的"文件"|"打开"命令，在弹出的对话框中选择配套资源中的"素材文件\第3章\个人应用APP界面\图像.jpg"文件，将打开的素材拖入画布中并适当缩小，此时其图层名称将自动更改为"图层1"，如图3.205所示。

图3.205 添加素材

03 选中"图层1"图层，执行菜单栏中的"图像"|"调整"|"色相/饱和度"命令，在弹出的对话框中将"饱和度"更改为−10度，完成之后单击"确定"按钮，如图3.206所示。

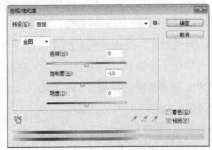

图3.206 设置饱和度

04 执行菜单栏中的"图像"|"调整"|"色阶"命令，在弹出的对话框中将数值更改为（24，0.96，253），设置完成之后单击"确定"按钮，如图3.207所示。

05 执行菜单栏中的"滤镜"|"模糊"|"高斯模糊"命令，在弹出的对话框中将"半径"更改为15像素，设置完成之后单击"确定"按钮，如图3.208所示。

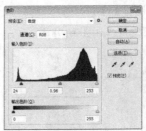
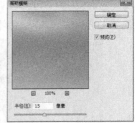

图3.207 设置色阶　　　图3.208 设置高斯模糊

3.9.2 绘制界面图形

01 选择工具箱中的"矩形工具" ■，在选项栏中将"填充"更改为蓝色（R：76，G：124，B：157），"描边"为无，在画布中单击，在弹出的对话框中将"宽度"更改为640像素，"高度"更改为1136像素，完成之后单击"确定"按钮，此时将生成一个"矩形1"图层，如图3.209所示。

图3.209 创建矩形

02 选中"矩形1"图层，按Ctrl+T组合键对其执行"自由变换"命令，将图形等比例缩小并移至画布靠左侧位置，完成之后按Enter键确认，如图3.210所示。

图3.210 绘制图形

03 执行菜单栏中的"文件"|"打开"命令，在弹出的对话框中选择配套资源中的"素材文件\第3章\个人应用APP界面\状态栏.psd"文件，将打开的素材拖入画布中并适当缩小，如图3.211所示。

04 选择工具箱中的"横排文字工具" T，在矩形顶部位置添加文字，如图3.212所示。

图3.211 绘制状态图形

图3.212 添加文字

05 选择工具箱中的"圆角矩形工具" ⬜,在选项栏中将"填充"更改为白色,"描边"为无,"半径"更改为3像素,在文字下方位置绘制一个圆角矩形,此时将生成一个"圆角矩形1"图层,选中"圆角矩形1"图层,将其拖至面板底部的"创建新图层" 🔲按钮上,复制一个"圆角矩形1拷贝"图层,如图3.213所示。

图3.213 绘制图形并复制图层

06 选中"圆角矩形1拷贝"图层,按Ctrl+T组合键对其执行"自由变换"命令,当出现变形框以后将光标移至变形框顶部控制点向下拖动,将图形高度缩小,完成之后按Enter键确认,再将其图形颜色更改为浅蓝色(R:100,G:202,B:255),如图3.214所示。

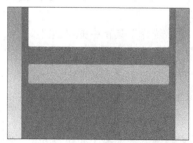
图3.214 变换图形

07 选择工具箱中的"直线工具" ╱,在选项栏中将"填充"更改为灰色(R:238,G:238,B:238),"描边"为无,"粗细"更改为1像素,在"圆角矩形1"图形中按住Shift键绘制一条

与其宽度相同的水平线段,此时将生成一个"形状1"图层,如图3.215所示。

图3.215 绘制图形

08 在"图层"面板中,选中"形状1"图层,将其拖至面板底部的"创建新图层" 🔲按钮上,复制一个"形状1拷贝"图层,如图3.216所示。

09 选中"形状1拷贝"图层,按住Shift键向下移动,如图3.217所示。

图3.216 复制图层   图3.217 移动图形

3.9.3 添加文字并制作细节

01 执行菜单栏中的"文件"|"打开"命令,在弹出的对话框中选择配套资源中的"素材文件\第3章\个人应用APP界面\图标.psd"文件,将打开的素材拖入界面中刚才绘制的图形位置并适当缩小,如图3.218所示。

02 选择工具箱中的"横排文字工具" T,在图标旁边位置添加文字,如图3.219所示。

图3.218 添加素材   图3.219 添加文字

03 选择工具箱中的"矩形工具" ▪ ，在选项栏中将"填充"更改为灰色（R：200，G：200，B：200），"描边"为无，在文字后方位置按住Shift键绘制一个矩形，此时将生成一个"矩形2"图层，如图3.220所示。

图3.220 绘制图形

04 选中"矩形 2"图层，按Ctrl+T组合键对其执行"自由变换"命令，当出现变形框以后在选项栏中"旋转"后方的文本框中输入45度，再将光标移至变形框右侧按住Alt键向里侧拖动，将图形宽度缩短，完成之后按Enter键确认，如图3.221所示。

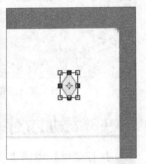

图3.221 变换图形

05 选择工具箱中的"直接选择工具" ▸ ，选中"矩形2"图形上方锚点按Delete键将其删除，如图3.222所示。

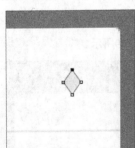

图3.222 删除锚点

06 选择工具箱中的"矩形工具" ▪ ，在选项栏中将"填充"更改为灰色（R：238，G：238，B：

238），"描边"为无，在界面添加的部分素材下方位置按住Shift键绘制一个矩形，将生成一个"矩形3"图层，将"矩形2"和"矩形3"图层合并，此时将生成一个"矩形2"图层，如图3.223所示。

图3.223 绘制图形

07 在"图层"面板中，选中"矩形2"图层，单击面板底部的"添加图层样式" fx 按钮，在菜单中选择"内阴影"命令，在弹出的对话框中将"不透明度"更改为50%，"距离"更改为1像素，"大小"更改为3像素，完成之后单击"确定"按钮，如图3.224所示。

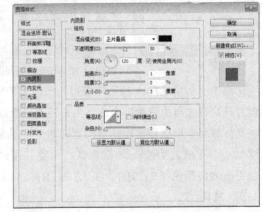

图3.224 设置内阴影

08 选择工具箱中的"横排文字工具" T ，添加文字，如图3.225所示。

09 执行菜单栏中的"文件"|"打开"命令，在弹出的对话框中选择配套资源中的"素材文件\第3章\个人应用APP界面\图标2.psd"文件，将打开的素材拖入界面左下角位置并适当缩小，这样就完成了一级页面效果制作，如图3.226所示。

图3.225 添加文字　　　图3.226 添加素材

3.9.4 绘制二级功能页面

01 同时选中"矩形1"及"状态栏"图层，按住Alt+Shift组合键向右侧拖动，将图形复制，如图3.227所示。

图3.227 复制图形

02 选择工具箱中的"椭圆工具" ⬭，在选项栏中将"填充"更改为白色，"描边"为无，在左上角位置按住Shift键绘制一个圆形，此时将生成一个"椭圆1"图层，如图3.228所示。

图3.228 绘制图形

03 执行菜单栏中的"文件"|"打开"命令，在弹出的对话框中选择配套资源中的"素材文件\第3章\个人应用APP界面\人物.jpg"文件，将打开的素材拖入画布中并适当缩小，此时其图层名称将自动

更改为"图层2"，并将"图层2"图层移至"椭圆1"图层上方，如图3.229所示。

图3.229 添加素材

04 选中"图层2"图层，执行菜单栏中的"图层"|"创建剪贴蒙版"命令，为当前图层创建剪贴蒙版，将部分图像隐藏，将图形等比例缩小，使其与下方的椭圆图形匹配，如图3.230所示。

图3.230 创建剪贴蒙版

05 选择工具箱中的"矩形工具" ▭，在选项栏中将"填充"更改为蓝色（R：77，G：143，B：188），"描边"为无，在人物头像右侧位置绘制一个矩形，此时将生成一个"矩形3"图层，选中"矩形3"图层，将其拖至面板底部的"创建新图层" ◻ 按钮上，复制一个"矩形3 拷贝"图层，如图3.231所示。

图3.231 绘制图形并复制图层

06 在"图层"面板中，选中"矩形3"图层，单击面板底部的"添加图层样式" fx 按钮，在菜单中

选择"内阴影"命令，在弹出的对话框中将"不透明度"更改为25%，"距离"更改为1像素，"大小"更改为1像素，完成之后单击"确定"按钮，如图3.232所示。

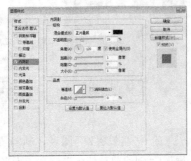

图3.232 设置内阴影

07 选中"矩形 3 拷贝"图层，将其图形颜色更改为青色（R：25，G：213，B：253），如图3.233所示。

08 选中"矩形 3 拷贝"图层，按Ctrl+T组合键对其执行"自由变换"命令，将光标移至出现的变形框右侧控制点向左侧拖动，将图形缩短，完成之后按Enter键确认，如图3.234所示。

图3.233 更改图形颜色　　　　图3.234 变换图形

09 在"矩形 3"图层上单击鼠标右键，从弹出的快捷菜单中选择"拷贝图层样式"命令，在"矩形 3 拷贝"图层上单击鼠标右键，从弹出的快捷菜单中选择"粘贴图层样式"命令，如图3.235所示。

图3.235 复制并粘贴图层样式

10 选择工具箱中的"横排文字工具" T，在图形上下位置添加文字，如图3.236所示。

图3.236 添加文字

11 执行菜单栏中的"文件"|"打开"命令，在弹出的对话框中选择配套资源中的"素材文件\第3章\个人应用APP界面\图标3.psd"文件，将打开的素材拖入界面中刚才添加的图像下方位置并适当缩小，如图3.237所示。

12 选择工具箱中的"横排文字工具" T，在图标右侧位置添加文字，如图3.238所示。

图3.237 添加素材　　　　图3.238 添加文字

13 选择工具箱中的"矩形工具" ，在选项栏中将"填充"更改为蓝色（R：60，G：107，B：139），"描边"为无，在刚才添加的文字位置绘制一个矩形，此时将生成一个"矩形4"图层，并将"矩形4"移至"图标3"图层下方，如图3.239所示。

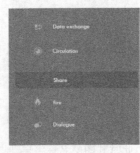 

图3.239 绘制图形

⑭ 选中"矩形4"图层，按住Alt+Shift组合键向下拖动，将图形复制，如图3.240所示。

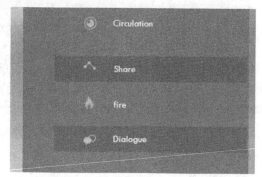

图3.240 复制图形

⑮ 选择工具箱中的"椭圆工具" ，在选项栏中将"填充"更改为草绿色（R：165，G：184，B：98），"描边"为无，按住Shift键绘制一个圆形，此时将生成一个"椭圆2"图层，如图3.241所示。

图3.241 绘制图形

⑯ 选中"椭圆2"图层，按住Alt+Shift组合键向下拖动，将图形复制3份，并分别更改为不同的颜色，如图3.242所示。

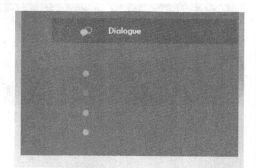

图3.242 复制图形

⑰ 选择工具箱中的"横排文字工具" T，在椭圆右侧位置添加文字，这样就完成了效果制作，最终效果如图3.243所示。

图3.243 添加文字及最终效果

3.10 本章小结

本章讲解了当今流行的扁平化风格UI控件的制作，通过8个精选的案例，再现扁平化风格UI控件的设计过程，给读者详细呈现设计步骤，在实践中体验自己的设计水平，加强自身设计素养。

3.11 课后习题

本章通过3个扁平风格的课后习题安排，供读者练习，以巩固前面学习的内容，提高对扁平化风格UI设计的认知。

3.11.1 习题1——便签图标设计

案例位置	案例文件\第3章\便签图标设计.psd
视频位置	多媒体教学\3.11.1习题1——便签图标设计.avi
难易指数	★★☆☆☆

本例练习便签图标设计制作，此款图标的配色及造型效果均十分简单并且可识别性极强，通过简洁的表达也十分完美地符合当下的图标流行趋势。最终效果如图3.244所示。

扫码看视频

图3.244 最终效果

127

步骤分解如图3.245所示。

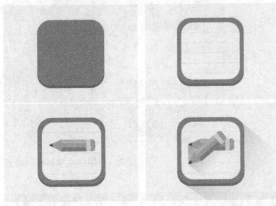

图3.245 步骤分解图

3.11.2 习题2——扁平相机图标

案例位置　案例文件\第3章\扁平相机图标.psd
视频位置　多媒体教学\3.11.2习题2——扁平相机图标.avi
难易指数　★★★☆☆

本例主要练习扁平相机图标的制作，此款图标的外观清爽、简洁，彩虹条的装饰使这款深色系镜头的最终效果漂亮且沉稳。最终效果如图3.246所示。

扫码看视频

图3.246 最终效果

步骤分解如图3.247所示。

图3.247 步骤分解图

3.11.3 习题3——天气Widget

案例位置　案例文件\第3章\天气Widget.psd
视频位置　多媒体教学\3.11.3习题3——天气Widget.avi
难易指数　★★★☆☆

本例主要练习天气Widget的制作，本例的制作看似简单，但是需要着重注意图标的摆放及变换，基础界面的绘制搭配仿真时针造型，成就了 扫码看视频 这样一款完美的天气插件，同时在色彩搭配上也追随了时尚、高端、大气化的风格。最终效果如图3.248所示。

图3.248 最终效果

步骤分解如图3.249所示。

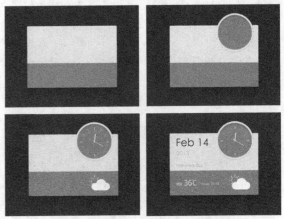

图3.249 步骤分解图

第4章

超强表现力之写实风格

内容摘要

本章主要详解超强表现力之写实风格类UI制作。所谓写实，其实是艺术创作尤其是绘画、雕塑和文学、戏剧中常用的概念，更狭义地讲，属于造型艺术尤其是绘画和雕塑的范畴。无论是面对真实存在的物体，还是想象出来的对象，总是在描述一个真实存在的物质而不是抽象的符号。这样的创作往往被统称为写实，在UI设计中，写实风格也是非常常见的设计手法，本章精选实例，将写实型UI设计再现，让读者掌握写实风格UI设计手法。

课堂学习目标

- 了解写实风格的含义
- 掌握写实风格UI设计的方法

4.1 理论知识——写实风格解析

4.1.1 写实的艺术表现形式

所谓写实，最基本的解释是据事直书，真实地描绘事物，一般被定义为关于现实和实际而排斥理想主义，它是艺术创作尤其是绘画、雕塑和文学、戏剧中常用的概念，更狭义地讲，它属于造型艺术尤其是绘画和雕塑的范畴。无论是面对真实存在的物体，还是想象出来的对象，总是在描述一个真实存在的物质而不是抽象的符号。这样的创作往往被统称为写实。写实是一种文学体裁，也可以是某位作者的写作风格。这类文学形式基本可以在现实中找到生活原型，但又不是生活的照搬。

1. 文字写实

文学写实即现实主义，是文学艺术基本的创作方法之一，其实际运用时间相当早远，但直到19世纪50年代才由法国画家库尔贝和作家夏夫列里作为一个名称提出。恩格斯为"现实主义"下的定义是：除了细节的真实外，还要真实地再现典型环境中的典型人物，如写实小说，即是不同历史上的现实主义写实。

2. 绘画写实

兴起于19世纪的欧洲，又称为现实主义画派，或现实画派。这是一个在艺术创作尤其是绘画、雕塑和文学、戏剧中常用的概念，更狭义地讲，属于造型艺术尤其是绘画和雕塑的范畴。无论是面对真实存在的物体，还是想象出来的对象，绘画者总是在描述一个真实存在的物质而不是抽象的符号。这样的创作往往被统称为写实。遵循这样的创作原则和方法，就叫现实主义，让同一个题材的作品有不同呈现。

3. 戏剧写实

写实主义是现代戏剧的主流。在20世纪激烈的社会变迁中，能以对当代写实主义生活的掌握来吸引一批新的观众。一般认为写实主义是18、19世纪西方工业社会的历史产物。

4. 电影写实

电影新写实主义又称意大利新写实主义，是第二次世界大战后新写实主义。在意大利兴起的一个电影运动，其特点在关怀人类对抗非人社会力的奋斗，以非职业演员在外景拍摄，从头至尾都以尖锐的写实主义来表达。这类的电影大主题大都围绕在大战前后意大利的本土问题，主张以冷静的写实手法呈现中下阶层的生活。在形式上，大部分的新写实主义电影大量采用实景拍摄与自然光，运用非职业演员表演与讲究自然的生活细节描写，相较于战前的封闭与伪装，新写实主义电影反而比较像纪录片，带有不加粉饰的真实感。不过新写实主义电影在国外获得较多的注意，在意大利本土反而没有什么特别反应，20世纪50年代后，国内的诸多社会问题因为经济复苏已获纾解，加上主管当局的有意消弭，新写实主义的热潮于是慢慢消退。

4.1.2 UI设计的写实表现

对于设计师而言，UI设计中的视觉风格渐渐向写实主义转变，因为计算机的运算能力越来越强，设计师加入了越来越多的写实细节，如色彩、3D效果、阴影、透明度，甚至一些简单的物理效果，用户界面中充满了各种应用图标，有些图标使用写实的方法，可以让用户一目了然，大大提高用户认识度。当然，有些时候写实的设计并不一定是原始的意思，可能是一种近似的表达，如我们看到眼睛图标它可能不代表眼睛，而是代表"查看"或"视图"；如看见齿轮也不一定代表的是"齿轮"，可能是"设置"，用户在使用现在的智能手机或平板电脑时经常遇到这些元素。

写实主义并不一定是照着原始物体通过设计将其完全描绘出来，有时候只需要描绘基本元素即可，通过将重点的部分表达出来就可以了，如我们经常看到用户界面上的主页按钮，通常会用一个小房子作为图标，但我们发现这个小房子并不是完全照现实中的房子设计，而是将代表房子的重点元素绘制出来即可。

在写实创作中，细节太多或太少，都有可能造成用户看不懂的情况，所以要注意取舍，可以先在稿纸上绘制UI草图，用来确定哪些细节需要表达，哪些可以省略，当然，如果一个界面元素和生活的参照物相差太远，会很难辨认；另一方面如果太写实，有时候又会让人们无法识别你要表达的内容。

随着苹果产品扁平化风格的流行，写实设计的要求越来越难，如何通过简洁的设计表现实体，又能完全被识别，这是设计师功力的体现。

写实风格的UI设计欣赏如图4.1所示。

图4.1 写实风格的UI设计

4.2 课堂案例——写实计算器图标

案例位置 案例文件\第4章\写实计算器图标.psd
视频位置 多媒体教学\4.2 课堂案例——写实计算器图标.avi
难易指数 ★ ★ ★ ☆ ☆

本例讲解写实计算器的制作，作为一款写实风格图标，本例在制作过程中需要对细节多加留意，通过极致的细节表现强调出图标的可识别性。最终效果如图4.2所示。

图4.2 最终效果

4.2.1 制作背景并绘制图形

01 执行菜单栏中的"文件"|"新建"命令，在弹出的对话框中设置"宽度"为800，"高度"为600，"分辨率"为72像素/英寸。

选择工具箱中的"渐变工具" ▨，编辑灰色（R：147，G：147，B：147）到灰色（R：120，G：120，B：120）的渐变，单击选项栏中的"线性渐变" ▨按钮，在画布中从上至下拖动为画布填充渐变，如图4.3所示。

图4.3 新建画布并填充颜色

02 执行菜单栏中的"滤镜"|"杂色"|"添加杂色"命令，在弹出的对话框中分别勾选"平均分布"单选按钮及"单色"复选框，将"数量"更改为1%，完成之后单击"确定"按钮，如图4.4所示。

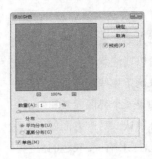

图4.4 设置添加杂色

03 选择工具箱中的"圆角矩形工具" ▢，在选项栏中将"填充"更改为白色，"描边"为无，"半径"更改为20像素，在画布中绘制1个圆角矩形，此时将生成1个"圆角矩形1"图层，如图4.5所示。

04 在"图层"面板中，选中"圆角矩形1"图层，将其拖至面板底部的"创建新图层" ▣按钮上，复制2个图层，并将这3个图层名称分别更改为"面板""厚度"和"阴影"，如图4.6所示。

图4.5 绘制图形　　　　　　图4.6 复制图层

05 在"图层"面板中，选中"面板"图层，单击面板底部的"添加图层样式" fx按钮，在菜单中选择"渐变叠加"命令，在弹出的对话框中将"渐变"更改为灰色（R：208，G：208，B：208）到灰色（R：225，G：225，B：225），完成之后单击"确定"按钮，如图4.7所示。

图4.7 设置渐变叠加

06 在"面板"图层上单击鼠标右键，从弹出的快捷菜单中选择"拷贝图层样式"命令，在"厚度"图层上单击鼠标右键，从弹出的快捷菜单中选择

"粘贴图层样式"命令，双击"厚度"图层样式名称在弹出的对话框中将"渐变"更改为灰色（R: 170，G: 170，B: 170）到白色，如图4.8所示。

07 选中"面板"图层，按Ctrl+T组合键对其执行"自由变换"命令，当出现变形框以后将图形高度缩小，完成之后按Enter键确认，如图4.9所示。

图4.8 复制粘贴图层样式　　　图4.9 变换图形

08 选中"阴影"图层将其图形颜色更改为黑色，再执行菜单栏中的"滤镜"|"模糊"|"高斯模糊"命令，在弹出的对话框中将"半径"更改为25像素，完成之后单击"确定"按钮，如图4.10所示。

图4.10 设置高斯模糊

09 选中"阴影"图层，执行菜单栏中的"滤镜"|"模糊"|"动感模糊"命令，在弹出的对话框中将"角度"更改为90度，"距离"更改为80像素，设置完成之后单击"确定"按钮，如图4.11所示。

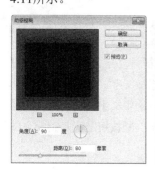

图4.11 设置动感模糊

10 在"图层"面板中，选中"阴影"图层，将其图层混合模式设置为"叠加"，再单击面板底部的"添加图层蒙版"按钮，为其图层添加图层蒙版，在画布中将图像向下稍微移动，如图4.12所示。

图4.12 设置图层混合模式并添加图层蒙版

11 选择工具箱中的"画笔工具"，在画布中单击鼠标右键，在弹出的面板中选择一种圆角笔触，将"大小"更改为150像素，"硬度"更改为0%，如图4.13所示。

12 将前景色更改为黑色，在图像上部分区域涂抹将其隐藏，如图4.14所示。

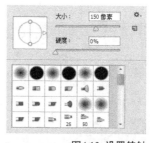

图4.13 设置笔触　　　图4.14 隐藏图像

13 选择工具箱中的"圆角矩形工具"，在选项栏中将"填充"更改为白色，"描边"为无，"半径"更改为10像素，在上方位置绘制1个圆角矩形，此时将生成1个"圆角矩形1"图层，如图4.15所示。

图4.15 绘制图形

⑭ 在"图层"面板中，选中"圆角矩形1"图层，单击面板底部的"添加图层样式" fx 按钮，在菜单中选择"渐变叠加"命令，在弹出的对话框中将"渐变"更改为灰色（R：245，G：245，B：245）到灰色（R：155，G：155，B：155），完成之后单击"确定"按钮，如图4.16所示。

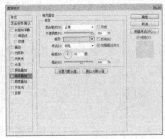

图4.16 设置渐变叠加

⑮ 选择工具箱中的"圆角矩形工具" ，在选项栏中将"填充"更改为深灰色（R：40，G：40，B：40），"描边"为无，"半径"更改为7像素，在刚才绘制的圆角图形位置再次绘制1个圆角矩形，此时将生成1个"圆角矩形2"图层，如图4.17所示。

图4.17 绘制图形

⑯ 选中"圆角矩形2"执行菜单栏中的"滤镜"|"杂色"|"添加杂色"命令，在弹出的对话框中分别勾选"平均分布"单选按钮及"单色"复选框，将"数量"更改为1%，完成之后单击"确定"按钮，如图4.18所示。

图4.18 设置添加杂色

⑰ 选择工具箱中的"圆角矩形工具" ，在选项栏中将"填充"更改为灰黄色（R：186，G：186，B：158），"描边"为无，"半径"更改为5像素，在刚才绘制的圆角图形位置再次绘制一个圆角矩形，此时将生成一个"圆角矩形3"图层，如图4.19所示。

图4.19 绘制图形

⑱ 在"图层"面板中，选中"圆角矩形3"图层，单击面板底部的"添加图层样式" fx 按钮，在菜单中选择"内阴影"命令，在弹出的对话框中将"不透明度"更改为25%，取消"使用全局光"复选框，将"角度"更改为90度，"距离"更改为5像素，"大小"更改为4像素，完成之后单击"确定"按钮，如图4.20所示。

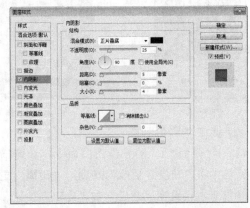

图4.20 设置内阴影

4.2.2 添加文字

① 选择工具箱中的"横排文字工具" T，在刚才绘制的圆角矩形位置添加文字，如图4.21所示。

② 在"图层"面板中，选中文字图层，将其拖至面板底部的"创建新图层" 按钮上，复制一个图层，如图4.22所示。

图4.21 添加文字

图4.22 复制图层

图4.26 隐藏文字

图4.27 降低不透明度

03 在"图层"面板中，选中"88888888"图层，将其图层混合模式设置为"叠加"，"不透明度"更改为40%，如图4.23所示。

4.2.3 绘制按键

01 选择工具箱中的"圆角矩形工具" ，在选项栏中将"填充"更改为白色，"描边"为无，"半径"更改为5像素，在画布中绘制一个圆角矩形，如图4.28所示。

02 在"图层"面板中，选中刚绘制的圆角矩形，将其拖至面板底部的"创建新图层" 按钮上，复制2个拷贝图层，并将这3个图层名称分别更改为"按键面板""按键厚度""按键阴影"，如图4.29所示。

图4.23 设置图层混合模式

04 在"图层"面板中，选中"88888888 拷贝"图层，单击面板底部的"添加图层蒙版" 按钮，为其图层添加图层蒙版，如图4.24所示。

05 选择工具箱中的"矩形选框工具" ，在部分文字位置绘制一个矩形选区，如图4.25所示。

图4.28 绘制图形
图4.29 复制图层

03 在"图层"面板中，选中"按键面板"图层，单击面板底部的"添加图层样式" 按钮，在菜单中选择"渐变叠加"命令，在弹出的对话框中将"渐变"更改为灰色（R：112，G：112，B：112）到灰色（R：140，G：140，B：140），完成之后单击"确定"按钮，如图4.30所示。

图4.24 添加图层蒙版
图4.25 绘制选区

06 将选区填充为黑色，将部分文字隐藏，完成之后按Ctrl+D组合键将选区取消，如图4.26所示。

07 以同样的方法将文字其他部分隐藏，再将其图层"不透明度"更改为80%，如图4.27所示。

图4.30 设置渐变叠加

135

04 在"面板"图层上单击鼠标右键，从弹出的快捷菜单中选择"拷贝图层样式"命令，在"按键厚度"图层上单击鼠标右键，从弹出的快捷菜单中选择"粘贴图层样式"命令，双击"按键厚度"图层样式名称，在弹出的对话框中将"渐变"更改为灰色（R：87，G：87，B：87）到灰色（R：203，G：203，B：203），如图4.31所示。

05 选中"按键厚度"图层，在选项栏中将其"描边"更改为黑色，"大小"更改为0.5点。再选中"按键面板"图层，按Ctrl+T组合键对其执行"自由变换"命令，当出现变形框以后分别将图形高度和宽度稍微缩小，完成之后按Enter键确认，如图4.32所示。

图4.31 复制并粘贴图层样式

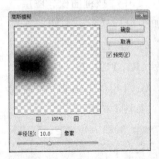

图4.32 变换图形

06 选中"按键阴影"图层将其图形颜色更改为黑色，再执行菜单栏中的"滤镜"|"模糊"|"高斯模糊"命令，在弹出的对话框中将"半径"更改为10像素，完成之后单击"确定"按钮，如图4.33所示。

图4.33 设置高斯模糊

07 选中"阴影"图层，执行菜单栏中的"滤镜"|"模糊"|"动感模糊"命令，在弹出的对话框中将"角度"更改为90度，"距离"更改为30像素，设置完成之后单击"确定"按钮，如图4.34所示。

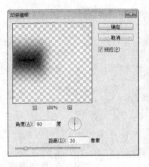

图4.34 设置动感模糊

08 在"图层"面板中，选中"按键阴影"图层，单击面板底部的"添加图层蒙版" 按钮，为其图层添加图层蒙版，将图像向下稍微移动，如图4.35所示。

图4.35 设置图层混合模式添加图层蒙版

09 选择工具箱中的"画笔工具" ，在画布中单击鼠标右键，在弹出的面板中选择一种圆角笔触，将"大小"更改为80像素，"硬度"更改为0%，如图4.36所示。

10 将前景色更改为黑色，在图像上部分区域涂抹将其隐藏，如图4.37所示。

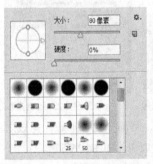

图4.36 设置笔触　　　　图4.37 隐藏图像

11 同时选中"按键面板""按键厚度"及"按键阴影"图层，按Ctrl+G组合键将其编组，将生成的组名称更改为"按键"，如图4.38所示。

图4.38 将图层编组

⑫ 选中"按键"组，将图形复制3份，如图4.39所示。

⑬ 将右下角的按键组展开，分别更改"面板"和"厚度"图层样式颜色，如图4.40所示。

图4.39 复制图形　　　图4.40 设置图层样式

⑭ 选择工具箱中的"矩形工具" ■ ，在选项栏中将"填充"更改为白色，"描边"为无，在左上角按键绘制一个矩形，此时将生成一个"矩形1"图层，如图4.41所示。

图4.41 绘制图形

⑮ 在"图层"面板中，选中"矩形1"图层，将其拖至面板底部的"创建新图层" ■ 按钮上，复制1个"矩形1 拷贝"图层，如图4.42所示。

⑯ 选中"形状 1 拷贝"图层，按Ctrl+T组合键对其执行"自由变换"命令，在出现的变形框中单击鼠标右键，从弹出的快捷菜单中选择"旋转90度（顺时针）"命令，完成之后按Enter键确认，如图4.43所示。

图4.42 复制图层　　　图4.43 变换图形

⑰ 选中"矩形1"图层，按住Alt键将图形复制多份并进行调整，完成最终效果的制作，最终效果如图4.44所示。

图4.44 复制图形及最终效果

4.3　课堂案例——写实邮箱图标

案例位置　案例文件\第4章\写实邮箱图标.psd
视频位置　多媒体教学\4.3 课堂案例——写实邮箱图标.avi
难易指数　★★★☆☆

本例讲解写实邮箱图标的制作，此款图标在制作过程中模拟了现实邮筒的造型，从配色到造型打造出一款写实风格的邮箱图标。最终效果如图4.45所示。

扫码看视频

图4.45 最终效果

4.3.1 制作背景并绘制图形

01 执行菜单栏中的"文件"|"新建"命令，在弹出的对话框中设置"宽度"为600像素，"高度"为600像素，"分辨率"为72像素/英寸，将画布填充为浅蓝色（R：224，G：237，B：240）。

选择工具箱中的"圆角矩形工具" ▣，在选项栏中将"填充"更改为白色，"描边"为无，"半径"更改为20像素，在画布中绘制一个圆角矩形，此时将生成一个"圆角矩形1"图层，如图4.46所示。

02 在"图层"面板中，选中"圆角矩形1"图层，将其拖至面板底部的"创建新图层" ▣ 按钮上，复制2个"拷贝"图层，并将这3个图层名称分别更改为"质感""面板""阴影"，如图4.47所示。

图4.46 绘制图形　　　图4.47 复制图层

03 在"图层"面板中，选中"面板"图层，单击面板底部的"添加图层样式" fx 按钮，在菜单中选择"渐变叠加"命令，在弹出的对话框中将"渐变"更改为红色（R：200，G：45，B：30）到橙色（R：233，G：98，B：58），完成之后单击"确定"按钮，如图4.48所示。

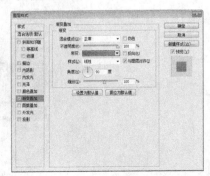

图4.48 设置渐变叠加

04 选中"阴影"图层，将其填充颜色更改为黑色，执行菜单栏中的"滤镜"|"模糊"|"高斯模糊"命令，在弹出的对话框中将"半径"更改为5像素，完成之后单击"确定"按钮，如图4.49所示。

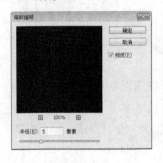 

图4.49 设置高斯模糊

05 执行菜单栏中的"滤镜"|"模糊"|"动感模糊"命令，在弹出的对话框中将"角度"更改为90度，"距离"更改为20像素，设置完成之后单击"确定"按钮，将其向下稍微移动，如图4.50所示。

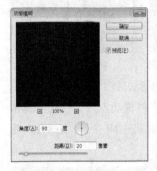 

图4.50 设置动感模糊

4.3.2 制作高光质感

01 选中"质感"图层，按Ctrl+T组合键对其执行"自由变换"命令，将图像等比例缩小，当出现变形框以后将图形等比例缩小，完成之后按Enter键确认，如图4.51所示。

图4.51 变换图形

02 在"图层"面板中，选中"质感"图层，单击面板底部的"添加图层样式" _fx_ 按钮，在菜单中选择"斜面和浮雕"命令，在弹出的对话框中将"大小"更改为7像素，取消"使用全局光"复选框，将"角度"更改为90，"高光模式"中的"颜色"更改为白色，"不透明度"更改为100%，"阴影模式"更改为柔光，"不透明度"更改为100%，完成之后单击"确定"按钮，如图4.52所示。

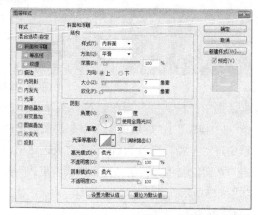

图4.52 设置斜面和浮雕

03 在"图层"面板中，选中"质感"图层，将其图层"填充"更改为0%，在其图层名称上单击鼠标右键，从弹出的快捷菜单中选择"栅格化图层样式"命令，再将其图层"混合模式"更改为柔光，如图4.53所示。

图4.53 设置图层混合模式

04 在"图层"面板中，选中"质感"图层，单击面板底部的"添加图层蒙版" 按钮，为其图层添加图层蒙版，如图4.54所示。

05 选择工具箱中的"渐变工具" ，编辑黑色到白色的渐变，单击选项栏中的"线性渐变" 按钮，在图像上从下至上拖动将部分图像隐藏，将"质感"复制一份，效果如图4.55所示。

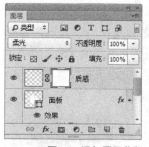 

图4.54 添加图层蒙版　图4.55 设置渐变并隐藏图形

❓ **技巧与提示**

　　隐藏图像时也可以利用"画笔工具" 在图像底部位置涂抹将部分图像隐藏。

06 单击面板底部的"创建新图层" 按钮，新建一个"图层1"图层，如图4.56所示。

07 选择工具箱中的"画笔工具" ，在画布中单击鼠标右键，在弹出的面板中选择一种圆角笔触，将"大小"更改为250像素，"硬度"更改为0%，如图4.57所示。

 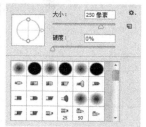

图4.56 新建图层　　　　图4.57 设置笔触

4.3.3 制作阴影质感

01 将前景色更改为深红色（R：138，G：8，B：5），选中"图层1"图层，在左侧位置单击2次，如图4.58所示。

02 在"图层"面板中，选中"图层1"图层，单击面板底部的"添加图层蒙版" 按钮，为其图层添加图层蒙版，如图4.59所示。

图4.58 添加图像　　　图4.59 添加图层蒙版

03 按住Ctrl键单击"面板"图层缩览图，将其载入选区，执行菜单栏中的"选择"|"反向"命令将选区反向，将选区填充为黑色将部分图像隐藏，完成之后按Ctrl+D组合键将选区取消，再将图形向内侧稍微移动，如图4.60所示。

图4.60 隐藏并移动图形

04 选中"图层 1"图层，执行菜单栏中的"滤镜"|"模糊"|"高斯模糊"命令，在弹出的对话框中将"半径"更改为1像素，完成之后单击"确定"按钮，如图4.61所示。

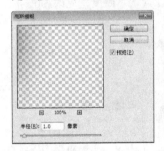

图4.61 设置高斯模糊

05 在"图层"面板中，选中"图层1"图层，将其图层混合模式设置为"亮光"，再将其拖至面板底部的"创建新图层" 按钮上，复制1个"图层1拷贝"图层，如图4.62所示。

06 选中"图层1 拷贝"图层，按Ctrl+T组合键对其执行"自由变换"命令，单击鼠标右键，从弹出的快捷菜单中选择"水平翻转"命令，完成之后按Enter键确认，再将图像平移至图标右侧位置，如图4.63所示。

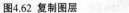

图4.62 复制图层　　图4.63 变换图像

07 选择工具箱中的"椭圆工具" ，在选项栏中将"填充"更改为黄色（R：250，G：212，B：124），"描边"为无，在靠上边缘位置绘制一个椭圆图形，此时将生成一个"椭圆1"图层，如图4.64所示。

图4.64 绘制图形

08 选中"椭圆 1"图层，执行菜单栏中的"滤镜"|"模糊"|"高斯模糊"命令，在弹出的对话框中将"半径"更改为1像素，完成之后单击"确定"按钮，再将其图层"混合模式"更改为叠加，如图4.65所示。

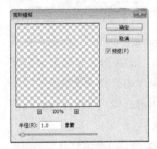

图4.65 设置高斯模糊

4.3.4 绘制细节图像

01 选择工具箱中的"直线工具" ，在选项栏中将"填充"更改为深红色（R：165，G：24，B：15），"描边"为无，"粗细"更改为2像素，在靠左侧位置按住Shift键绘制一条垂直线段，此时将生成一个"形状1"图层，如图4.66所示。

图4.66 绘制图形

02 在"图层"面板中,选中"形状1"图层,单击面板底部的"添加图层样式" fx 按钮,在菜单中选择"投影"命令,在弹出的对话框中将"混合模式"更改为正常,"颜色"更改为橙色(R:252,G:122,B:75),取消"使用全局光"复选框,将"角度"更改为0度,"距离"更改为1像素,"大小"更改为1像素,完成之后单击"确定"按钮,如图4.67所示。

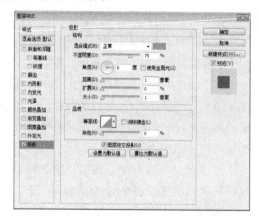

图4.67 设置投影

03 为"形状1"图层添加图层蒙版,按住Ctrl键单击"面板"图层缩览图,将其载入选区,执行菜单栏中的"选择"|"反向"命令将选区反向,将选区填充为黑色将部分图像隐藏,完成之后按Ctrl+D组合键将选区取消,如图4.68所示。

图4.68 添加图层蒙版隐藏图形

04 在"图层"面板中,选中"形状1"图层,将其拖至面板底部的"创建新图层" 按钮上,复制1个"形状1 拷贝"图层,如图4.69所示。

05 选中"形状1 拷贝"图层,按住Shift键将图形向右侧平移,再双击其图层样式名称,在弹出的对话框中将"角度"更改为180度,完成之后单击"确定"按钮,如图4.70所示。

图4.69 复制图层 　　　　图4.70 变换图形

06 选择工具箱中的"圆角矩形工具" ,在选项栏中将"填充"更改为红色(R:154,G:38,B:25),"描边"为无,"半径"更改为10像素,在底部位置绘制一个圆角矩形,此时将生成一个"圆角矩形1"图层,如图4.71所示。

图4.71 绘制图形

07 在"图层"面板中,选中"圆角矩形1"图层,单击面板底部的"添加图层样式" fx 按钮,在菜单中选择"投影"命令,在弹出的对话框中将"混合模式"更改为柔光,"颜色"更改为白色,取消"使用全局光"复选框,将"角度"更改为−90度,"距离"更改为1像素,"大小"更改为1像素,完成之后单击"确定"按钮,如图4.72所示。

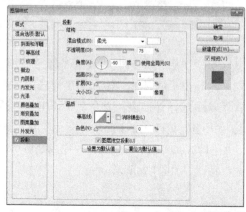

图4.72 设置投影

⑧ 在"图层"面板中，选中"圆角矩形 1"图层，单击面板底部的"添加图层蒙版" ■ 按钮，为其图层添加图层蒙版，如图4.73所示。

⑨ 按住Ctrl键单击"面板"图层缩览图，将其载入选区，执行菜单栏中的"选择"|"反向"命令将选区反向，将选区填充为黑色将部分图像隐藏，完成之后按Ctrl+D组合键将选区取消，如图4.74所示。

图4.73 添加图层蒙版

图4.74 隐藏图形

⑩ 选择工具箱中的"圆角矩形工具" ■，在选项栏中将"填充"更改为橙色（R：200，G：60，B：36），"描边"为黄色（R：240，G：160，B：86），"大小"为1点，"半径"为5像素，在上方绘制一个圆角矩形，此时将生成一个"圆角矩形2"图层，如图4.75所示。

图4.75 绘制图形

⑪ 在"图层"面板中，选中"圆角矩形2"图层，单击面板底部的"添加图层样式" fx 按钮，在菜单中选择"描边"命令，在弹出的对话框中将"大小"更改为2像素，"颜色"更改为红色（R：198，G：45，B：30），完成之后单击"确定"按钮，如图4.76所示。

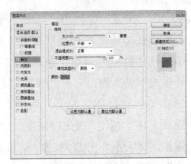

图4.76 设置描边

4.3.5 绘制邮筒元素图像

① 选择工具箱中的"圆角矩形工具" ■，在选项栏中将"填充"更改为深红色（R：106，G：16，B：10），"描边"为无，"半径"更改为2像素，再次绘制一个圆角矩形，此时将生成一个"圆角矩形3"图层，如图4.77所示。

② 在"图层"面板中，选中"圆角矩形3"图层，将其拖至面板底部的"创建新图层" ■ 按钮上，复制2个拷贝图层，并将这3个图层名称分别更改为"内阴影""投递口""投影"，如图4.78所示。

图4.77 绘制图形

图4.78 复制并重命名

③ 选中"内阴影"图层，在选项栏中将"填充"更改为黑色，"描边"更改为无，按Ctrl+T组合键对其执行"自由变换"命令，分别将图形高度和稍微宽度缩短，完成之后按Enter键确认，如图4.79所示。

图4.79 变换图形

04 在"图层"面板中,选中"内阴影"图层,单击面板底部的"添加图层蒙版" 按钮,为其图层添加图层蒙版,如图4.80所示。

05 选择工具箱中的"渐变工具" ,编辑黑色到白色的渐变,单击选项栏中的"线性渐变" 按钮,在图像上从下至上拖动将部分图像隐藏,如图4.81所示。

图4.80 添加图层蒙版　　　图4.81 隐藏图形

06 在"图层"面板中,选中"投递口"图层,单击面板底部的"添加图层样式" fx 按钮,在菜单中选择"描边"命令,在弹出的对话框中将"大小"更改为1像素,"颜色"更改为橙色(R:230,G:73,B:17),完成之后单击"确定"按钮,如图4.82所示。

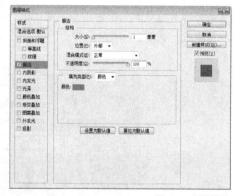

图4.82 设置描边

07 选中"投影"图层,将其图形颜色更改为深红色(R:130,G:20,B:13),执行菜单栏中的"滤镜"|"模糊"|"高斯模糊"命令,在弹出的对话框中将"半径"更改为3像素,完成之后单击"确定"按钮,如图4.83所示。

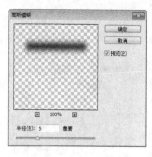

图4.83 设置高斯模糊

08 选中"投影"图层,执行菜单栏中的"滤镜"|"模糊"|"动感模糊"命令,在弹出的对话框中将"角度"更改为90度,"距离"更改为20像素,设置完成之后单击"确定"按钮,如图4.84所示。

图4.84 设置动感模糊

09 选择工具箱中的"椭圆工具" ,在选项栏中将"填充"更改为红色(R:168,G:40,B:20),"描边"为无,在"投递口"图像左侧边缘位置绘制一个细长椭圆图形,此时将生成一个"椭圆2"图层,将"椭圆2"移至"投递口"图层下方,如图4.85所示。

图4.85 绘制图形

10 选中"椭圆2"图层,按Ctrl+F组合键为其添加动感模糊效果,如图4.86所示。

11 选中"椭圆2"图层,按住Alt+Shift组合键向右侧拖动,将图像复制,如图4.87所示。

图4.86 添加动感模糊效果　　　图4.87 复制图像

⑫ 用同样的方法在"投递口"图像上方位置绘制一个细长椭圆图形，并为其添加模糊效果，如图4.88所示。

图4.88 绘制图形并添加模糊效果

⑬ 选择工具箱中的"圆角矩形工具" ▢，在选项栏中将"填充"更改为白色，"描边"为无，"半径"更改为2像素，在投递口图像上方位置绘制一个圆角矩形，此时将生成一个"圆角矩形3"图层，并将"圆角矩形3"移至"投递口"图层下方，如图4.89所示。

图4.89 绘制图形

⑭ 选中"圆角矩形3"图层，执行菜单栏中的"滤镜"|"模糊"|"高斯模糊"命令，在弹出的对话框中将"半径"更改为30像素，完成之后单击"确定"按钮，再将其图层"混合模式"更改为叠加，如图4.90所示。

图4.90 设置高斯模糊

⑮ 在"图层"面板中，选中"圆角矩形 3"图层，单击面板底部的"添加图层蒙版" ▢ 按钮，为其图层添加图层蒙版，如图4.91所示。

⑯ 选择工具箱中的"画笔工具" ✎，在画布中单击鼠标右键，在弹出的面板中选择一种圆角笔触，将"大小"更改为100像素，"硬度"更改为0%，如图4.92所示。

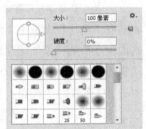

图4.91 添加图层蒙版　　　图4.92 设置笔触

⑰ 将前景色更改为黑色，在图像上部分区域涂抹将其隐藏，如图4.93所示。

图4.93 隐藏图像

⑱ 选择工具箱中的"横排文字工具" T，在图标适当位置添加文字，如图4.94所示。

⑲ 在"图层"面板中，选中"POST"图层，将其拖至面板底部的"创建新图层" ▣ 按钮上，复制1个"POST 拷贝"图层，如图4.95所示。

图4.94 添加文字　　　　图4.95 复制图层

⑳ 选中"POST"图层，将其文字颜色更改为红色（R：173，G：36，B：20），将其向右下稍微移动，这样就完成了效果制作，最终效果如图4.96所示。

图4.96 更改文字颜色及最终效果

4.4 课堂案例——写实电视图标

案例位置　案例文件\第4章\写实电视图标.psd
视频位置　多媒体教学\4.4 课堂案例——写实电视图标.avi
难易指数　★★★☆☆

　　本例讲解电视图标的制作，本例中的电视图标模拟复古电视屏幕，绘制的具有现代感的调节旋钮图像，与复古风产生强烈的视觉对比，同时木质背景图像的添加很好地展示此款图标的特色。最终效果如图4.97所示。

扫码看视频

图4.97 最终效果

4.4.1 制作背景并绘制图形

㉑ 执行菜单栏中的"文件"|"新建"命令，在弹出的对话框中设置"宽度"为800，"高度"为600，"分辨率"为72像素/英寸。

　　选择工具箱中的"圆角矩形工具"，在选项栏中将"填充"更改为灰色（R：223，G：225，B：223），"描边"为无，"半径"更改为70像素，在画布中按住Shift键绘制一个圆角矩形，此时将生成一个"圆角矩形1"图层，如图4.98所示。

㉒ 在"图层"面板中，选中"圆角矩形1"图层，将其拖至面板底部的"创建新图层"按钮上，复制2个"拷贝"图层，并将这3个图层名称分别更改为"面板""边框""阴影"，如图4.99所示。

图4.98 绘制图形　　　　图4.99 复制图层

㉓ 选中"阴影"图层，执行菜单栏中的"滤镜"|"杂色"|"添加杂色"命令，在弹出的对话框中分别勾选"平均分布"单选按钮及"单色"复选框，将"数量"更改为2%，完成之后单击"确定"按钮，如图4.100所示。

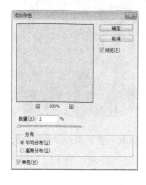

图4.100 设置添加杂色

㉔ 在"图层"面板中，选中"边框"图层，单击面板底部的"添加图层样式"按钮，在菜单中选择"渐变叠加"命令，在弹出的对话框中将"混

合模式"更改为柔光，"不透明度"更改为70%，"渐变"更改为黑色到透明到透明再到黑色，"角度"更改为0度，完成之后单击"确定"按钮，如图4.101所示。

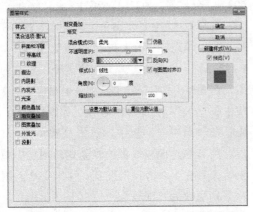

图4.101 设置渐变叠加

技巧与提示

这里渐变的编辑有些特别，编辑效果如图4.102所示。

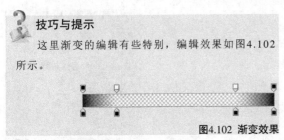

图4.102 渐变效果

05 选中"面板"图层，将其图形颜色更改为深灰色（R：50，G：50，B：50），按Ctrl+T组合键对其执行"自由变换"命令，将图像等比例缩小，完成之后按Enter键确认，再按Ctrl+F组合键为其添加杂色，如图4.103所示。

图4.103 变换图形并添加杂色

06 在"图层"面板中，选中"面板"图层，单击面板底部的"添加图层样式" fx 按钮，在菜单中选择"描边"命令，在弹出的对话框中将"大小"更改为2像素，"位置"更改为内部，"颜色"更改为灰色（R：238，G：238，B：238），完成之后

单击"确定"按钮，如图4.104所示。

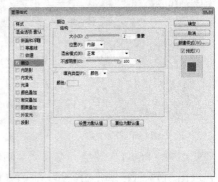

图4.104 设置描边

07 勾选"渐变叠加"复选框，将"混合模式"更改为柔光，"不透明度"更改为40%，"渐变"更改为黑色到透明，完成之后单击"确定"按钮，如图4.105所示。

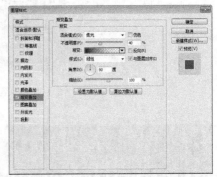

图4.105 设置渐变叠加

08 选择工具箱中的"圆角矩形工具" ▢，在选项栏中将"填充"更改为灰色（R：128，G：128，B：126），"描边"为无，"半径"更改为30像素，在靠上的位置绘制一个圆角矩形，此时将生成一个"圆角矩形1"图层，如图4.106所示。

图4.106 绘制图形

09 选中"圆角矩形1"图层，执行菜单栏中的"滤镜"|"杂色"|"添加杂色"命令，在弹出的对话框中分别勾选"平均分布"单选按钮及"单

色"复选框,将"数量"更改为2%,完成之后单击"确定"按钮,如图4.107所示。

图4.107 设置添加杂色

⑩ 选择工具箱中的"圆角矩形工具" □,在选项栏中将"填充"更改为白色,"描边"为无,"半径"更改为30像素,在刚才绘制的圆角矩形位置再次绘制一个圆角矩形,此时将生成一个"圆角矩形2"图层,如图4.108所示。

图4.108 绘制图形

⑪ 选择工具箱中的"添加锚点工具" ㉗,在"圆角矩形2"图形边缘中间位置单击添加锚点,如图4.109所示。

⑫ 选择工具箱中的"删除锚点工具" ㉗,单击圆角矩形左上角锚点将其删除,用同样的方法将右上角锚点删除,如图4.110所示。

图4.109 添加锚点　　图4.110 删除锚点

⑬ 选择工具箱中的"直接选择工具" ▶,选中刚

才添加的锚点向上拖动将图形变形,用同样的方法在图形的其他3个边添加锚点并将图形变形,如图4.111所示。

图4.111 将图形变形

4.4.2 添加素材

① 执行菜单栏中的"文件"|"打开"命令,在弹出的对话框中选择配套资源中的"素材文件\第4章\写实电视图标\老电影.jpg"文件,将打开的素材拖入画布中并适当缩小,其图层名称将自动更改为"图层1",如图4.112所示。

图4.112 添加素材

② 选中"图层1"图层,执行菜单栏中的"图层"|"创建剪贴蒙版"命令,为当前图层创建剪贴蒙版,将部分图像隐藏,如图4.113所示。

图4.113 创建剪贴蒙版

③ 在"图层"面板中,选中"圆角矩形2"图层,单击面板底部的"添加图层样式" fx 按钮,在菜单中选择"内发光"命令,在弹出的对话框中将"混合模式"更改为叠加,"大小"更改为像素,

"颜色"更改为黑色，"大小"更改为20像素，完成之后单击"确定"按钮，如图4.114所示。

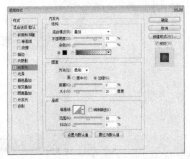

图4.114 设置内发光

4.4.3 添加高光质感

01 选择工具箱中的"椭圆工具" ⚫，在选项栏中将"填充"更改为白色，"描边"为无，在图像右下角位置绘制一个椭圆图形并将其适当旋转，此时将生成一个"椭圆1"图层，将"椭圆1"移至"圆角矩形2"图层下方，如图4.115所示。

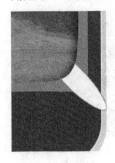 

图4.115 绘制图形

02 选中"椭圆1"图层，执行菜单栏中的"滤镜"|"模糊"|"高斯模糊"命令，在弹出的对话框中将"半径"更改为10像素，完成之后单击"确定"按钮，如图4.116所示。

图4.116 设置高斯模糊

03 在"图层"面板中，选中"椭圆1"图层，将其图层混合模式设置为"叠加"，"不透明度"更

改为80%，再按Ctrl+Alt+G组合键为其创建剪贴蒙版，将部分图像隐藏，如图4.117所示。

图4.117 创建剪贴蒙版

04 在"图层"面板中，选中"椭圆1"图层，将其拖至面板底部的"创建新图层" 🔲 按钮上，复制1个"椭圆1 拷贝"图层，如图4.118所示。

05 选中"椭圆1 拷贝"图层，按Ctrl+T组合键对其执行"自由变换"命令，单击鼠标右键，从弹出的快捷菜单中选择"水平翻转"命令，完成之后按Enter键确认，再将图像平移至图像左侧与原图像相对的位置，如图4.119所示。

 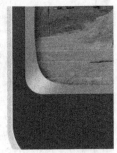

图4.118 复制图层　　　　　图4.119 变换图像

06 用同样的方法将图像复制2份并分别移至图像左上角和右上角位置，如图4.120所示。

图4.120 复制并移动图像

07 在"图层"面板中，选中"圆角矩形1"图层，单击面板底部的"添加图层样式" fx 按钮，在菜单中选择"投影"命令，在弹出的对话框中将

"混合模式"更改为正常，"颜色"更改为白色，取消"使用全局光"复选框，将"角度"更改为90度，"距离"更改为1像素，"大小"更改为1像素，完成之后单击"确定"按钮，如图4.121所示。

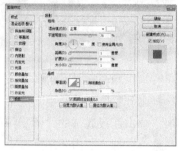

图4.121 设置投影

08 选择工具箱中的"圆角矩形工具" ，在选项栏中将"填充"更改为深灰色（R：16，G：16，B：16），"描边"为无，"半径"更改为5像素，在图像左下角位置绘制一个细长的圆角矩形，此时将生成一个"圆角矩形3"图层，如图4.122所示。

图4.122 绘制图形

09 在"圆角矩形 1"图层上单击鼠标右键，从弹出的快捷菜单中选择"拷贝图层样式"命令，在"圆角矩形 3"图层上单击鼠标右键，从弹出的快捷菜单中选择"粘贴图层样式"命令，双击"圆角矩形 3"图层样式名称，在弹出的对话框中将"不透明度"更改为15%，完成之后单击"确定"按钮，如图4.123所示。

图4.123 拷贝粘贴图层样式

10 选中"圆角矩形3"图层，按住Alt+Shift组合键向下拖动将图形复制数份，如图4.124所示。

图4.124 复制图形

11 选择工具箱中的"椭圆工具" ，在选项栏中将"填充"更改为白色，"描边"为青色（R：48，G：220，B：255），"大小"更改为2点，在刚才绘制的图形右侧位置按住Shift键绘制一个圆形，此时将生成一个"椭圆2"图层，如图4.125所示。

12 在"图层"面板中，选中"椭圆2"图层，将其拖至面板底部的"创建新图层" 按钮上，复制1个"椭圆2 拷贝"图层，如图4.126所示。

图4.125 绘制图形　　　图4.126 复制图层

13 执行菜单栏中的"文件"|"打开"命令，在弹出的对话框中选择配套资源中的"素材文件\第4章\写实电视图标\拉丝纹理.jpg"文件，打开素材以后执行菜单栏中的"编辑"|"定义图案"命令，在弹出的对话框中将"名称"更改为"拉丝纹理"，完成之后单击"确定"按钮，如图4.127所示。

图4.127 定义图案

14 在"图层"面板中，选中"椭圆2"图层，单击面板底部的"添加图层样式" 按钮，在菜单中选择"描边"命令，在弹出的对话框中将"大小"更改为3像素，"颜色"更改为黑色，如图4.128所示。

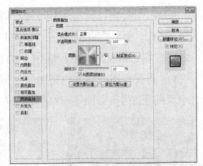

图4.128 设置描边

⑮ 勾选"图案叠加"复选框，将"图案"更改为之前定义的"拉丝纹理"，将"缩放"更改为10%，如图4.129所示。

图4.129 设置图案叠加

⑯ 勾选"外发光"复选框，将"混合模式"更改为滤色，"不透明度"更改为100%，"颜色"更改为青色（R：48，G：220，B：255），"大小"更改为6像素，完成之后单击"确定"按钮，如图4.130所示。

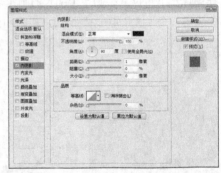

图4.130 设置外发光

⑰ 选中"椭圆2拷贝"图层，在选项栏中将"填充"更改为无，按Ctrl+T组合键对其执行"自由变换"命令，将图像等比例放大，完成之后按Enter键确认，如图4.131所示。

⑱ 选择工具箱中的"直接选择工具" ，选中经

过变形的图形底部锚点将其删除，如图4.132所示。

图4.131 变换图形　　　　图4.132 删除锚点

⑲ 在"图层"面板中，选中"椭圆2拷贝"图层，单击面板底部的"添加图层样式" fx 按钮，在菜单中选择"内阴影"命令，在弹出的对话框中将"混合模式"更改为正常，"不透明度"更改为100%，取消"使用全局光"复选框，将"角度"更改为90度，"距离"更改为1像素，如图4.133所示。

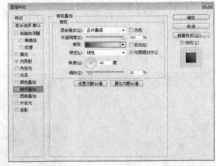

图4.133 设置内阴影

⑳ 勾选"渐变叠加"复选框，将"渐变"更改为深蓝色（R：4，G：30，B：34）到透明，"角度"更改为45度，"缩放"更改为30%，完成之后单击"确定"按钮，如图4.134所示。

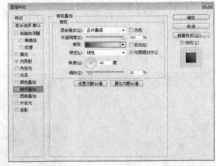

图4.134 设置渐变叠加

㉑ 选择工具箱中的"椭圆工具" ，在选项栏中将"填充"更改为青色（R：64，G：218，

B：255），"描边"为无，在旋钮图形靠左上角位置按住Shift键绘制一个圆形，此时将生成一个"椭圆3"图层，如图4.135所示。

图4.135 绘制图形

㉒ 在"图层"面板中，选中"椭圆3"图层，单击面板底部的"添加图层样式" fx 按钮，在菜单中选择"外发光"命令，在弹出的对话框中将"混合模式"更改为正常，"颜色"更改为青色（R：64，G：218，B：255），"大小"更改为6像素，完成之后单击"确定"按钮，如图4.136所示。

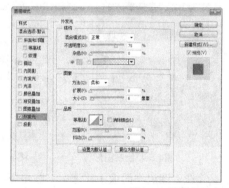

图4.136 设置外发光

㉓ 选择工具箱中的"横排文字工具" T ，在旋钮图像左右两侧位置添加文字，如图4.137所示。

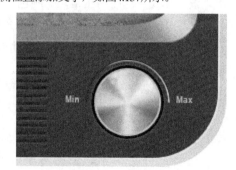

图4.137 添加文字

㉔ 同时选中除"背景"之外的所有图层，按Ctrl+G组合键将其编组，将生成的组名称更改为"电视"，如图4.138所示。

图4.138 将图层编组

㉕ 执行菜单栏中的"文件"|"打开"命令，在弹出的对话框中选择配套资源中的"素材文件\第4章\写实电视图标\背景.jpg"文件，将打开的素材拖入画布中并适当缩小，并将其移至"电视"组下方，如图4.139所示。

图4.139 添加素材

㉖ 选择工具箱中的"椭圆工具" ，在选项栏中将"填充"更改为黑色，"描边"为无，在图标底部位置绘制一个椭圆图形，此时将生成一个"椭圆4"图层，将"椭圆4"移至"电视"组下方位置，如图4.140所示。

图4.140 绘制图形

㉗ 选中"椭圆4"图层，执行菜单栏中的"滤镜"|"模糊"|"高斯模糊"命令，在弹出的对话框中将"半径"更改为13像素，完成之后单击"确定"按钮，如图4.141所示。

151

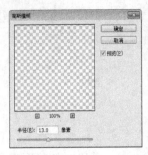

图4.141 设置高斯模糊

28 选中"椭圆4"图层，执行菜单栏中的"滤镜"|"模糊"|"动感模糊"命令，在弹出的对话框中将"角度"更改为0度，"距离"更改为50像素，设置完成之后单击"确定"按钮，这样就完成了效果制作，最终效果如图4.142所示。

图4.142 设置动感模糊及最终效果

4.5 课堂案例——写实小票图标

案例位置 案例文件\第4章\写实小票图标.psd
视频位置 多媒体教学\4.5 课堂案例——写实小票图标.avi
难易指数 ★★☆☆☆

本例讲解写实小票图形的制作，本例中的小票图像十分真实且信息明确，在制作过程中采用拟物手法，通过模拟现实世界里的小票图像，表现此款图形的完美视觉效果。最终效果如图4.143所示。

扫码看视频

图4.143 最终效果

4.5.1 制作背景并绘制图形

01 执行菜单栏中的"文件"|"新建"命令，在弹出的对话框中设置"宽度"为700像素，"高度"为500像素，"分辨率"为72像素/英寸，"颜色模式"为RGB颜色，新建一个空白画布，将画布填充为深青色（R：17，G：100，B：98）。

选择工具箱中的"圆角矩形工具"，在选项栏中将"填充"更改为白色，"描边"为无，"半径"更改为5像素，在画布中绘制一个圆角矩形，此时将生成一个"圆角矩形1"图层，如图4.144所示。

02 在"图层"面板中，选中"圆角矩形1"图层，将其拖至面板底部的"创建新图层"按钮上，复制1个"圆角矩形1 拷贝"图层，如图4.145所示。

图4.144 绘制图形

图4.145 复制图层

03 在"图层"面板中，选中"圆角矩形1 拷贝"图层，单击面板底部的"添加图层样式"按钮，在菜单中选择"内阴影"命令，在弹出的对话框中将"混合模式"更改为正常，"颜色"更改为白色，取消"使用全局光"复选框，将"角度"更改为90度，"距离"更改为1像素，"大小"更改为1像素，如图4.146所示。

图4.146 设置内阴影

04 勾选"渐变叠加"复选框，将"渐变"更改为灰色（R：228，G：230，B：233）到淡蓝色（R：183，G：188，B：195），如图4.147所示。

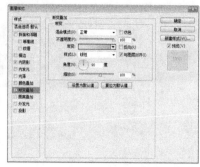

图4.147　设置渐变叠加

05 勾选"投影"复选框，取消"使用全局光"复选框，将"角度"更改为90度，"距离"更改为2像素，"大小"更改为4像素，完成之后单击"确定"按钮，如图4.148所示。

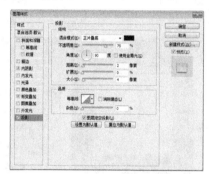

图4.148　设置投影

06 选中"圆角矩形1"图层，将其图形颜色更改为黑色，再将当前图形形状栅格化，如图4.149所示。

图4.149　更改图形颜色并栅格化形状

07 选中"圆角矩形1"图层，执行菜单栏中的"滤镜"|"模糊"|"高斯模糊"命令，在弹出的对话框中将"半径"更改为3，完成之后单击"确定"按钮，如图4.150所示。

图4.150　设置高斯模糊

08 选中"圆角矩形1"图层，执行菜单栏中的"滤镜"|"模糊"|"动感模糊"命令，在弹出的对话框中将"角度"更改为90度，"距离"更改为100像素，设置完成之后单击"确定"按钮，如图4.151所示。

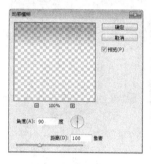

图4.151　设置动感模糊

09 在"图层"面板中，选中"圆角矩形1"图层，单击面板底部的"添加图层蒙版"■按钮，为其图层添加图层蒙版，如图4.152所示。

10 选择工具箱中的"画笔工具" ，在画布中单击鼠标右键，在弹出的面板中选择一种圆角笔触，将"大小"更改为150像素，"硬度"更改为0%，如图4.153所示。

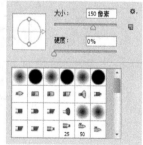

图4.152　添加图层蒙版　　　　图4.153　设置笔触

11 将前景色更改为黑色，在图像上部分区域涂抹，将部分图像隐藏以增强图像投影效果的真实性，如图4.154所示。

图4.154 隐藏图像

⑫ 选择工具箱中的"圆角矩形工具" ，在选项栏中将"填充"更改为灰色（R：80，G：85，B：93），"描边"为无，"半径"更改为10像素，在刚才绘制的图形上绘制一个圆角矩形，此时将生成一个"圆角矩形2"图层，如图4.155所示。

图4.155 绘制图形

⑬ 在"图层"面板中，选中"圆角矩形2"图层，单击面板底部的"添加图层样式" fx 按钮，在菜单中选择"内阴影"命令，在弹出的对话框中取消"使用全局光"复选框，将"角度"更改为90度，"距离"更改为5像素，"大小"更改为5像素，如图4.156所示。

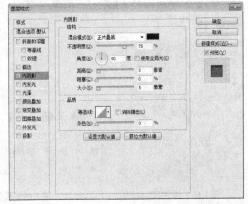

图4.156 设置内阴影

⑭ 勾选"投影"复选框，将"混合模式"更改为正常，"颜色"更改为白色，"不透明度"更改为100%，取消"使用全局光"复选框，将"角度"

更改为90度，"距离"更改为1像素，"大小"更改为1像素，完成之后单击"确定"按钮，如图4.157所示。

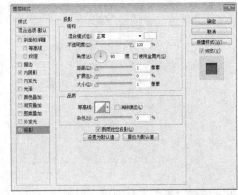

图4.157 设置投影

⑮ 选择工具箱中的"矩形工具" ，在选项栏中将"填充"更改为白色，"描边"为无，在刚才绘制的图形靠下方位置绘制一个矩形，此时将生成一个"矩形1"图层，将其复制一份，如图4.158所示。

图4.158 绘制图形并复制图层

⑯ 选中"矩形1拷贝"图层，执行菜单栏中的"滤镜"|"杂色"|"添加杂色"命令，在弹出的对话框中分别勾选"高斯分布"单选按钮及"单色"复选框，将"数量"更改为1%，完成之后单击"确定"按钮，如图4.159所示。

图4.159 设置添加杂色

4.5.2 制作锯齿效果

01 选择工具箱中的"矩形工具" ，在选项栏中将"填充"更改为黑色，"描边"为无，在画布中靠底部位置按住Shift键绘制一个矩形，此时将生成一个"矩形2"图层，如图4.160所示。

02 在"矩形2"图层名称上单击鼠标右键，从弹出的快捷菜单中选择"栅格化图层"命令，将当前图层中的形状栅格化，如图4.161所示。

图4.160 绘制图形　　　　图4.161 栅格化形状

03 选中"矩形2"图层，按Ctrl+T组合键对其执行"自由变换"命令，当出现变形框以后在选项栏中"旋转"后方的文本框中输入45度，完成之后按Enter键确认，再将其移至"矩形1"图形的左下角位置，如图4.162所示。

04 选择工具箱中的"矩形选框工具" ，在黑色矩形块顶部1像素位置绘制一个矩形选区并选中"矩形2"图层按Delete键将其删除，完成之后按Ctrl+D组合键将选区取消，如图4.163所示。

图4.162 旋转图像　　　　图4.163 删除图像

05 选中"矩形2"图层，按住Alt+Shift组合键向右侧拖动将图像复制多份，同时选中包括"矩形2"在内的所有相关拷贝图层按Ctrl+E组合键将图层合并，如图4.164所示。

图4.164 复制图像并合并

06 在"图层"面板中，选中"矩形1拷贝"图层，单击面板底部的"添加图层蒙版" 按钮，为其图层添加图层蒙版，如图4.165所示。

07 按住Ctrl键单击合并后的图层缩览图，将其载入选区，将选区填充为黑色，将部分图形隐藏，完成之后按Ctrl+D组合键将选区取消，如图4.166所示。

图4.165 添加图层蒙版　　　　图4.166 隐藏图像

 技巧与提示

为了方便观察隐藏后的图形效果，在隐藏图像的时候需要将"矩形1"图层隐藏。

4.5.3 添加文字并制作阴影

在"图层"面板中，选中"矩形1拷贝"图层，单击面板底部的"添加图层样式" 按钮，在菜单中选择"渐变叠加"命令，在弹出的对话框中将渐变颜色设置为灰色（R：235，G：239，B：244）到灰色（R：235，G：239，B：244）到灰色（R：208，G：210，B：215）到灰色（R：170，G：173，B：176）再到白色。设置第2个色标的位置为88%，第3个色标的位置为92%，第4个色标的位置为96%，如图4.167所示。

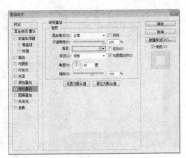

图4.167 设置"渐变叠加"

技巧与提示

这里渐变的编辑有些特别，编辑效果如图4.168所示。

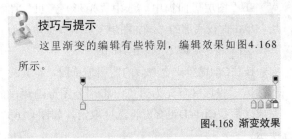

图4.168 渐变效果

01 选择工具箱中的"横排文字工具" T，在标签适当位置添加文字，如图4.169所示。

图4.169 添加文字

02 选择工具箱中的"直线工具" ，在选项栏中将"填充"更改为无，"描边"为灰色（R：63，G：63，B：63），"大小"更改为1点，将形状描边类型设置为第3种虚线效果，将"粗细"更改为1像素，在添加的部分文字中间位置按住Shift键绘制一条水平线段，此时将生成一个"形状1"图层，如图4.170所示。

03 选中"形状1"图层，按住Alt+Shift组合键向下拖动将图形复制，如图4.171所示。

图4.170 绘制图形   图4.171 复制图形

04 选中"矩形 1"图层，将其图形颜色更改为黑色，执行菜单栏中的"滤镜"|"模糊"|"高斯模糊"命令，在弹出的对话框中将"半径"更改为5，完成之后单击"确定"按钮，如图4.172所示。

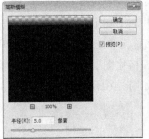

图4.172 设置高斯模糊

05 选中"矩形1"图层，执行菜单栏中的"滤镜"|"模糊"|"动感模糊"命令，在弹出的对话框中将"角度"更改为90度，"距离"更改为100像素，设置完成之后单击"确定"按钮，如图4.173所示。

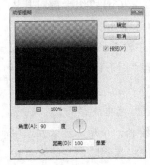

图4.173 设置动感模糊

06 在"图层"面板中，选中"矩形1"图层，单击面板底部的"添加图层蒙版" 按钮，为其图层添加图层蒙版，如图4.174所示。

07 选择工具箱中的"画笔工具" ，在画布中单击鼠标右键，在弹出的面板中选择一种圆角笔触，将"大小"更改为150像素，"硬度"更改为0%，如图4.175所示。

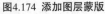
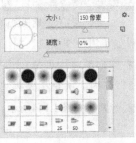

图4.174 添加图层蒙版   图4.175 设置笔触

08 将前景色更改为黑色，在图像上部分区域涂抹，将部分多余的图像隐藏，这样就完成了效果制作，最终效果如图4.176所示。

图4.176 隐藏图像及最终效果

4.6 课堂案例——写实开关图标

案例位置	案例文件\第4章\写实开关图标.psd
视频位置	多媒体教学\4.6 课堂案例——写实开关图标.avi
难易指数	★★★☆☆

本例主要讲解写实开关图标的制作，在所有的图标设计中，最好在制作之初模拟绘制出一个草图样式，在脑海中产生所要绘制的图标轮廓，依据所要表达的风格进行绘制。本例的制作方法与其他图标制作十分相同，在拟物化的控件细节上需要多加留意。最终效果如图4.177所示。

扫码看视频

图4.177 最终效果

4.6.1 制作背景

01 执行菜单栏中的"文件" | "新建"命令，在弹出的对话框中设置"宽度"为400像素，"高度"为300像素，"分辨率"为72像素/英寸，新建一个空白画布。

02 选择工具箱中的"渐变工具" ，在选项栏中单击"点按可编辑渐变"按钮，在弹出的对话框中将渐变颜色更改为淡蓝色（R: 192, G: 204, B: 217）到蓝灰色（R: 52, G: 58, B: 63），设置完成之后单击"确定"按钮，再单击选项栏中的"径向渐变" 按钮，从中间向边缘方向拖动为画布填充渐变，如图4.178所示。

图4.178 新建画布并填充颜色

03 选择工具箱中的"椭圆工具" ，在选项栏中将"填充"更改为白色，"描边"为无，在画布中间位置按住Shift键绘制一个圆形，此时将生成一个"椭圆 1"图层，如图4.179所示。

04 选中"椭圆 1"图层，执行菜单栏中的"图层" | "栅格化" | "形状"命令，将当前图形形状栅格化，如图4.180所示。

图4.179 绘制图形　　　　图4.180 栅格化形状

05 选中"椭圆 1"图层，执行菜单栏中的"滤镜" | "模糊" | "高斯模糊"命令，在弹出的对话框中将"半径"更改为50像素，设置完成之后单击"确定"按钮，如图4.181所示。

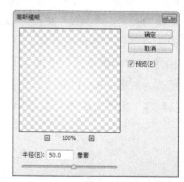

图4.181 设置高斯模糊

06 在"图层"面板中，选中"椭圆 1"图层，将其图层混合模式设置为"柔光"，如图4.182所示。

图4.182 设置图层混合模式

4.6.2 绘制图形

01 选择工具箱中的"圆角矩形工具" ◻，在选项栏中将"填充"更改为浅黄色（R：230，G：227，B：220），"描边"为无，"半径"更改为20像素，在画布中按住Shift键绘制一个圆角矩形，此时将生成一个"圆角矩形 1"图层，如图4.183所示。

图4.183 绘制图形

02 在"图层"面板中，选中"圆角矩形 1"图层，单击面板底部的"添加图层样式" fx 按钮，在菜单中选择"斜面和浮雕"命令，在弹出的对话框中将"大小"更改为6像素，"软化"更改为8像素，取消"使用全局光"复选框，将"角度"更改为90度，"高度"更改为30度，"高度模式"中的"颜色"更改为白色，"不透明度"更改为100%，"阴影模式"更改为正常，将其"颜色"更改为灰色（R：123，G：114，B：107），"不透明度"更改为100%，如图4.184所示。

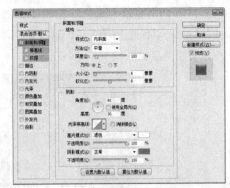

图4.184 设置斜面和浮雕

03 勾选"内阴影"复选框，将"混合模式"更改为正常，"颜色"更改为浅灰色（R：252，G：250，B：250），取消"使用全局光"复选框，将"角度"更改为90度，"距离"更改为6像素，"大小"更改为4像素，如图4.185所示。

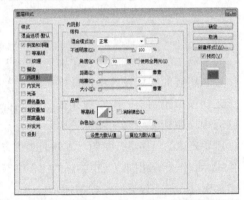

图4.185 设置内阴影

04 勾选"投影"复选框，将"不透明度"更改为50%，取消"使用全局光"复选框，将"角度"更改为90度，"距离"更改为8像素，"大小"更改为12像素，完成之后单击"确定"按钮，如图4.186所示。

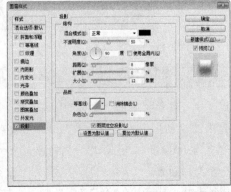

图4.186 设置投影

05 选择工具箱中的"圆角矩形工具" ，在选项栏中将"填充"更改为灰色（R：243，G：240，B：238），"描边"为无，"半径"更改为10像素，在刚才绘制的圆角矩形上再次绘制一个圆角矩形，此时将生成一个"圆角矩形 2"图层，如图4.187所示。

图4.187 绘制图形

06 在"图层"面板中，选中"圆角矩形 2"图层，单击面板底部的"添加图层样式" fx 按钮，在菜单中选择"渐变叠加"命令，在弹出的对话框中将"不透明度"更改为40%，"渐变"更改为透明到灰色（R：190，G：185，B：178），完成之后单击"确定"按钮，如图4.188所示。

图4.188 设置渐变叠加

07 选择工具箱中的"圆角矩形工具" ，在选项栏中将"填充"更改为灰色（R：227，G：222，B：220），"描边"为无，"半径"更改为6像素，在刚才绘制的圆角矩形上再次绘制一个圆角矩形，此时将生成一个"圆角矩形 3"图层，如图4.189所示。

图4.189 绘制图形

08 在"图层"面板中，选中"圆角矩形 3"图层，单击面板底部的"添加图层样式" fx 按钮，在菜单中选择"内阴影"命令，在弹出的对话框中将"混合模式"更改为正常，"颜色"更改为灰色（R：160，G：150，B：144），"不透明度"更改为100%，取消"使用全局光"复选框，将"角度"更改为90度，"距离"更改为2像素，"大小"更改为3像素，完成之后单击"确定"按钮，如图4.190所示。

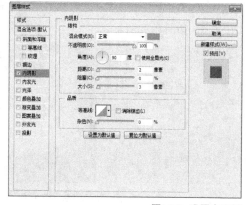

图4.190 设置内阴影

09 选择工具箱中的"矩形工具" ，在选项栏中将"填充"更改为白色，"描边"为无，在刚才绘制的圆角矩形左侧位置绘制一个矩形，此时将生成一个"矩形 1"图层，如图4.191所示。

图4.191 绘制图形

⑩ 在"图层"面板中，选中"矩形 1"图层，单击面板底部的"添加图层样式" *fx* 按钮，在菜单中选择"渐变叠加"命令，在弹出的对话框中将"渐变"更改为灰色（R: 205, G: 200, B: 197）到透明，完成之后单击"确定"按钮，如图4.192所示。

图4.192 设置渐变叠加

4.6.3 制作控件

① 选中"矩形 1"图层，执行菜单栏中的"图层"|"创建剪贴蒙版"命令，为当前图层创建剪贴蒙版，将部分图形隐藏，再将其图层"填充"更改为0%，如图4.193所示。

图4.193 创建剪贴蒙版并更改填充

② 在"图层"面板中，选中"圆角矩形 3"图层，将其拖至面板底部的"创建新图层" 按钮上，复制1个"圆角矩形 3 拷贝"图层，再将"圆角矩形 3"图层移至所有图层上方，如图4.194所示。

图4.194 复制图层并更改图层顺序

③ 选择工具箱中的"直接选择工具" ，同时选中"圆角矩形 3"图层中的图形左侧4个锚点向右侧平移，如图4.195所示。

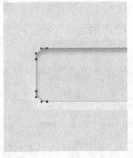
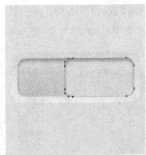

图4.195 变换图形

④ 选中"圆角矩形 3"图层，将图形颜色更改为浅灰色（R: 240, G: 240, B: 234），如图4.196所示。

图4.196 更改图形颜色

⑤ 双击"圆角矩形 3"图层样式名称，在弹出的对话框中选中"内阴影"复选框，将"颜色"更改为黑色，"不透明度"更改为15%，取消"使用全局光"复选框，将"角度"更改为180度，"距离"更改为1像素，"大小"更改为1像素，如图4.197所示。

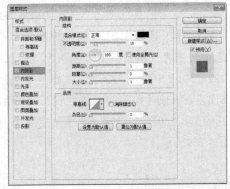

图4.197 设置内阴影

⑥ 勾选"渐变叠加"复选框，将"渐变"更改为

灰色（R：207，G：204，B：200）到透明，如图4.198所示。

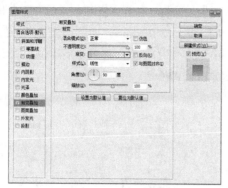

图4.198 设置渐变叠加

07 勾选"投影"复选框，将"混合模式"更改为叠加，"颜色"更改为白色，"不透明度"更改为25%，取消"使用全局光"复选框，将"角度"更改为0度，"距离"更改为1像素，完成之后单击"确定"按钮，如图4.199所示。

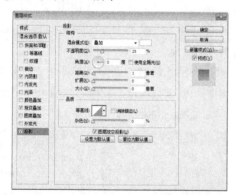

图4.199 设置投影

08 选中"圆角矩形 3"图层，执行菜单栏中的"图层"|"创建剪贴蒙版"命令，为当前图层创建剪贴蒙版，将部分图形隐藏，如图4.200所示。

图4.200 创建剪贴蒙版

09 选择工具箱中的"圆角矩形工具" ，在选项栏中将"填充"更改为灰色（R：230，G：227，

B：220），"描边"为无，"半径"更改为10像素，在刚才绘制的圆角矩形右侧位置绘制一个圆角矩形，此时将生成一个"圆角矩形 4"图层，将其拖至面板底部的"创建新图层" 按钮上，复制1个"圆角矩形 4 拷贝"图层，如图4.201所示。

图4.201 绘制图形并复制图层

10 选中"圆角矩形 4"图层，将图形颜色更改为黑色，并将其向下稍微移动，再执行菜单栏中的"图层"|"栅格化"|"形状"命令，将当前图形形状栅格化，如图4.202所示。

图4.202 变换图形并栅格化形状

11 选中"圆角矩形 4"图层，执行菜单栏中的"滤镜"|"模糊"|"高斯模糊"命令，在弹出的对话框中将"半径"更改为2像素，设置完成之后单击"确定"按钮，如图4.203所示。

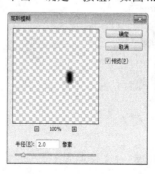

图4.203 设置高斯模糊

12 选中"圆角矩形 4"图层，将其图层"不透明

度"更改为40%，如图4.204所示。

图4.204 更改图层不透明度

⑬ 在"图层"面板中，选中"圆角矩形4 拷贝"图层，单击面板底部的"添加图层样式" fx按钮，在菜单中选择"斜面和浮雕"命令，在弹出的对话框中将"大小"更改为3像素，"软化"更改为3像素，取消"使用全局光"复选框，将"角度"更改为90度，"高度"更改为30度，"高光模式"中的"不透明度"更改为50%，"阴影模式"中的"不透明度"更改为15%，如图4.205所示。

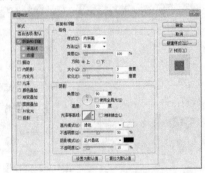

图4.205 设置斜面和浮雕

⑭ 勾选"内阴影"复选框，将"不透明度"更改为12%，取消"使用全局光"复选框，将"角度"更改为－90度，"距离"更改为2像素，"大小"更改为2像素，如图4.206所示。

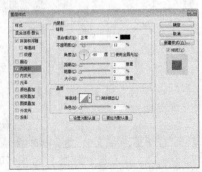

图4.206 设置内阴影

⑮ 勾选"投影"复选框，将"颜色"更改为深黄色（R：120，G：107，B：96），"不透明度"更改为50%，取消"使用全局光"复选框，将"角度"更改为90度，"距离"更改为2像素，"大小"更改为2像素，完成之后单击"确定"按钮，如图4.207所示。

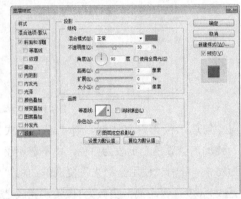

图4.207 设置投影

⑯ 选择工具箱中的"直线工具" ，在选项栏中将"填充"更改为绿色（R：143，G：195，B：30），"描边"为无，"粗细"更改为2像素，在刚才绘制的圆角矩形图形上，按住Shift键绘制一条垂直线段，此时将生成一个"形状1"图层，如图4.208所示。

图4.208 绘制图形

⑰ 在"图层"面板中，选中"形状1"图层，单击面板底部的"添加图层样式" fx按钮，在菜单中选择"内阴影"命令，在弹出的对话框中将"混合模式"更改为正常，"不透明度"更改为50%，取消"使用全局光"复选框，将"角度"更改为90度，"距离"更改为1像素，"大小"更改为2像素，如图4.209所示。

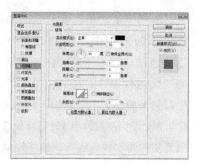

图4.209 设置内阴影

⑱ 勾选"投影"复选框，将"混合模式"更改为正常，"颜色"更改为白色，取消"使用全局光"复选框，将"角度"更改为90度，"距离"更改为1像素，"大小"更改为1像素，完成之后单击"确定"按钮，如图4.210所示。

图4.210 设置投影

⑲ 选择工具箱中的"椭圆工具"，在选项栏中将"颜色"更改为绿色（R：143，G：195，B：30），"描边"为无，在图标靠左上角位置按住Shift键绘制一个圆形，此时将生成一个"椭圆 2"图层，选中"椭圆 2"图层，将其拖至面板底部的"创建新图层"按钮上，复制1个"椭圆 2 拷贝"图层，如图4.211所示。

图4.211 绘制图形并复制图层

⑳ 选中"椭圆 2 拷贝"图层，将图形颜色更改为灰色（R：247，G：247，B：247），按Ctrl+T组合键对其执行"自由变换"命令，当出现变形框以

后按住Alt+Shift组合键将图形等比例缩小，完成之后按Enter键确认，如图4.212所示。

图4.212 变换图形

㉑ 在"图层"面板中，选中"椭圆 2"图层，单击面板底部的"添加图层样式"fx按钮，在菜单中选择"内阴影"命令，在弹出的对话框中将"不透明度"更改为30%，取消"使用全局光"复选框，将"角度"更改为90度，"距离"更改为1像素，"大小"更改为1像素，如图4.213所示。

图4.213 设置内阴影

㉒ 勾选"投影"复选框，将"颜色"更改为白色，取消"使用全局光"复选框，将"角度"更改为90度，"距离"更改为1像素，"大小"更改为1像素，完成之后单击"确定"按钮，如图4.214所示。

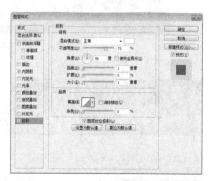

图4.214 设置投影

㉓ 在"图层"面板中，选中"椭圆 2 拷贝"图层，单击面板底部的"添加图层样式"*fx*按钮，在菜单中选择"投影"命令，在弹出的对话框中将"不透明度"更改为30%，取消"使用全局光"复选框，将"角度"更改为90度，"距离"更改为1像素，"大小"更改为1像素，完成之后单击"确定"按钮，如图4.215所示。

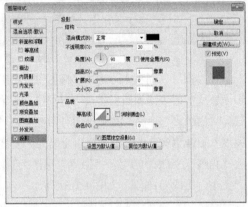

图4.215 设置投影

㉔ 在"图层"面板中，选中"椭圆 2 拷贝"图层，将其图层"填充"更改为80%。

㉕ 选中"椭圆2"图层，按住Alt+Shift组合键向右侧拖动，将图形复制2份，这样就完成了效果制作，最终效果如图4.216所示。

图4.216 复制图形及最终效果

4.7 课堂案例——写实牛皮钱包图标

案例位置	案例文件\第4章\写实牛皮钱包图标.psd
视频位置	多媒体教学\4.7 课堂案例——写实牛皮钱包图标.avi
难易指数	★★★☆☆

本例主要讲解写实钱包的制作，在制作的过程中以实物钱包为参照物，通过观察不同的颜色深浅及质感的变化进行设计，同时在绘制的过程

扫码看视频

中以强调质感为主要目的，制作之初把握好图形变化，制作之中对质感细节进行处理，这样即可制作出真实的写实钱包制作。最终效果如图4.217所示。

图4.217 最终效果

4.7.1 制作背景并绘制图形

① 执行菜单栏中的"文件"|"新建"命令，在弹出的对话框中设置"宽度"为800像素，"高度"为600像素，"分辨率"为72像素/英寸，新建一个空白画布。

② 选择工具箱中的"渐变工具" ■，在选项栏中单击"点按可编辑渐变"按钮，在弹出的对话框中将渐变颜色更改为淡黄色（R：223，G：220，B：210）到白色，设置完成之后单击"确定"按钮，再单击选项栏中的"线性渐变" ■按钮，在画布中从上至下拖动，为画布填充渐变，如图4.218所示。

图4.218 新建画布并填充渐变

③ 选择工具箱中的"圆角矩形工具" ■，在选项栏中将"填充"更改为白色，"描边"为无，"半径"

更改为35像素，在画布中绘制一个圆角矩形，此时将生成一个"圆角矩形1"图层，如图4.219所示。

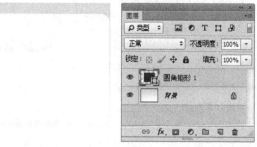

图4.219　绘制图形

04 选择工具箱中的"圆角矩形工具" ，在选项栏中将"填充"更改为白色，"描边"为无，"半径"更改为15像素，在刚才绘制的圆角矩形左侧位置，再次绘制一个圆角矩形，并且使部分图形与刚才绘制的圆角矩形重叠，此时将生成一个"圆角矩形2"图层，如图4.220所示。

图4.220　绘制图形

05 同时选中"圆角矩形2"和"圆角矩形1"图层按Ctrl+E组合键将图层合并，此时将生成一个"圆角矩形2"图层，选中"圆角矩形2"图层，将其拖至面板底部的"创建新图层" 按钮上，复制1个"圆角矩形2拷贝"图层，如图4.221所示。

图4.221　合并图层并复制图层

06 在"图层"面板中，选中"圆角矩形2"图层，单击面板底部的"添加图层样式" 按钮，在菜单中选择"斜面和浮雕"命令，在弹出的对话

框中将"深度"更改为30%，"大小"更改为15像素，"软化"更改为5像素，"阴影模式"中的"颜色"更改为深红色（R：86，G：44，B：38），如图4.222所示。

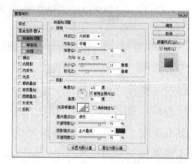

图4.222　设置斜面和浮雕

07 勾选"内阴影"复选框，将"颜色"更改为深红色（R：51，G：0，B：0），"不透明度"更改为100%，"阻塞"更改为10%，"大小"更改为10像素，如图4.223所示。

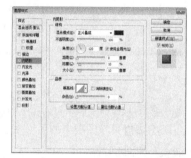

图4.223　设置内阴影

08 勾选"渐变叠加"复选框，将"渐变"更改为粉色（R：242，G：210，B：195）到深红色（R：61，G：15，B：9）到深黄色（R：165，G：94，B：30）到深黄色（R：165，G：94，B：30）到深红色（R：129，G：37，B：13）到深红色（R：73，G：29，B：22），"角度"更改为0度，如图4.224所示。

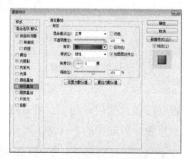

图4.224　设置渐变叠加

在设置渐变的时候，需要注意渐变色标的位置及颜色深浅，渐变编辑效果如图4.225所示。

图4.225 渐变编辑效果

⑨ 选中"圆角矩形 2 拷贝"图层，按Ctrl+T组合键对其执行"自由变换"命令，将光标移至出现的变形框底部控制点上，按住Alt键向上拖动，将图形高度缩小，再将光标移至变形框右侧控制点上，按住鼠标左键向左侧拖动，将图形宽度缩短，完成之后按Enter键确认，如图4.226所示。

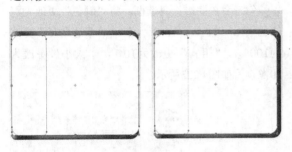

图4.226 变换图形

⑩ 选择工具箱中的"添加锚点工具" ，在"圆角矩形 2 拷贝"图层中的图形左上角位置单击添加锚点，如图4.227所示。

⑪ 选择工具箱中的"转换点工具" 单击刚才添加的锚点将其转换成角点，如图4.228所示。

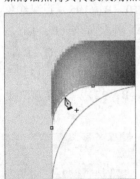

图4.227 添加锚点

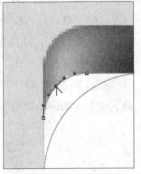

图4.228 转换节点

⑫ 选择工具箱中的"直接选择工具" ，选中刚才经过转换的角点向左上角方向拖动，将圆角转换成直角，以同样的方法将"圆角矩形 2 拷贝"图形左下角锚点进行转换，如图4.229所示。

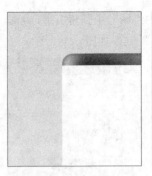

图4.229 变换图形

⑬ 在"圆角矩形 2"图层上单击鼠标右键，从弹出的快捷菜单中选择"拷贝图层样式"命令，在"圆角矩形 2 拷贝"图层上单击鼠标右键，从弹出的快捷菜单中选择"粘贴图层样式"命令，双击"圆角矩形 2 拷贝"图层样式名称，在弹出的对话框中选中"斜面和浮雕"复选框，将"深度"更改为10%，"大小"更改为103像素，"软化"更改为12像素，如图4.230所示。

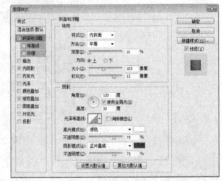

图4.230 设置图层样式

⑭ 勾选"内阴影"复选框，将"混合模式"更改为叠加，"颜色"更改为黑色，"不透明度"更改为50%，"大小"更改为45像素，如图4.231所示。

图4.231 设置内阴影

⑮ 选中"渐变叠加"复选框，观察图像中的高光及阴影效果调整渐变颜色，完成之后单击"确定"按钮，如图4.232所示。

"确定"按钮，如图4.235所示。

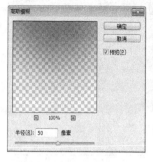

图4.235 设置高斯模糊

⑱ 在"图层"面板中，选中"形状1"图层，将其图层混合模式设置为"滤色"，"填充"更改为50%，如图4.236所示。

图4.232 设置渐变叠加

技巧与提示

在设置渐变色标的时候，可以边观察图形中的高光及阴影效果，一边调整色标位置，并适当添加色标，以更好地调出预期的效果，最终的编辑效果如图4.233所示。

图4.233 渐变效果

图4.236 设置图层混合模式

4.7.2 制作高光质感

⑯ 选择工具箱中的"钢笔工具"，在选项栏中单击"选择工具模式"按钮，在弹出的选项中选择"形状"，将"填充"更改为深黄色（R：153，G：86，B：38），"描边"为无，在钱包上方位置绘制一个不规则图形，此时将生成一个"形状1"图层，选中"形状1"图层，执行菜单栏中的"图层"|"栅格化"|"形状"命令，将当前图形形状栅格化，如图4.234所示。

① 选择工具箱中的"矩形工具"，在选项栏中将"填充"更改为白色，"描边"为无，在钱包图形中间位置绘制一个矩形，此时将生成一个"矩形1"图层，如图4.237所示。

图4.237 绘制图形

图4.234 绘制图形并栅格化形状

⑰ 选中"形状1"图层，执行菜单栏中的"滤镜"|"模糊"|"高斯模糊"命令，在弹出的对话框中将"半径"更改为50像素，设置完成之后单击

② 在"图层"面板中，选中"矩形1"图层，单击面板底部的"添加图层样式"按钮，在菜单中选择"渐变叠加"命令，在弹出的对话框中将"渐变"更改为灰色（R：127，G：127，B：127）到白色，完成之后单击"确定"按钮，如图4.238所示。

167

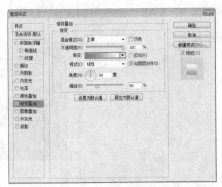

图4.238 设置渐变叠加

03 在"图层"面板中，选中"矩形 1"图层，在其图层名称上单击鼠标右键，从弹出的快捷菜单中选择"栅格化图层样式"命令，将图形形状栅格化，如图4.239所示。

图4.239 栅格化形状

04 选中"矩形 1"图层，执行菜单栏中的"滤镜"|"模糊"|"高斯模糊"命令，在弹出的对话框中将"半径"更改为20像素，完成之后单击"确定"按钮，如图4.240所示。

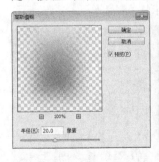 

图4.240 设置高斯模糊

05 在"图层"面板中，选中"矩形 1"图层，将其图层混合模式设置为"柔光"，"填充"更改为50%，如图4.241所示。

图4.241 设置图层混合模式

4.7.3 添加素材并制作质感

01 执行菜单栏中的"文件"|"打开"命令，在弹出的对话框中选择配套资源中的"素材文件\第4章\写实牛皮钱包图标\皮革.jpg"文件，将打开的素材拖入画布中并适当缩小，此时其图层名称将自动更改为"图层 1"，如图4.242所示。

图4.242 添加素材

02 在"图层"面板中，选中"图层 1"图层，单击面板底部的"添加图层蒙版" 按钮，为其图层添加图层蒙版，如图4.243所示。

03 按住Ctrl键单击"圆角矩形 2"图层缩览图，将其载入选区，如图4.244所示。

图4.243 添加图层蒙版　　　图4.244 载入选区

04 执行菜单栏中的"选择"|"反向"命令，将选区反向，将选区填充为黑色，将部分图像隐藏，如图4.245所示。

图4.245 隐藏图像

05 在"图层"面板中,选中"图层 1"图层,设置"图层1"的"模式"为柔光,单击面板底部的"创建新的填充或调整图层" ◎按钮,在弹出的菜单中选择"色阶"命令,在出现的面板中将其数值更改为(0,1.46,223),再单击"此调整影响下面的所有图层" ⌄□按钮,如图4.246所示。

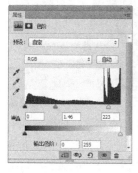

图4.246 调整色阶

06 选中"圆角矩形 2 拷贝"图层,选择工具箱中的"横排文字工具" T,在其图层中的图形左上角路径位置上单击,然后按键盘上的"l"键输入字符以制作缝线效果(字符:Arial,样式:Bold,大小:10点,颜色:黄色(R:237,G:142,B:72)),如图4.247所示。

图4.247 添加字符制作缝线效果

07 在"图层"面板中,选中文字图层,单击面

板底部的"添加图层样式" fx按钮,在菜单中选择"斜面和浮雕"命令,在弹出的对话框中将"样式"更改为枕状浮雕,"深度"更改为235%,"大小"更改为5像素,"高光模式"更改为浅色,"颜色"更改为黄色(R:255,G:174,B:0),如图4.248所示。

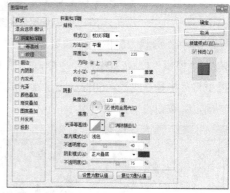

图4.248 设置斜面和浮雕

08 勾选"渐变叠加"复选框,将"渐变"更改为深黄色(R:184,G:95,B:44)到黄绿色(R:193,G:150,B:23),"角度"更改为0度,完成之后单击"确定"按钮,如图4.249所示。

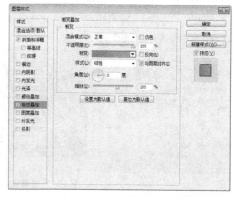

图4.249 设置渐变叠加

09 选择工具箱中的"钢笔工具" ∅,在选项栏中单击 路径 "选择工具模式"按钮,在弹出的选项中选择"形状",将"填充"更改为深黄色(R:153,G:86,B:38),"描边"为无,在钱包下方位置绘制一个不规则图形,此时将生成一个"形状2"图层,选中"形状 2"图层,执行菜单栏中的"图层"|"栅格化"|"形状"命令,将当前图形形状栅格化,如图4.250所示。

图4.250 绘制图形并栅格化形状

⑩ 选中"形状 2"图层，执行菜单栏中的"滤镜"|"模糊"|"高斯模糊"命令，在弹出的对话框中将"半径"更改为50像素，设置完成之后单击"确定"按钮，如图4.251所示。

图4.251 设置高斯模糊

⑪ 在"图层"面板中，选中"形状 2"图层，将其图层混合模式设置为"滤色"，"不透明度"更改为60%，如图4.252所示。

图4.252 设置图层混合模式

4.7.4 制作细节

① 选择工具箱中的"圆角矩形工具" ，在选项栏中将"填充"更改为白色，"描边"为无，"半径"更改为5像素，在钱包图形右侧靠中间位置绘制一个圆角矩形，此时将生成一个"圆角矩形3"图层，如图4.253所示。

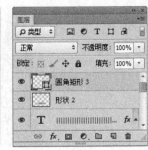

图4.253 绘制图形

② 选择工具箱中的"删除锚点工具" ，单击刚才绘制的圆角矩形左上角锚点，将其删除，如图4.254所示。

图4.254 删除锚点

③ 用同样的方法将左下角锚点删除，选择工具箱中的"直接选择工具" 分别拖动左上角和左下角的控制杆，将圆角矩形的左侧部分变成弧形，如图4.255所示。

图4.255 删除锚点并拖动控制杆

④ 在"图层"面板中，选中"圆角矩形 3"图层，将其拖至面板底部的"创建新图层" 按钮上，复制1个"圆角矩形 3 拷贝"图层，如图4.256所示。

⑤ 选中"圆角矩形 3"图层，将其图形颜色更改为黑色，再执行菜单栏中的"图层"|"栅格化"|"形状"命令，将当前图形形状栅格化，如

图4.257所示。

图4.256 复制图层　图4.257 更改颜色并栅格化形状

06 选中"圆角矩形 3"图层,执行菜单栏中的"滤镜"|"模糊"|"高斯模糊"命令,在弹出的对话框中将"半径"更改为5像素,设置完成之后单击"确定"按钮,将其向下稍微移动,如图4.258所示。

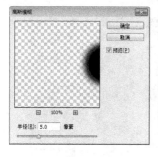

图4.258 设置高斯模糊

07 在"图层"面板中,选中"圆角矩形 3"图层,单击面板底部的"添加图层蒙版" 按钮,为其图层添加图层蒙版,如图4.259所示。

08 选择工具箱中的"画笔工具" ,在画布中单击鼠标右键,在弹出的面板中选择一种圆角笔触,将"大小"更改为50像素,"硬度"更改为0%,如图4.260所示。

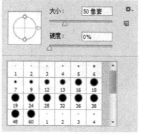

图4.259 添加图层蒙版　图4.260 设置笔触

09 将前景色更改为黑色,在画布中其图形右侧部分涂抹,将部分图形颜色减淡,如图4.261所示。

图4.261 隐藏图形

10 选中"圆角矩形 3"图层,将其图层"不透明度"更改为80%,如图4.262所示。

图4.262 更改图层不透明度

11 在"图层"面板中,选中"圆角矩形 3 拷贝"图层,单击面板底部的"添加图层样式" 按钮,在菜单中选择"斜面和浮雕"命令,在弹出的对话框中将"深度"更改为50%,"大小"更改为5像素,"软化"更改为1像素,将"高光模式"更改为深黄色(R:145,G:62,B:20),"阴影模式"更改为深红色(R:86,G:44,B:38),如图4.263所示。

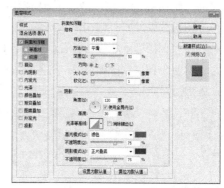

图4.263 设置斜面和浮雕

12 勾选"渐变叠加"复选框,将"渐变"更改为黄色系渐变,"角度"更改为0度,如图4.264所示。

图4.264 添加图层样式后效果

? **技巧与提示**

在设置渐变的时候，注意渐变色标的位置及颜色深浅，渐变效果如图4.265所示。

图4.265 渐变效果

⑬ 执行菜单栏中的"文件"|"打开"命令，在弹出的对话框中选择配套资源中的"调用素材\第3章\写实牛皮钱包\皮革.jpg"文件，将打开的素材拖入画布中并适当缩小，此时其图层名称将自动更改为"图层2"，如图4.266所示。

图4.269 隐藏图像

⑯ 执行菜单栏中的"选择"|"反向"命令，将选区反向，将选区填充为黑色，将部分图像隐藏，完成之后按Ctrl+D组合键将选区取消，如图4.269所示。

⑰ 在"图层"面板中，选中"图层2"图层，将其图层混合模式设置为"滤色"，"不透明度"更改为50%，如图4.270所示。

图4.270 设置图层混合模式

⑱ 选择工具箱中的"椭圆工具" ○，在选项栏中将"填充"更改为白色，"描边"为无，按住Shift键绘制一个圆形，此时将生成一个"椭圆1"图层，如图4.271所示。

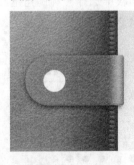

图4.271 绘制图形

图4.266 添加素材

⑭ 在"图层"面板中，选中"图层2"图层，单击面板底部的"添加图层蒙版" ▢ 按钮，为其图层添加图层蒙版，如图4.267所示。

⑮ 在"图层"面板中，按住Ctrl键单击"圆角矩形3拷贝"图层蒙版缩览图，将其载入选区，如图4.268所示。

图4.267 添加图层蒙版　　图4.268 载入选区

⑲ 在"图层"面板中，选中"椭圆1"图层，单击面板底部的"添加图层样式" fx 按钮，在菜单中选择"斜面和浮雕"命令，在弹出的对话框中将"深度"更改为1000%，"大小"更改为2像素，"软化"更改为1像素，将"阴影模式"中的"颜

色"更改为深红色（R：86，G：44，B：38），如图4.272所示。

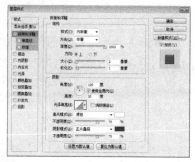

图4.272　设置斜面和浮雕

⑳ 勾选"渐变叠加"复选框，将"渐变"更改为深灰色（R：14，G：14，B：14）到灰色（R：125，G：125，B：125），"样式"更改为"对称的"，如图4.273所示。

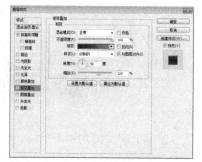

图4.273　设置渐变叠加

㉑ 勾选"投影"复选框，将"不透明度"更改为70%，取消"使用全局光"复选框，将"角度"更改为90度，"距离"更改为3像素，"扩展"更改为10%，"大小"更改为5像素，如图4.274所示。

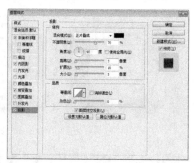

图4.274　设置投影

㉒ 选择工具箱中的"椭圆工具" ，在选项栏中将"填充"更改为黑色，"描边"为无，在钱包下方绘制一个扁长的椭圆图形，此时将生成一个"椭圆 2"图层，选中"椭圆 2"图层，执行菜单栏中的"图层"|"栅格化"|"形状"命令，将当前图形形状栅格化，如图4.275所示。

图4.275　绘制图形并栅格化形状

㉓ 选中"椭圆 2"图层，执行菜单栏中的"滤镜"|"模糊"|"高斯模糊"命令，在弹出的对话框中将"半径"更改为5像素，设置完成之后单击"确定"按钮，如图4.276所示。

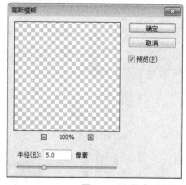

图4.276　设置高斯模糊

㉔ 选中"椭圆 2"图层，将其图层"不透明度"更改为50%，这样就完成了效果制作，最终效果如图4.277所示。

图4.277　更改图层不透明度

4.8　本章小结

本章通过6个写实UI控件的制作讲解，了解写实风格设计相关工具的使用，掌握相关知识、创作思路和关键操作步骤有一个整体的概念，熟悉写实风格UI设计的技巧。

4.9 课后习题

鉴于写实风格在UI设计中的重要性，本章特意安排了4个精彩课后习题供读者练习，以此来提高设计水平，强化自身的设计能力。

4.9.1 习题1——写实手机图标

案例位置	案例文件\第4章\写实手机图标.psd
视频位置	多媒体教学\4.9.1习题1——写实手机图标.avi
难易指数	★★★★☆

本例主要练习写实手机的制作，这是一款标准的拟物化图标，参考的是新款的iPhone手机制作而成，在制作过程中需要重点注意图标上的图形细节元素，细节越丰富，拟物化的图标越自然。最终效果如图4.278所示。

扫码看视频

图4.278 最终效果

步骤分解如图4.279所示。

图4.279 步骤分解图

4.9.2 习题2——写实闹钟图标

案例位置	案例文件\第4章\写实闹钟图标.psd
视频位置	多媒体教学\4.9.2习题2——写实闹钟图标.avi
难易指数	★★★★☆

本例主要练习写实闹钟的制作，本例的整体制作过程稍显复杂，需要重点注意图形的前后顺序及高光、阴影的实现，而闹钟表盘的细节也同样相当重要，在绘制的过程中可以将闹钟分为几个部分逐步绘制。最终效果如图4.280所示。

扫码看视频

图4.280 最终效果

步骤分解如图4.281所示。

图4.281 步骤分解图

4.9.3 习题3——写实钢琴图标

案例位置	案例文件\第4章\写实钢琴图标.psd
视频位置	多媒体教学\4.9.3习题3——写实钢琴图标.avi
难易指数	★★★☆☆

扫码看视频

本例练习钢琴图标的制作，本例中的图标以真实模拟的手法展示一款十分出色的钢琴图标，此款图标可以用作移动设备上的音乐图标或者APP相关应用，它具有相当真实的外观和可识别性。最终效果如图3.282所示。

度，重点在于如何表现质感以及图形大小比例，对于这类写实开关图形的绘制，可以在绘制之初对实物进行仔细观察并将其转换成虚拟的图形再进行绘制。最终效果如图4.284所示。

图4.282 最终效果

步骤分解如图4.283所示。

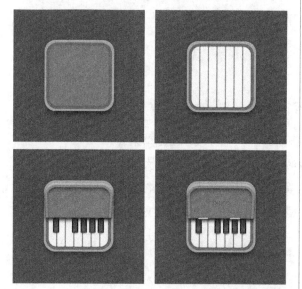

图4.283 步骤分解图

图4.284 最终效果

步骤分解如图4.285所示。

图4.285 步骤分解图

4.9.4 习题4——写实开关设计

案例位置 案例文件\第4章\写实开关设计.psd
视频位置 多媒体教学\4.9.4习题4——写实开关设计.avi
难易指数 ★★★☆☆

本例主要练习写实开关设计的制作，写实类图标的视觉效果普遍受用户欢迎，但是其设计制作上稍有难

扫码看视频

第**5**章

iOS风格界面设计

内容摘要

---

iOS是由苹果公司开发的移动操作系统，大家知道，苹果公司不但在手机和计算机上是领先的，在设计风格上也是大家争相模仿的对象，所以在UI设计中，iOS风格的界面设计也在各种应用上大放光彩，本章将以这种风格为依据，详细讲解iOS风格在UI设计中的应用。

课堂学习目标

- 了解iOS风格
- 学习不同iOS风格界面控件的设计方法

5.1 理论知识——认识iOS风格

5.1.1 iOS的发展及界面分布

iOS是由苹果公司开发的移动操作系统。苹果公司最早于2007年1月9日的Macworld大会上公布这个系统，最初是设计给iPhone使用的，后来陆续套用到iPod Touch、iPad以及Apple TV等产品上。iOS与苹果公司的Mac OS X操作系统一样，属于类Unix的商业操作系统。原本这个系统名为iPhone OS，因为iPad、iPhone、iPod Touch都使用iPhone OS，所以2010WWDC大会上宣布改名为iOS。

苹果公司不但在手机和计算机领域是领先的，在设计风格上也是大家争相模仿的对象，所以在UI设计中，iOS风格的界面设计也在各种应用上大放光彩。

iOS的用户界面采用多点触控直接操作。控制方法包括滑动、轻触开关及按键。与系统交互包括滑动、轻按、挤压及旋转。此外，通过其内置的加速器，可以令其旋转设备改变其y轴以令屏幕改变方向，这样的设计令iPhone更便于使用。

屏幕的下方有一个主屏幕按键，底部则是Dock，有4个用户最经常使用的程序的图标被固定在Dock上。屏幕上方有一个状态栏能显示一些有关数据，如时间、电池电量和信号强度等。其余的屏幕用于显示当前的应用程序。

5.1.2 认识iOS的控件

iPhone的 iOS 系统的开发需要用到控件。开发者在iOS平台会遇到界面和交互如何展现的问题，控件解决了这个问题。使iPhone的用户界面相对于老式手机，更加友好灵活，并便于用户使用。对于UI设计来说，了解几个常用的控件即可。

1. 窗口

iPhone的规则是一个窗口，多个视图，窗口是APP显示的最底层，它是固定不变的，基本上可以不怎么理会，但要知道每层是怎样的架构。

2. 视图

视图是用户构建界面的基础，所有的控件都是在这个页面上画出来的，你可以把它当成是一个画布，可以通过UIView增加控件，并利用控件和用户进行交互和传递数据。

窗口和视图是最基本的类，创建任何类型的用户界面都要用到。窗口表示屏幕上的一个几何区域，而视图类则用其自身的功能画出不同的控件，如导航栏，按钮都是附着视图类之上的，而一个视图则链接到一个窗口。

3. 视图控制器

可以把视图控制器当成是对你要用到视图UIView进行管理和控制，可以在这个UIViewController控制你要显示的是哪个具体的UIView。另外，视图控制器还增添了额外的功能，如内建的旋转屏幕、转场动画以及对触摸等事件的支持。

4. 其他控件

- 按钮：主要是我们平常触摸的按钮，触发时可以调用我们想要执行的应用。
- 选择按钮：可以设置多个选择项，触发相应的选择项调用不同的方法。
- 开关按钮：可以选择开或者关。
- 滑动按钮：常用在控制音量等。
- 显示文本段：显示所给的文本。
- 表格视图：可以定义你要的表格视图，表格头和表格行都可以自定义。
- 搜索条：一般用于查找的功能。
- 工具栏：一般用于主页面的框架。
- 进度条：一般用于显示下载进度。

> **技巧与提示**
>
> 这里需要特别说明的是，iOS风格指的是老版本苹果系统的设计风格，并不是现在流行的扁平风格，基于设计尺寸等相关信息与扁平无差异，所以本章不再讲解，详细尺寸等相关信息可参阅相关章节。

常见iOS风格UI设计如图5.1所示。

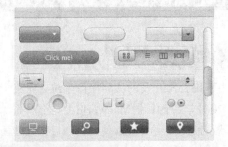

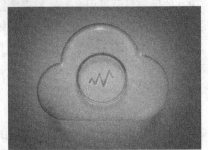

图5.1 常见iOS风格UI设计

5.2 课堂案例——苹果风格登录界面

案例位置	案例文件\第5章\苹果风格登录界面.psd
视频位置	多媒体教学\5.2 课堂案例——苹果风格登录界面.avi
难易指数	★★☆☆☆

本例主要讲解苹果风格登录界面的制作。简约一直是苹果风格最显著的特征，没有过分华丽的外表，只展现给用户最为清晰、直观的视觉界面，这正是它的最大特点，在设计过程中需要注意界面图形的叠加及颜色深浅的搭配即可。最终效果如图5.2所示。

扫码看视频

图5.2 最终效果

5.2.1　制作背景

01 执行菜单栏中的"文件"|"新建"命令，在弹出的对话框中设置"宽度"为600像素，"高度"为600像素，"分辨率"为72像素/英寸，新建一个空白画布，将其填充为灰色（R：228，G：228，B：228）。

02 执行菜单栏中的"滤镜"|"杂色"|"添加杂色"命令，在弹出的对话框中将"数量"更改为1%，勾选"平均分布"单选按钮，完成之后单击"确定"按钮，如图5.3所示。

图5.3 设置添加杂色

03 选择工具箱中的"椭圆工具" ，在选项栏中将"填充"更改为白色，"描边"为无，在画布中间位置按住Shift键绘制一个圆形，此时将生成一个"椭圆1"图层，如图5.4所示。

04 选中"椭圆1"图层，执行菜单栏中的"图层"|"栅格化"|"形状"命令，将当前图形形状栅格化，如图5.5所示。

图5.4 绘制图形　　　　图5.5 栅格化形状

05 执行菜单栏中的"滤镜"|"模糊"|"高斯模糊"命令，在弹出的对话框中将"半径"更改为123像素，设置完成之后单击"确定"按钮，如图5.6所示。

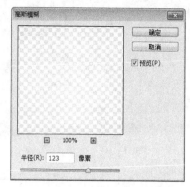

图5.6 设置高斯模糊

5.2.2　绘制图形

01 选择工具箱中的"矩形工具" ，在选项栏中将"填充"更改为白色，"描边"为无，按住Shift键绘制一个矩形，此时将生成一个"矩形1"图层，如图5.7所示。

图5.7 绘制图形

02 选中"矩形1"图层，按Ctrl+T组合键对其执行"自由变换"命令，当出现变形框以后将图形适当旋转，完成之后按Enter键确认，如图5.8所示。

图5.8 变换图形

03 在"图层"面板中，选中"矩形1"图层，单击面板底部的"添加图层样式" fx 按钮，在菜单中选择"描边"命令，在弹出的对话框中将"大小"更改为1像素，"位置"更改为内部，如图5.9所示。

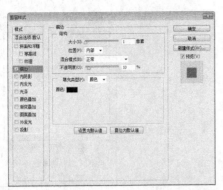

图5.9 设置描边

04 勾选"内发光"复选框，将"混合模式"更改为正常，"颜色"更改为白色，"大小"更改为1像素，如图5.10所示。

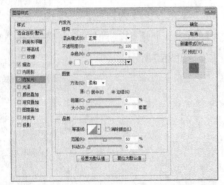

图5.10 设置内发光

05 勾选"渐变叠加"复选框，将"不透明度"更改为3%，"渐变"更改为白色到灰色（R：80，G：80，B：80），如图5.11所示。

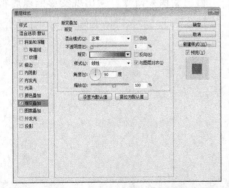

图5.11 设置渐变叠加

06 勾选"图案叠加"复选框，将"不透明度"更改为50%，单击"图案"后方的按钮，在弹出的面板中单击右上角的❖图标，在弹出的列表中选择"彩色纸"，在弹出的对话框中单击"追加"按钮，再选择"白色信纸"图案，如图5.12所示。

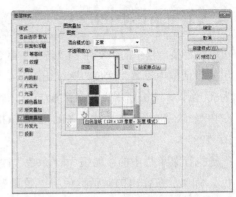

图5.12 设置图案叠加

07 勾选"投影"复选框，将"不透明度"更改为15%，取消"使用全局光"复选框，将"角度"更改为90度，"大小"更改为1像素，完成之后单击"确定"按钮，如图5.13所示。

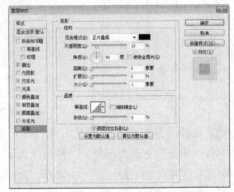

图5.13 设置投影

08 在"图层"面板中，选中"矩形1"图层，将其拖至面板底部的"创建新图层" 🖿 按钮上，复制1个"矩形1 拷贝"图层，如图5.14所示。

09 选中"矩形1 拷贝"图层，按Ctrl+T组合键对其执行"自由变换"命令，当出现变形框以后将图形适当旋转，完成之后按Enter键确认，如图5.15所示。

图5.14 复制图层

图5.15 变换图形

10 用同样的方法再次复制一个图形并将其适当旋

转，如图5.16所示。

图5.16 复制图形并旋转

⑪ 选择工具箱中的"椭圆工具" ，在选项栏中将"填充"更改为灰色（R：244，G：244，B：244），"描边"为无，在界面靠上方位置按住Shift键绘制一个圆形，此时将生成一个"椭圆2"图层，如图5.17所示。

图5.17 绘制图形

⑫ 在"图层"面板中，选中"椭圆2"图层，单击面板底部的"添加图层样式" fx 按钮，在菜单中选择"内阴影"命令，在弹出的对话框中将"不透明度"更改为20%，取消"使用全局光"复选框，将"角度"更改为90度，如图5.18所示。

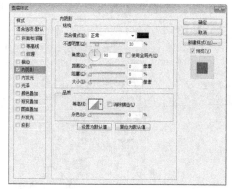

图5.18 设置内阴影

⑬ 勾选"内发光"复选框，将"混合模式"更改为正常，"不透明度"更改为5%，"颜色"更改为黑色，"大小"更改为1像素，如图5.19所示。

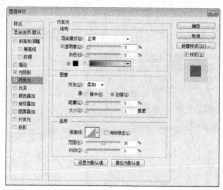

图5.19 设置内发光

⑭ 勾选"投影"复选框，将"混合模式"更改为正常，"颜色"更改为白色，取消"使用全局光"复选框，将"角度"更改为90度，完成之后单击"确定"按钮，如图5.20所示。

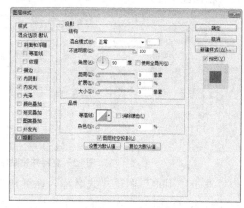

图5.20 设置投影

5.2.3 添加素材

① 执行菜单栏中的"文件"|"打开"命令，在弹出的对话框中选择配套资源中的"素材文件\第5章\苹果风格登录界面\用户.psd"文件，将打开的素材拖入画布中并适当缩小，如图5.21所示。

图5.21 添加素材

② 选中"用户"图层，执行菜单栏中的"图

层"|"创建剪贴蒙版"命令，为当前图层创建剪贴蒙版，将部分图形隐藏，如图5.22所示。

图5.22 创建剪贴蒙版

03 在"椭圆2"图层上单击鼠标右键，从弹出的快捷菜单中选择"拷贝图层样式"命令，在"用户"图层上单击鼠标右键，从弹出的快捷菜单中选择"粘贴图层样式"命令，如图5.23所示。

图5.23 复制并粘贴图层样式

04 双击"用户"图层样式名称，在弹出的对话框中选中"内阴影"复选框，将"大小"更改为1像素，选中"投影"复选框，将"距离"更改为1像素，"大小"更改为1像素，完成之后单击"确定"按钮，如图5.24所示。

图5.24 设置图层样式

5.2.4 绘制文本框

01 选择工具箱中的"圆角矩形工具" ▢，在选项栏中将"填充"更改为灰色（R：243，G：243，B：243），"描边"为无，"半径"更改为4像

素，在界面上绘制一个圆角矩形，此时将生成一个"圆角矩形1"图层，如图5.25所示。

图5.25 绘制图形

02 在"图层"面板中，选中"圆角矩形1"图层，单击面板底部的"添加图层样式"按钮，在菜单中选择"内阴影"命令，在弹出的对话框中将"混合模式"更改为正常，"颜色"更改为黑色，"不透明度"更改为15%，取消"使用全局光"复选框，将"角度"更改为90度，"距离"更改为1像素，如图5.26所示。

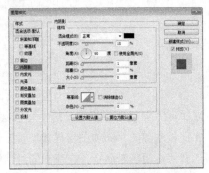

图5.26 设置内阴影

03 勾选"内发光"复选框，将"不透明度"更改为6%，"颜色"更改为黑色，"大小"更改为5像素，如图5.27所示。

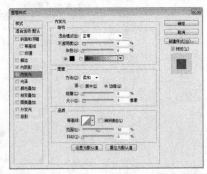

图5.27 设置内发光

04 勾选"投影"复选框，将"混合模式"更改为正常，"颜色"更改为白色，取消"使用全局

光"复选框,将"角度"更改为90度,"距离"更改为1像素,完成之后单击"确定"按钮,如图5.28所示。

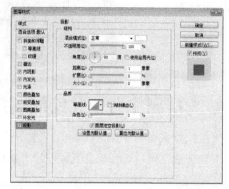

图5.28 设置投影

⑤ 在"图层"面板中,选中"圆角矩形 1"图层,将其拖至面板底部的"创建新图层"按钮上,复制1个"圆角矩形 1 拷贝"图层,如图5.29所示。

⑥ 选中"圆角矩形 1 拷贝"图层,按住Shift键将图形向下移动,如图5.30所示。

图5.29 复制图层　　图5.30 移动图形

⑦ 选择工具箱中的"圆角矩形工具" ,在选项栏中将"填充"更改为灰色(R:244,G:244,B:244),"描边"为无,"半径"更改为5像素,在绘制的文本框图形下方位置绘制一个圆角矩形,此时将生成一个"圆角矩形2"图层,如图5.31所示。

图5.31 绘制图形

⑧ 在"图层"面板中,选中"圆角矩形2"图层,单击面板底部的"添加图层样式" fx 按钮,在菜单中选择"描边"命令,在弹出的对话框中将"大小"更改为1像素,"颜色"更改为灰色(R:205,G:205,B:205),如图5.32所示。

图5.32 设置描边

⑨ 勾选"内阴影"复选框,将"混合模式"更改为正常,"颜色"更改为白色,"不透明度"更改为80%,取消"使用全局光"复选框,将"角度"更改为90度,"距离"更改为1像素,如图5.33所示。

图5.33 设置内阴影

⑩ 勾选"渐变叠加"复选框,将"不透明度"更改为5%,"渐变"更改为黑白渐变,如图5.34所示。

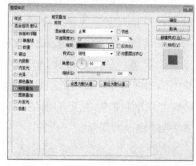

图5.34 设置渐变叠加

183

⑪ 勾选"投影"复选框，将"混合模式"更改为正常，"颜色"更改为灰色（R：172，G：172，B：172），"不透明度"更改为50%，取消"使用全局光"复选框，将"角度"更改为90度，"距离"更改为2像素，完成之后单击"确定"按钮，如图5.35所示。

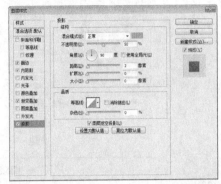

图5.35 设置投影

⑫ 选择工具箱中的"横排文字工具" T ，在画布中适当位置添加文字，完成效果制作，最终效果如图5.36所示。

图5.36 添加图层样式及最终效果

5.3 课堂案例——电话界面

案例位置 案例文件\第5章\电话界面.psd
视频位置 多媒体教学\5.3 课堂案例——电话界面.avi
难易指数 ★★☆☆☆

本例主要讲解电话界面的制作。电话界面是视觉界面设计中最为常见的图形设计，它的设计要求是清晰、简洁、明了、易懂，能让用户在收到来电的瞬间读懂界面上的信息，同时在控件制作上也应当以醒目的配色及易用的操控布局为基准。最终效果如图5.37所示。

扫码看视频

图5.37 最终效果

5.3.1 制作背景并绘制图形

① 执行菜单栏中的"文件"|"打开"命令，在弹出的对话框中选择配套资源中的"素材文件\第5章\电话界面\大海.jpg"文件。

② 执行菜单栏中的"滤镜"|"模糊"|"高斯模糊"命令，在弹出的对话框中将"半径"更改为30像素，设置完成之后单击"确定"按钮，如图5.38所示。

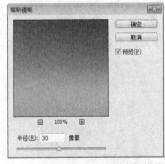

图5.38 设置高斯模糊

③ 选择工具箱中的"圆角矩形工具" ，在选项栏中将"填充"更改为白色，"描边"为无，"半径"更改为5像素，在画布中绘制一个矩形，此时将生成一个"圆角矩形 1"图层，如图5.39所示。

图5.39 绘制图形

④ 在"图层"面板中，选中"圆角矩形 1"图层，单击面板底部的"添加图层样式" fx 按钮，

在菜单中选择"描边"命令，在弹出的对话框中将"大小"更改为1像素，"不透明度"更改为45%，如图5.40所示。

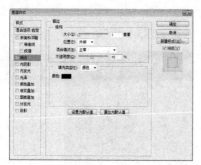

图5.40 设置描边

05 勾选"内阴影"复选框，将"混合模式"更改为正常，"颜色"更改为白色，"不透明度"更改为60%，取消"使用全局光"复选框，将"角度"更改为90度，"距离"更改为1像素，"大小"更改为1像素，如图5.41所示。

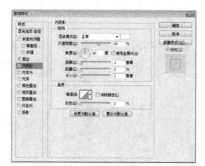

图5.41 设置内阴影

06 勾选"内发光"复选框，将"混合模式"更改为正常，"不透明度"更改为15%，"颜色"更改为白色，"大小"更改为30像素，如图5.42所示。

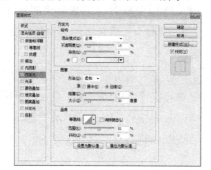

图5.42 设置内发光

07 勾选"渐变叠加"复选框，将"渐变"更改为灰色（R：180，G：180，B：180）到灰色（R：188，G：188，B：188），并将第1个灰色色

标"不透明度"更改为55%，第2个灰色色标"不透明度"更改为45%，"样式"更改为径向，"角度"更改为−90度，如图5.43所示。

图5.43 设置渐变叠加

08 勾选"投影"复选框，将"不透明度"更改为50%，取消"使用全局光"复选框，将"角度"更改为90度，"距离"更改为2像素，"大小"更改为6像素，完成之后单击"确定"按钮，如图5.44所示。

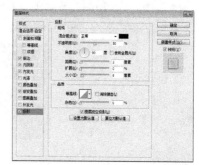

图5.44 设置投影

09 将"圆角矩形1"图层的"填充"更改为0，选择工具箱中的"直线工具" ，在选项栏中将"填充"更改为深灰色（R：95，G：95，B：95），"描边"为无，"粗细"更改为1像素，在刚才绘制的圆角矩形靠上方位置，按住Shift键绘制一条与圆角矩形宽度相同的水平线段，此时将生成一个"形状1"图层，如图5.45所示。

图5.45 绘制图形

⑩ 在"图层"面板中，选中"形状 1"图层，将其拖至面板底部的"创建新图层" 🔲 按钮上，复制1个"形状 1 拷贝"图层，选中"形状 1 拷贝"图层，将其线段颜色更改为白色，"不透明度"更改为30%，将其向下移动1像素，如图5.46所示。

图5.46 复制图层移动图形并降低不透明度

5.3.2 添加文字

① 选择工具箱中的"横排文字工具" T，在界面上方位置添加文字，如图5.47所示。

图5.47 添加文字

② 在"图层"面板中，选中"Incoming Call"图层，单击面板底部的"添加图层样式" fx 按钮，在菜单中选择"投影"命令，在弹出的对话框中将"不透明度"更改为55%，取消"使用全局光"复选框，将"角度"更改为90度，"距离"更改为1像素，"大小"更改为3像素，完成之后单击"确定"按钮，如图5.48所示。

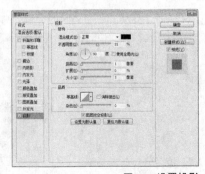

图5.48 设置投影

③ 选择工具箱中的"圆角矩形工具" 🔲，在选项栏中将"填充"更改为白色，"描边"为无，"半径"更改为5像素，在界面右上角位置绘制一个圆角矩形，此时将生成一个"圆角矩形 2"图层，如图5.49所示。

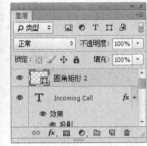

图5.49 绘制图形

④ 选中"圆角矩形 2"图层，按Ctrl+T组合键对其执行"自由变换"命令，当出现变形框以后在选项栏中"旋转"后方的文本框中输入45度，完成之后按Enter键确认，将图形适当旋转，如图5.50所示。

图5.50 旋转图形

⑤ 在"图层"面板中，选中"圆角矩形 2"图层，将其拖至面板底部的"创建新图层" 🔲 按钮上，复制1个"圆角矩形 2 拷贝"图层，如图5.51所示。

⑥ 选中"圆角矩形 2 拷贝"图层，按Ctrl+T组合键对其执行"自由变换"命令，单击鼠标右键，从弹出的快捷菜单中选择"水平翻转"命令，完成之后按Enter键确认，如图5.52所示。

图5.51 复制图层　　图5.52 变换图形

07 同时选中"圆角矩形2 拷贝"及"圆角矩形 2"图层，按Ctrl+E组合键将图层合并，此时将生成一个"圆角矩形2 拷贝"图层，如图5.53所示。

图5.53 合并图层

08 在"图层"面板中，选中"圆角矩形2 拷贝"图层，单击面板底部的"添加图层样式" fx 按钮，在菜单中选择"内阴影"命令，在弹出的对话框中将"混合模式"更改为正常，"颜色"更改为黑色，"不透明度"更改为40%，取消"使用全局光"复选框，将"角度"更改为90度，"距离"更改为1像素，"大小"更改为3像素，如图5.54所示。

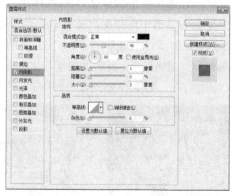

图5.54 设置内阴影

09 勾选"投影"复选框，将"混合模式"更改为正常，"颜色"更改为白色，"不透明度"更改为45%，取消"使用全局光"复选框，将"角度"更改为90度，"距离"更改为1像素，如图5.55所示。

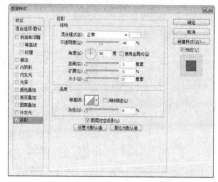

图5.55 设置投影

10 选中"圆角矩形 2 拷贝"图层，将图形颜色更改为蓝色（R：102，G：110，B：152），如图5.56所示。

图5.56 更改图形颜色

5.3.3 制作界面元素

01 选择工具箱中的"椭圆工具"，在选项栏中将"填充"更改为蓝色（R：5，G：15，B：82），"描边"为无，在界面靠上方位置按住Shift键绘制一个圆形，此时将生成一个"椭圆 1"图层。选中"椭圆 1"图层，将其拖至面板底部的"创建新图层"按钮上，复制1个"椭圆 1 拷贝"图层，如图5.57所示。

图5.57 绘制图形并复制图层

02 在"图层"面板中，选中"椭圆 1"图层，单击面板底部的"添加图层样式" fx 按钮，在菜单中选择"内阴影"命令，在弹出的对话框中将"混合模式"更改为正常，"不透明度"更改为35%，取消"使用全局光"复选框，将"角度"更改为

187

90度，"距离"更改为2像素，"大小"更改为3像素，如图5.58所示。

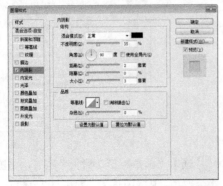

图5.58 设置内阴影

03 勾选"投影"复选框，将"混合模式"更改为正常，"颜色"更改为白色，"不透明度"更改为40%，"使用全局光"复选框，将"角度"更改为90度，"距离"更改为1像素，如图5.59所示。

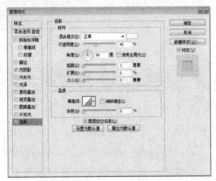

图5.59 设置投影

04 在"图层"面板中，选中"椭圆 1"图层，将其"填充"更改为10%，如图5.60所示。

图5.60 更改填充

05 选中"椭圆1 拷贝"图层，将其图形颜色更改为白色，按Ctrl+T组合键对其执行"自由变换"命令，当出现变形框以后按住Alt+Shift组合键将图形等比例缩小，完成之后按Enter键确认，如图5.61所示。

图5.61 变换图形

06 在"图层"面板中，选中"椭圆1 拷贝"图层，单击面板底部的"添加图层样式" fx 按钮，在菜单中选择"外发光"命令，在弹出的对话框中将"混合模式"更改为正常，"不透明度"更改为20%，"颜色"更改为黑色，"扩展"更改为5%，"大小"更改为8像素，完成之后单击"确定"按钮，如图5.62所示。

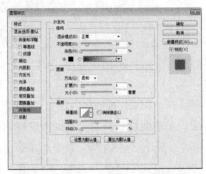

图5.62 设置外发光

5.3.4 添加素材

01 执行菜单栏中的"文件"|"打开"命令，在弹出的对话框中选择配套资源中的"素材文件\第5章\电话界面\头像.jpg"文件，将打开的素材拖入画布中并适当缩小，此时其图层名称将自动更改为"图层 1"，如图5.63所示。

图5.63 添加素材

02 选中"图层 1"图层，执行菜单栏中的"图层"|"创建剪贴蒙版"命令，为当前图层创建剪

贴蒙版,将部分图像隐藏,并将图像等比例缩小,如图5.64所示。

图5.64 创建剪贴蒙版

(03) 选择工具箱中的"圆角矩形工具" ,在选项栏中将"填充"更改为白色,"描边"为无,"半径"更改为3像素,在界面左下角位置绘制一个圆角矩形,此时将生成一个"圆角矩形 2"图层,如图5.65所示。

图5.65 绘制图形

(04) 在"图层"面板中,选中"圆角矩形 2"图层,单击面板底部的"添加图层样式" fx 按钮,在菜单中选择"描边"命令,在弹出的对话框中将"大小"更改为1像素,"位置"更改为内部,"不透明度"更改为30%,"填充类型"更改为渐变,"渐变"更改为黑色到黑色,并将第2个黑色色标的"不透明度"更改为30%,如图5.66所示。

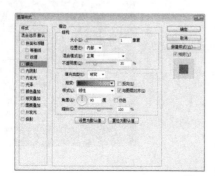

图5.66 设置描边

(05) 勾选"渐变叠加"复选框,将"渐变"更改为

绿色(R:105,G:167,B:26)到绿色(R:156,G:214,B:80)再到浅绿色(R:190,G:237,B:130),并将中间绿色色标位置更改为60%,如图5.67所示。

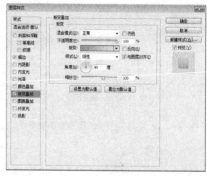

图5.67 设置渐变叠加

(06) 勾选"投影"复选框,将"混合模式"更改为正常,取消"使用全局光"复选框,将"角度"更改为90度,"距离"更改为1像素,"大小"更改为1像素,完成之后单击"确定"按钮,如图5.68所示。

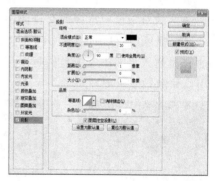

图5.68 设置投影

(07) 在"图层"面板中,选中"圆角矩形 2"图层,将其拖至面板底部的"创建新图层" 按钮上,复制1个"圆角矩形 2 拷贝"图层,选中"圆角矩形 2 拷贝"图层,将图形向右侧平移,如图5.69所示。

图5.69 复制图层并移动图形

08 双击"圆角矩形2拷贝"图层样式名称，在弹出的对话框中将"渐变"更改为红色（R：180，G：37，B：37）到红色（R：210，G：70，B：70）再到浅红色（R：243，G：107，B：107），完成后单击"确定"按钮，如图5.70所示。

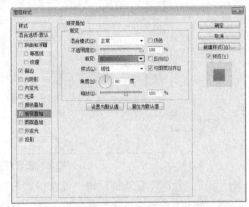

图5.70 设置渐变叠加

09 选择工具箱中的"横排文字工具" T，在界面位置添加文字，如图5.71所示。

10 执行菜单栏中的"文件"|"打开"命令，在弹出的对话框中选择配套资源中的"素材文件\第5章\电话界面\图标.psd"文件，将打开的素材拖入界面中左下角圆角矩形上并适当缩小，如图5.72所示。

图5.71 添加文字　　图5.72 添加素材

11 在"图层"面板中，选中"图标"图层，将其拖至面板底部的"创建新图层" 按钮上，复制1个"图标 拷贝"图层，如图5.73所示。

12 选中"图标 拷贝"图层，按Ctrl+T组合键对其执行"自由变换"命令，当出现变形框以后将图形适当旋转，完成之后按Enter键确认，如图5.74所示。

图5.73 复制图层　　　　图5.74 旋转图形

13 在"图层"面板中，选中"HGBAO"图层，单击面板底部的"添加图层样式" fx 按钮，在菜单中选择"投影"命令，在弹出的对话框中将"不透明度"更改为55%，取消"使用全局光"复选框，将"角度"更改为90度，"距离"更改为1像素，"大小"更改为3像素，完成后单击"确定"按钮，如图5.75所示。

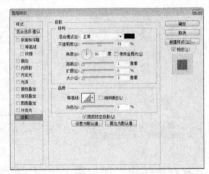

图5.75 设置投影

14 在"HGBAO"图层上单击鼠标右键，从弹出的快捷菜单中选择"拷贝图层样式"命令，分别在"Anwser""Hang up""图标 拷贝"及"图标"图层上单击鼠标右键，从弹出的快捷菜单中选择"粘贴图层样式"命令，这样就完成了效果制作，最终效果如图5.76所示。

图5.76 最终效果

5.4 课堂案例——用户界面

案例位置	案例文件\第5章\用户界面.psd
视频位置	多媒体教学\5.4 课堂案例——用户界面.avi
难易指数	★★★☆☆

本例主要讲解的是用户界面制作。本例的制作同样是写实风格，蓝色系的背景搭配黄色及白灰色系的主界面图形十分协调，而写实的图形绘制更是凸显了精致的界面风格。最终效果如图5.77所示。

扫码看视频

图5.77 最终效果

5.4.1 制作背景

01 执行菜单栏中的"文件"|"新建"命令，在弹出的对话框中设置"宽度"为800像素，"高度"为600像素，"分辨率"为72像素/英寸，"颜色模式"为RGB颜色，新建一个空白画布。

02 单击面板底部的"创建新图层"🖼按钮，新建一个"图层1"图层，将画布填充为蓝色（R：76，G：82，B：108）。

03 执行菜单栏中的"文件"|"新建"命令，在弹出的对话框中设置"宽度"为5像素，"高度"为5像素，"分辨率"为72像素/英寸，"颜色模式"为RGB颜色，"背景内容"为透明，新建一个空白画布。将当前画布放至最大，如图5.78所示。

图5.78 放大画布

❓ **技巧与提示**

在画布中按住Alt键滚动鼠标中间滚轮，同样可以将当前画布放大或缩小。

04 选择工具箱中的"矩形工具"🔲，在选项栏中将"填充"更改为黑色，"描边"为无，在画布中右上角位置按住Shift键绘制一个矩形，此时将生成一个"矩形1"图层，如图5.79所示。

图5.79 绘制图形

05 选中"矩形1"图层，按住Alt键向左下角拖动，将图形复制4份，同时选中复制生成的图形及"矩形1"图层，执行菜单栏中的"图层"|"合并图层"命令，此时将生成一个"矩形1 拷贝4"图层，如图5.80所示。

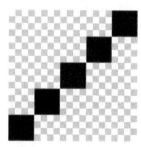 

图5.80 复制并合并图层

06 执行菜单栏中的"编辑"|"定义图案"命令，在弹出的对话框中将"名称"更改为"纹理"，完成之后单击"确定"按钮，如图5.81所示。

图5.81 定义图案

07 在新建的第一个文档中，单击面板底部的"创建新图层"🖼按钮，新建一个"图层2"图层，如图5.82所示。

图5.82 新建图层

08 选中"图层2"图层，执行菜单栏中的"编辑"|"填充"命令，在弹出的对话框中将"使用"更改为图案，单击"自定图案"后方的按钮，在弹出的面板中选择刚才定义的"纹理"图案，完成之后单击"确定"按钮，如图5.83所示。

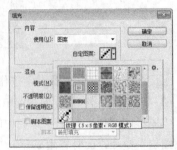

图5.83 设置填充

技巧与提示
按Shift+F5组合键可快速打开"填充"对话框。

09 选中"图层2"图层，执行菜单栏中的"滤镜"|"杂色"|"添加杂色"命令，在弹出的对话框中将"数量"更改为20%，分别勾选"高斯分布"单选按钮和"单色"复选框，完成之后单击"确定"按钮，如图5.84所示。

图5.84 设置添加杂色

10 执行菜单栏中的"滤镜"|"渲染"|"纤维"命令，在弹出的对话框中将"差异"更改为50，"强度"更改为1，完成之后单击"确定"按钮，如图5.85所示。

图5.85 设置纤维

11 选中"图层2"图层，按Ctrl+T组合键对其执行"自由变换"命令，单击鼠标右键，从弹出的快捷菜单中选择"水平翻转"命令，完成之后按Enter键确认，如图5.86所示。

12 在"图层"面板中，选中"图层2"图层，将其拖至面板底部的"创建新图层"按钮上，复制一个"图层2拷贝"图层，如图5.87所示。

图5.86 变换图形　　图5.87 复制图层

13 选中"图层2拷贝"图层，执行菜单栏中的"滤镜"|"杂色"|"蒙尘与划痕"命令，在弹出的对话框中将"半径"更改为90像素，"阈值"更改为80色阶，完成之后单击"确定"按钮，如图5.88所示。

图5.88 设置蒙版与划痕

14 在"图层"面板中，同时选中"图层2拷贝"及"图层2"图层，执行菜单栏中的"图层"|"合并图层"命令，将图层合并，此时将生成一个"图层2拷贝"图层，如图5.89所示。

图5.89 合并图层

⑮ 在"图层"面板中，选中"图层 2 拷贝"图层，将其图层混合模式设置为"正片叠底"，"不透明度"更改为50%，如图5.90所示。

图5.90 设置图层混合模式

⑯ 选中"图层2 拷贝"图层，执行菜单栏中的"图像"|"调整"|"色阶"命令，在弹出的对话框中将其色阶数值更改为（160，1.00，247），完成之后单击"确定"按钮，如图5.91所示。

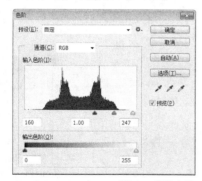

图5.91 调整色阶

⑰ 在"图层"面板中，选中"图层 2 拷贝"图层，将其拖至面板底部的"创建新图层"按钮上，复制一个"图层 2 拷贝2"图层，如图5.92所示。

⑱ 选中"图层2 拷贝2"图层，按Ctrl+T组合键对其执行"自由变换"命令，单击鼠标右键，从弹出的快捷菜单中选择"水平翻转"命令，完成之后按Enter键确认，如图5.93所示。

图5.92 复制图层　　　　　　图5.93 变换图形

⑲ 在"图层"面板中，同时选中"图层 2 拷贝2""图层 2 拷贝"及"图层 1"图层，执行菜单栏中的"图层"|"合并图层"命令，将图层合并，此时将生成一个"图层 2 拷贝 2"图层。

⑳ 选中"图层 2 拷贝 2"图层，执行菜单栏中的"图像"|"调整"|"色阶"命令，在弹出的对话框中将其色阶数值更改为（10，1.03，240），完成之后单击"确定"按钮，如图5.94所示。

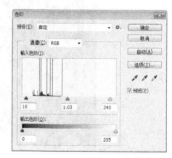

图5.94 调整色阶

㉑ 选择工具箱中的"矩形工具"，在选项栏中将"填充"更改为深蓝色（R：29，G：33，B：48），"描边"为无，绘制一个与画布中大小相同的矩形，此时将生成一个"矩形1"图层，如图5.95所示。

图5.95 绘制图形

㉒ 在"图层"面板中，选中"矩形 1"图层，单击面板底部的"添加图层蒙版"按钮，为其图层添加图层蒙版，如图5.96所示。

193

㉓ 选择工具箱中的"渐变工具" ，在选项栏中单击"点按可编辑渐变"按钮，在弹出的对话框中选择"黑白渐变"，设置完成之后单击"确定"按钮，再单击选项栏中的"径向渐变" 按钮，如图5.97所示。

图5.96 添加图层蒙版

图5.97 设置渐变

㉔ 在图形上拖动，将部分图形隐藏，如图5.98所示。

图5.98 隐藏图形

㉕ 选中"矩形1"图层，按Ctrl+Alt+Shift+E组合键盖印可见图层命令，此时将生成一个"图层1"图层。

㉖ 选中"图层1"图层，执行菜单栏中的"图像"|"调整"|"亮度/对比度"命令，在弹出的对话框中将"亮度"更改为17，"对比度"更改为5，完成之后单击"确定"按钮，如图5.99所示。

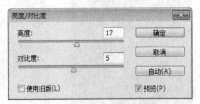
图5.99 调整亮度/对比度

㉗ 选择工具箱中的"椭圆工具" ，在选项栏中将"填充"更改为蓝色（R：92，G：105，B：160），"描边"为无，在画布靠顶部位置按

住Shift键绘制一个圆形，此时将生成一个"椭圆1"图层，如图5.100所示。

图5.100 绘制图形

㉘ 在"图层"面板中，选中"椭圆1"图层，执行菜单栏中的"图层"|"栅格化"|"形状"命令，将当前图形形状栅格化，如图5.101所示。

图5.101 栅格化形状

㉙ 执行菜单栏中的"滤镜"|"模糊"|"高斯模糊"命令，在弹出的对话框中将"半径"更改为140像素，设置完成之后单击"确定"按钮，如图5.102所示。

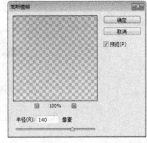
图5.102 设置高斯模糊

㉚ 在"图层"面板中，选中"椭圆1"图层，单击面板底部的"添加图层蒙版" 按钮，为其图层添加图层蒙版，如图5.103所示。

㉛ 选择工具箱中的"画笔工具" ，在画布中单击鼠标右键，在弹出的面板中选择一种圆角笔触，将"大小"更改为500像素，"硬度"更改为0%，如图5.104所示。

图5.103 添加图层蒙版

图5.104 设置笔触

㉜ 在图形边缘涂抹，将部分图形隐藏，如图5.105所示。

图5.105 隐藏图形

5.4.2 添加素材

① 执行菜单栏中的"文件"|"打开"命令，在弹出的对话框中选择配套资源中的"素材文件\第5章\用户界面\木板.jpg"文件，将打开的素材拖入画布中并适当缩小，此时其图层名称将自动更改为"图层2"，如图5.106所示。

图5.106 添加素材

② 选择工具箱中的"圆角矩形工具" ▣，在选项栏中将"填充"更改为白色，"描边"为无，"半径"更改为10像素，在刚才添加的素材图像上绘制一个比木板稍小的圆角矩形，此时将生成一个"圆角矩形1"图层，如图5.107所示。

图5.107 绘制图形

③ 在"图层"面板中，按住Ctrl键单击"圆角矩形1"图层缩览图，将其载入选区，再执行菜单栏中的"选择"|"反向"命令，将选区反向，选中"图层2"图层，将选区中的图像删除，完成之后按Ctrl+D组合键将选区取消，再将"圆角矩形1"图层删除，如图5.108所示。

图5.108 删除图像

④ 选中"图层2"图层，执行菜单栏中的"图像"|"调整"|"色相/饱和度"命令，在弹出的对话框中将"饱和度"更改为−20，完成之后单击"确定"按钮，如图5.109所示。

图5.109 调整色相/饱和度

⑤ 执行菜单栏中的"图像"|"调整"|"曲线"命令，在弹出的对话框中将其曲线向上拖动，完成之后单击"确定"按钮，如图5.110所示。

图5.110 调整曲线

06 执行菜单栏中的"图像"|"调整"|"曝光度"命令，在弹出的对话框中将"曝光度"更改为0.16，完成之后单击"确定"按钮，如图5.111所示。

图5.111 调整曝光度

07 选中"图层2"图层，执行菜单栏中的"图像"|"调整"|"可选颜色"命令，在弹出的对话框中选择"颜色"为黄色，将"黄色"更改为－10％，完成之后单击"确定"按钮，如图5.112所示。

图5.112 调整可选颜色

08 在"图层"面板中，选中"图层2"图层，将其拖至面板底部的"创建新图层" 按钮上，复制一个"图层2拷贝"图层。

09 在"图层"面板中，选中"图层2拷贝"图层，单击面板上方的"锁定透明像素" 按钮，将当前图层中的透明像素锁定，将图层填充为白色，

填充完成之后再次单击此按钮将其解除锁定，如图5.113所示。

图5.113 锁定透明像素并填充颜色

10 在"图层"面板中，选中"图层2拷贝"图层，单击面板底部的"添加图层样式" fx 按钮，在菜单中选择"内发光"命令，在弹出的对话框中将"不透明度"更改为40％，"颜色"更改为黄色（R：249，G：247，B：189），"大小"更改为5像素，完成之后单击"确定"按钮，如图5.114所示。

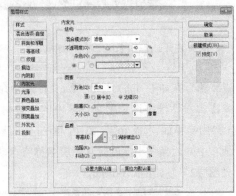

图5.114 设置内发光

11 在"图层"面板中，将"图层2拷贝"图层的"填充"更改为0，选中"图层2"图层，将其拖至面板底部的"创建新图层" 按钮上，复制一个"图层2拷贝3"图层，选中"图层2"图层，将其向下稍微移动，如图5.115所示。

图5.115 复制图层并移动图像

⑫ 选中"图层2"图层,执行菜单栏中的"图像"|"调整"|"色阶"命令,在弹出的对话框中将其数值更改为(75,0.63,255),完成之后单击"确定"按钮,如图5.116所示。

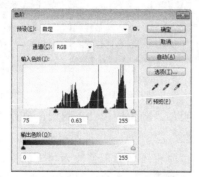

图5.116 调整色阶

⑬ 选中"图层2"图层,执行菜单栏中的"图像"|"调整"|"色相/饱和度"命令,在弹出的对话框中将"饱和度"更改为−25,完成之后单击"确定"按钮,如图5.117所示。

图5.117 调整色相/饱和度

5.4.3 绘制图形

⑴ 选择工具箱中的"圆角矩形工具" ,在选项栏中将"填充"更改为白色,"描边"为无,"半径"更改为6像素,在木板图像上绘制一个圆角矩形,此时将生成一个"圆角矩形1"图层,如图5.118所示。

图5.118 绘制图形

⑵ 在"图层"面板中,选中"圆角矩形 1"图层,将其拖至面板底部的"创建新图层" 按钮上,复制一个"圆角矩形 1 拷贝"图层,如图5.119所示。

⑶ 选中"圆角矩形 1 拷贝"图层,按Ctrl+T组合键对其执行"自由变换"命令,将光标移至出现的变形框顶部控制点按住鼠标左键向下拖动将图形高度缩小,完成之后按Enter键确认,再将其图形颜色更改为灰色(R:247,G:244,B:239),如图5.120所示。

图5.119 复制图层　　　图5.120 更改图形颜色

⑷ 在"图层"面板中,选中"圆角矩形1 拷贝"图层,单击面板底部的"添加图层样式" 按钮,在菜单中选择"渐变叠加"命令,在弹出的对话框中将渐变颜色更改为灰色(R:250,G:248,B:245)到灰色(R:247,G:244,B:239),完成之后单击"确定"按钮,如图5.121所示。

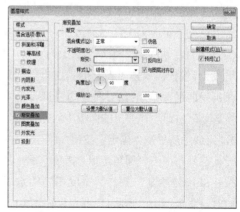

图5.121 设置渐变叠加

⑸ 选择工具箱中的"添加锚点工具" ,在画布中"圆角矩形1 拷贝"图层左上角弧度位置单击添加锚点,如图5.122所示。

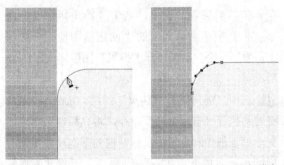

图5.122 添加锚点

技巧与提示

在添加锚点的过程中，可将需要添加锚点的区域放大，使添加的锚点位置更加准确。

06 选择工具箱中的"转换点工具"，单击刚才添加的锚点将其转换成角点。选择工具箱中的"直接选择工具"选中刚才经过转换的锚点，向左上角方向移动将图形变成直角，用同样的方法将图形右上角弧度变换，如图5.123所示。

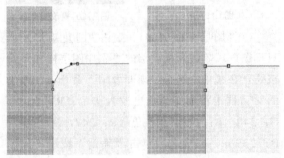

图5.123 转换锚点并变换

07 选择工具箱中的"直线工具"，在选项栏中将"填充"更改为无，"描边"为灰色（R：90，G：90，B：90），"大小"更改为1点，"粗细"更改为1像素，单击"设置形状描边类型"按钮，在出现的面板中选择第3种描边类型，再单击"更多选项"按钮，在弹出的面板中将"间隙"更改为3，完成之后单击"确定"按钮。

08 在画布中沿"圆角矩形1拷贝"图形顶部边缘按住Shift键绘制一条与其宽度相同的水平线段，此时将生成一个"形状1"图层，如图5.124所示。

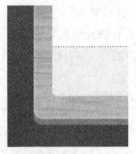

图5.124 绘制图形

09 同时选中"形状 1""圆角矩形 1 拷贝""圆角矩形1"图层，执行菜单栏中的"图层"|"新建"|"从图层建立组"，在弹出的对话框中将"名称"更改为"界面"，完成之后单击"确定"按钮，此时将生成一个"界面"组，如图5.125所示。

图5.125 从图层新建组

10 在"图层"面板中，选中"界面"组，单击面板底部的"添加图层样式"按钮，在菜单中选择"投影"命令，在弹出的对话框中将"不透明度"更改为20%，取消"使用全局光"复选框，将"角度"更改为90度，"距离"更改为2像素，"大小"更改为3像素，完成之后单击"确定"按钮，如图5.126所示。

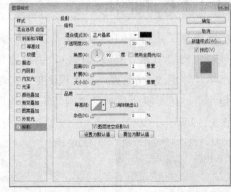

图5.126 设置投影

11 在"图层"面板中，选中"界面"组，将其拖至面板底部的"创建新图层"按钮上，复制一个"界面 拷贝"组，如图5.127所示。

12 选中"界面"组，将其向下稍微移动，按

Ctrl+T组合键对其执行"自由变换"命令,当出现变形框以后将光标移至变形框右侧按住Alt键向左侧拖动,将图形宽度缩短,完成之后按Enter键确认,如图5.128所示。

图5.127 复制组

图5.128 变换图形

⑬ 在"图层"面板中,选中"界面拷贝"组,将其拖至面板底部的"创建新图层" 按钮上,复制一个"界面 拷贝2"组。

⑭ 选中"界面 拷贝2"组,将其向下稍微移动,按Ctrl+T组合键对其执行"自由变换"命令,当出现变形框以后将光标移至变形框右侧按住Alt键向左侧拖动,将图形宽度缩短,完成之后按Enter键确认。

⑮ 在"图层"面板中,双击"界面"组图层样式名称,在弹出的对话框中将"不透明度"更改为35%,"距离"更改为3像素,"大小"更改为5像素,完成之后单击"确定"按钮,如图5.129所示。

图5.129 设置投影

⑯ 在"图层"面板中,双击"界面拷贝"图层样式名称,在弹出的面板中将"角度"更改为145度,"距离"更改为5像素,"大小"更改为5像素,完成之后单击"确定"按钮,如图5.130所示。

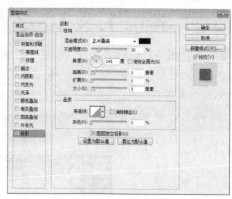

图5.130 设置投影

⑰ 选择工具箱中的"椭圆工具" ,在选项栏中将"填充"更改为白色,"描边"为无,在图形靠左侧按住Shift键绘制一个圆形,此时将生成一个"椭圆2"图层,如图5.131所示。

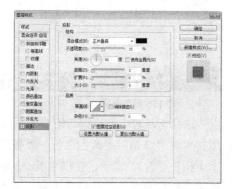

图5.131 绘制图形

⑱ 在"图层"面板中,选中"椭圆2"图层,单击面板底部的"添加图层样式" 按钮,在菜单中选择"内发光"命令,在弹出的对话框中将"混合模式"更改为正常,"不透明度"更改为50%,"颜色"更改为深黄色(R:73,G:47,B:27),"大小"更改为2像素,完成之后单击"确定"按钮,如图5.132所示。

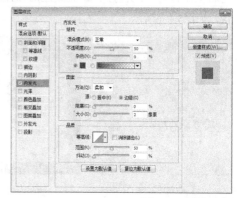

图5.132 设置内发光

5.4.4 添加素材及文字

① 执行菜单栏中的"文件"|"打开"命令，在弹出的对话框中选择配套资源中的"素材文件\第5章\用户界面\头像.jpg"文件，将打开的素材拖入画布中刚才绘制的椭圆图形上并适当缩小，此时其图层名称将自动更改为"图层3"，如图5.133所示。

图5.133 添加素材

② 选中"图层3"图层，执行菜单栏中的"图层"|"创建剪贴蒙版"命令，为当前图层创建剪贴蒙版，如图5.134所示。

图5.134 创建剪贴蒙版

③ 在"图层"面板中，按住Ctrl键单击"椭圆2"图层缩览图，将其载入选区，如图5.135所示。

④ 执行菜单栏中的"选择"|"变换选区"命令，将光标移至变形框右上角按住Alt+Shift组合键向右上角拖动将选区放大，完成之后按Enter键确认，如图5.136所示。

图5.135 载入选区　　　图5.136 新建图层

⑤ 单击面板底部的"创建新图层"█按钮，

新建一个"图层4"图层。执行菜单栏中的"编辑"|"描边"命令，在弹出的对话框中将"宽度"更改为1像素，"颜色"更改为灰色（R：205，G：205，B：205），"位置"更改为内部，完成之后单击"确定"按钮，如图5.137所示。

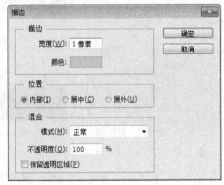

图5.137 设置描边

⑥ 选择工具箱中的"横排文字工具" T，在画布中适当位置添加文字，如图5.138所示。

⑦ 执行菜单栏中的"文件"|"打开"命令，在弹出的对话框中选择配套资源中的"素材文件\第5章\用户界面\图标.psd"文件，将打开的素材拖入画布中刚才添加的文字旁边并适当缩小，如图5.139所示。

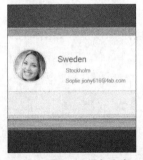

图5.138 添加文字　　　图5.139 添加素材

⑧ 选择工具箱中的"圆角矩形工具" ▣，在选项栏中将"填充"更改为白色，"描边"为无，"半径"更改为5像素，在刚才所添加的文字后面绘制一个圆角矩形，此时将生成一个"圆角矩形2"图层，如图5.140所示。

⑨ 在"图层"面板中，选中"圆角矩形 2"图层，将其拖至面板底部的"创建新图层"█按钮上，复制一个"圆角矩形 2 拷贝"图层，如图5.141所示。

图5.140　绘制图形

图5.141　复制图层

技巧与提示

在添加图层样式的时候可以先将"圆角矩形 2 拷贝"图层暂时隐藏以方便观察添加的样式效果。

⑩ 在"图层"面板中，选中"圆角矩形 2"图层，单击面板底部的"添加图层样式" fx 按钮，在菜单中选择"描边"命令，在弹出的对话框中将"大小"更改为1像素，"颜色"更改为绿色（R：177，G：223，B：133），如图5.142所示。

图5.142　设置描边

⑪ 勾选"渐变叠加"复选框，将渐变颜色更改为绿色（R：153，G：197，B：110）到浅绿色（R：206，G：232，B：141），完成后单击"确定"按钮，如图5.143所示。

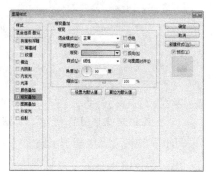

图5.143　设置渐变叠加

⑫ 在"图层"面板中，选中"圆角矩形 2 拷贝"图层，单击面板底部的"添加图层蒙版" ◙ 按钮，为其图层添加图层蒙版，如图5.144所示。

⑬ 选择工具箱中的"渐变工具" ▬，在选项栏中单击"点按可编辑渐变"按钮，在弹出的对话框中选择"黑白渐变"，设置完成之后单击"确定"按钮，再单击选项栏中的"线性渐变" ▬ 按钮，如图5.145所示。

图5.144　添加图层蒙版

图5.145　设置渐变

⑭ 按住Shift键从下至上拖动，将部分图形隐藏，如图5.146所示。

图5.146　隐藏图形

⑮ 选择工具箱中的"直线工具" ✐，在选项栏中将"填充"更改为灰色（R：166，G：166，B：166），"描边"为无，"粗细"更改为1像素，在下方位置按住Shift键绘制一条垂直线段，此时将生成一个"形状2"图层，如图5.147所示。

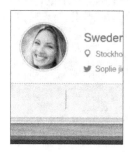

图5.147　绘制图形

⑯ 选中"形状2"图层，按住Alt+Shift组合键向右侧拖动，将图形复制，如图5.148所示。

⑰ 选择工具箱中的"横排文字工具" T，在画布中适当位置添加文字，如图5.149所示。

图5.148 绘制图形

图5.149 添加文字

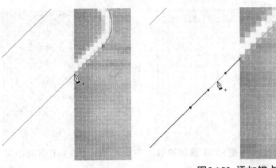
图5.152 添加锚点

⑱ 在"图层"面板中，选中"+Focus"图层，单击面板底部的"添加图层样式" fx 按钮，在菜单中选择"投影"命令，在弹出的对话框中将"不透明度"更改为30%，"距离"更改为1像素，"大小"更改为1像素，如图5.150所示。

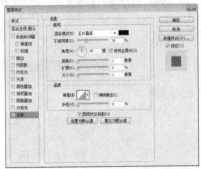
图5.150 设置投影

⑲ 选择工具箱中的"圆角矩形工具" ，在选项栏中将"填充"更改为无，"描边"为白色，"大小"为2点，"半径"更改为8像素，在界面靠右侧边缘绘制一个圆角矩形，此时将生成一个"圆角矩形3"图层，并将其适当旋转，如图5.151所示。

图5.151 绘制图形

⑳ 选择工具箱中的"添加锚点工具" ，在画布中刚才绘制的圆角矩形上不同位置单击添加3个锚点，如图5.152所示。

㉑ 选择工具箱中的"直接选择工具" ，选中刚才添加的第2个锚点按Delete键将其删除，如图5.153所示。

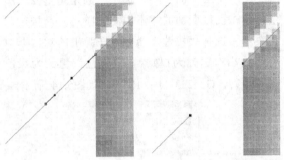
图5.153 删除锚点

㉒ 在"图层"面板中，选中"圆角矩形 3"图层，将其拖至面板底部的"创建新图层" 按钮上，复制一个"圆角矩形 3 拷贝"图层，如图5.154所示。

㉓ 选中"圆角矩形 3 拷贝"图层，在选项栏中将"描边"更改为灰色（R：80，G：80，B：80），将其向下稍微移动，如图5.155所示。

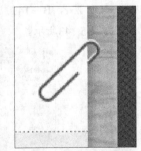
图5.154 复制图层　　　　图5.155 移动图形

㉔ 同时选中"圆角矩形3 拷贝"及"圆角矩形3"图层，按Ctrl+G组合键将图层快速编组，此时将生成一个"组 1"组，如图5.156所示。

图5.156　快速编组

㉕在"图层"面板中，选中"组1"组，单击面板底部的"添加图层样式" fx 按钮，在菜单中选择"投影"命令，在弹出的对话框中将"不透明度"更改为30%，"距离"更改为3像素，"大小"更改为3像素，完成后单击"确定"按钮，如图5.157所示。

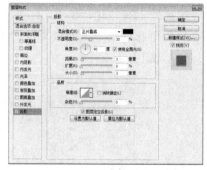

图5.157　设置投影

㉖选择工具箱中的"圆角矩形工具" ，在选项栏中将"填充"更改为灰色（R：80，G：80，B：80），"描边"为无，"半径"更改为8像素，绘制一个细长的圆角矩形并将其适当旋转，此时将生成一个"圆角矩形4"图层，再将"圆角矩形4"组向下移至"组1"下方，如图5.158所示。

图5.158　绘制图形

㉗在"图层"面板中，选中"圆角矩形4"图层，执行菜单栏中的"图层"|"栅格化"|"形状"命令，将当前图形形状栅格化，如图5.159所示。

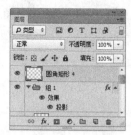

图5.159　栅格化形状

㉘执行菜单栏中的"滤镜"|"模糊"|"高斯模糊"命令，在弹出的对话框中将"半径"更改为5像素，设置完成之后单击"确定"按钮，如图5.160所示。

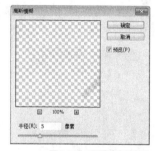

图5.160　设置高斯模糊

㉙选中"圆角矩形4"图层，将其图层"不透明度"更改为50%，如图5.161所示。

图5.161　更改图层不透明度

㉚在"图层"面板中，选中"圆角矩形4"图层，单击面板底部的"添加图层蒙版" 按钮，为其图层添加图层蒙版，编辑一个灰色（R：187，G：187，B：187）到白色的渐变，如图5.162所示。

图5.162　添加图层蒙版并设置渐变

③ 在图形上从左下角向右上角方向拖动，将部分图形隐藏，如图5.163所示。

图5.163 隐藏图形

③ 在"图层"面板中，选中"圆角矩形 4"图层，将其拖至面板底部的"创建新图层" ⎙ 按钮上，复制一个"圆角矩形 4 拷贝"图层，并将"圆角矩形 4 拷贝"图层"不透明度"更改为30%，将其向右下角稍移动，如图5.164所示。

图5.164 复制图层并移动

③ 选择工具箱中的"画笔工具" ✐，单击鼠标右键，在弹出的面板中选择一种圆角笔触，将"大小"更改为80像素，"硬度"更改为0%，如图5.165所示。

③ 在图形上两端涂抹，将部分图形隐藏，如图5.166所示。

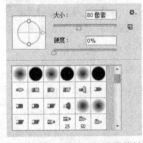

图5.165 设置笔触　　图5.166 隐藏图形

5.4.5 绘制拟物图形

① 选择工具箱中的"椭圆工具" ●，在选项栏中将"填充"更改为白色，"描边"为无，在画布中靠顶部位置按住Shift键绘制一个圆形，此时将生成一个"椭圆3"图层，如图5.167所示。

图5.167 绘制图形

② 在"图层"面板中，选中"椭圆3"图层，单击面板底部的"添加图层样式" fx 按钮，在菜单中选择"渐变叠加"命令，在弹出的对话框中将渐变颜色更改为淡黄色（R：255，G：253，B：241）到深蓝色（R：52，G：49，B：66）再到灰色（R：210，G：210，B：210），并将中间的色标位置更改为80%，"缩放"更改为150%，如图5.168所示。

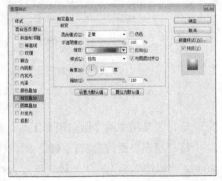

图5.168 设置渐变叠加

③ 勾选"投影"复选框，将"不透明度"更改为30%，"距离"更改为5像素，"大小"更改为5像素，完成后单击"确定"按钮，如图5.169所示。

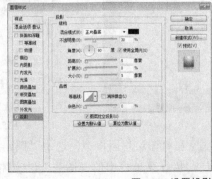

图5.169 设置投影

④ 选择工具箱中的"椭圆工具" ●，在选项栏

中将"填充"更改为深蓝色（R：52，G：49，B：66），"描边"为无，在靠左侧位置按住Shift键绘制一个圆形，此时将生成一个"椭圆4"图层，如图5.170所示。

图5.170 绘制图形

05 在"图层"面板中，选中"椭圆4"图层，单击面板底部的"添加图层样式" fx 按钮，在菜单中选择"描边"命令，在弹出的对话框中将"大小"更改为2像素，"颜色"更改为淡蓝色（R：180，G：172，B：218），如图5.171所示。

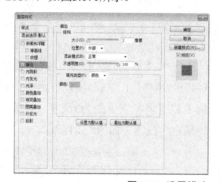

图5.171 设置描边

06 勾选"内阴影"复选框，将"距离"更改为3像素，"大小"更改为3像素，如图5.172所示。

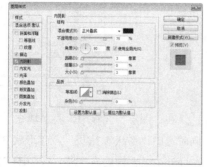

图5.172 设置内阴影

07 勾选"外发光"复选框，将"混合模式"更改为正常，"颜色"更改为黑色，"扩展"更改为2%，"大小"更改为3像素，完成之后单击"确定"按钮，如图5.173所示。

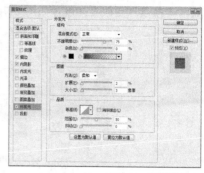

图5.173 设置外发光

08 选中"椭圆4"图层，按住Alt+Shift组合键拖至面板靠右上角位置，此时将生成一个"椭圆4 拷贝"图层，如图5.174所示。

图5.174 复制图形

09 选择工具箱中的"直线工具" ，在选项栏中将"填充"更改为浅蓝色（R：132，G：125，B：169），"描边"为无，"粗细"更改为3像素，在刚才绘制的椭圆之间绘制一条线段将图形相连接，此时将生成一个"形状3"图层，选中"形状3"图层，将其拖至面板底部的"创建新图层" 按钮上，复制一个"形状3 拷贝"图层，如图5.175所示。

图5.175 绘制图形

10 在"图层"面板中，选中"形状3 拷贝"图层，单击面板底部的"添加图层样式" fx 按钮，在菜单中选择"斜面和浮雕"命令，在弹出的对话框中将"深度"更改为100%，"大小"更改为5像素，"角度"更改为90度，如图5.176所示。

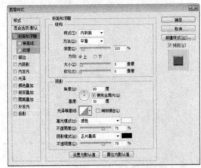

图5.176 设置斜面和浮雕

⑪ 勾选渐变叠加复选框，将渐变颜色更改为浅蓝色（R：132，G：125，B：169）到淡蓝色（R：100，G：92，B：148），如图5.177所示。

图5.177 设置渐变叠加

⑫ 勾选"投影"复选框，将"不透明度"更改为30%，"角度"更改为90度，"距离"更改为2像素，"大小"更改为2像素，完成后单击"确定"按钮，如图5.178所示。

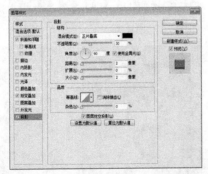

图5.178 设置投影

⑬ 选中"形状 3"图层，按Ctrl+T组合键对其执行"自由变换"命令，当出现变形框以后将图形长度缩短，再适当旋转，完成后按Enter键确认，如图5.179所示。

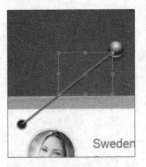 

图5.179 变换图形

⑭ 在"图层"面板中，选中"形状 3"图层，执行菜单栏中的"图层"|"栅格化"|"形状"命令，将当前图形栅格化，如图5.180所示。

图5.180 栅格化形状

⑮ 选中"形状 3"图层，执行菜单栏中的"滤镜"|"模糊"|"高斯模糊"命令，在弹出的对话框中将"半径"更改为3像素，设置完成之后单击"确定"按钮，如图5.181所示。

图5.181 设置高斯模糊

⑯ 在"图层"面板中，将"填充"更改为黑色，同时选中"形状 3 拷贝"及"形状 3"图层，按住Alt+Shift组合键向右平移，按Ctrl+T组合键对其执行"自由变换"命令，单击鼠标右键，从弹出的快捷菜单中选择"水平翻转"命令，将图形变换，完成之后按Enter键确认，此时将生成2个"形状 3 拷贝 2"图层，如图5.182所示。

图5.182 复制图层

⑰ 在"图层"面板中,选中"椭圆3"图层,将其移至图层最上方,如图5.183所示。

图5.183 更改图层顺序

⑱ 选择工具箱中的"圆角矩形工具" ,在选项栏中将"填充"更改为深蓝色(R:29,G:33,B:48),"描边"为无,"半径"更改为8像素,在界面下方绘制一个圆角矩形,此时将生成一个"圆角矩形5"图层,如图5.184所示。

图5.184 绘制图形

⑲ 选中"圆角矩形5"图层,按Ctrl+T组合键对其执行"自由变换"命令,单击鼠标右键,从弹出的快捷菜单中选择"透视"命令,将光标移至变形框右上角按住鼠标左键向左侧拖动,再将光标移至变形框右下角按住鼠标左键向右侧拖动,完成后按Enter键确认,如图5.185所示。

图5.185 变换图形

⑳ 在"图层"面板中,选中"圆角矩形5"图层,执行菜单栏中的"图层"|"栅格化"|"形状"命令,将当前图形栅格化,如图5.186所示。

图5.186 栅格化形状

㉑ 选中"圆角矩形5"图层,执行菜单栏中的"滤镜"|"模糊"|"高斯模糊"命令,在弹出的对话框中将"半径"更改为10像素,设置完成后单击"确定"按钮,如图5.187所示。

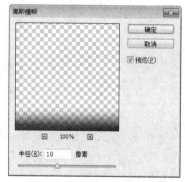

图5.187 设置高斯模糊

㉒ 在"图层"面板中,选中"圆角矩形5"图层,单击面板底部的"添加图层蒙版" ▣ 按钮,为其图层添加图层蒙版,如图5.188所示。

㉓ 选择工具箱中的"渐变工具" ▣,在选项栏中单击"点按可编辑渐变"按钮,在弹出的对话框中选择"黑白渐变",设置完成后单击"确定"按钮,再单击选项栏中的"线性渐变"按钮 ▣,如图5.189所示。

图5.188 添加图层蒙版

图5.189 设置渐变

㉔ 在图形上按住Shift键从下至上拖动，将部分图形隐藏，如图5.190所示。

图5.190 隐藏图形

㉕ 在"图层"面板中，选中"圆角矩形 5"图层，将其向下移至"图层2"图层下方，如图5.191所示。

图5.191 更改图层顺序

㉖ 选中"圆角矩形 5"图层，将其图层"不透明度"更改为70%，这样就完成了效果制作，最终效果如图5.192所示。

图5.192 最终效果

5.5 课堂案例——会员登录框界面

案例位置	案例文件\第5章\会员登录框界面.psd
视频位置	多媒体教学\5.5 课堂案例——会员登录框界面.avi
难易指数	★★☆☆☆

本例主要讲解会员登录框界面的制作，界面的主体图形颜色比较清新素雅，蓝色按钮的绘制使界面富有一定的科技感，同时为原本过于平淡的 扫码看视频

界面添加了一丝生气，而背景的制作则采用了素材图像配合滤镜命令，这样制作的背景显得十分自然。最终效果如图5.193所示。

图5.193 最终效果

5.5.1 制作背景并绘制图形

① 执行菜单栏中的"文件"|"新建"命令，在弹出的对话框中设置"宽度"为800像素，"高度"为600像素，"分辨率"为72像素/英寸，"颜色模式"为RGB颜色，新建一个空白画布。

② 执行菜单栏中的"文件"|"打开"命令，在弹出的对话框中选择配套资源中的"素材文件\第5章\会员登录框界面\图像.jpg"文件，将打开的素材拖入画布中并适当移动，此时其图层名称将自动更改为"图层1"，如图5.194所示。

图5.194 添加素材

03 选中"图层1"图层,执行菜单栏中的"滤镜"|"模糊"|"高斯模糊"命令,在弹出的对话框中将"半径"更改为75像素,设置完成之后单击"确定"按钮,如图5.195所示。

图5.195 设置高斯模糊

04 选择工具箱中的"圆角矩形工具" ,在选项栏中将"填充"更改为浅蓝色(R:243,G:245,B:247),"描边"为无,"半径"更改为10像素,在画布中绘制一个圆角矩形,此时将生成一个"圆角矩形1"图层,如图5.196所示。

05 在"图层"面板中,选中"圆角矩形 1"图层,将其拖至面板底部的"创建新图层" 按钮上,复制一个"圆角矩形 1 拷贝"图层,如图5.197所示。

图5.196 绘制图形

图5.197 复制图层

06 在"图层"面板中,选中"圆角矩形1"图层,单击面板底部的"添加图层样式" fx 按钮,在菜单中选择"内发光"命令,在弹出的对话框中将"混合模式"更改为正常,"颜色"更改为白色,"阻塞"更改为100%,"大小"更改为1像素,如图5.198所示。

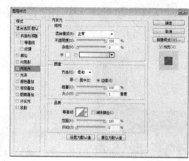
图5.198 设置内发光

07 勾选"投影"复选框,将"不透明度"更改为50%,取消"使用全局光"复选框,将"角度"更改为90度,"大小"更改为15像素,完成之后单击"确定"按钮,如图5.199所示。

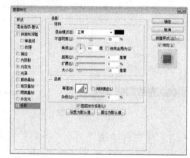
图5.199 设置投影

08 选中"圆角矩形1拷贝"图层,将图形颜色更改为白色,如图5.200所示。

图5.200 更改图形颜色

09 选择工具箱中的"直接选择工具" ,选中"圆角矩形1 拷贝"图形左下角锚点,按Delete键将其删除,如图5.201所示。

图5.201 删除锚点

⑩ 用同样的方法选中图形右下角相同位置锚点将其删除，如图5.202所示。

图5.202 删除锚点

⑪ 同时选中"圆角矩形1 拷贝"图层中的图形底部两个锚点向上移动，将图形高度缩小，如图5.203所示。

图5.203 变换图形

技巧与提示

在选择"圆角矩形1 拷贝"图层中的图形锚点时，由于其图形与下方的图形完全重叠，可以使用"直接选择工具" ，在想要选择的锚点附近按住鼠标左键拖动同时选中两个图形的共同锚点，然后在图层面板中按住Ctrl键单击不需要的锚点所在的图层缩览图即可，这样就可以只选中自己需要选中的锚点。

⑫ 在"图层"面板中，选中"圆角矩形1 拷贝"图层，单击面板底部的"添加图层样式" fx 按钮，在菜单中选择"内阴影"命令，在弹出的对话框中将"不透明度"更改为10%，取消"使用全局光"复选框，将"角度"更改为−90度，"距离"更改为1像素，如图5.204所示。

图5.204 设置内阴影

⑬ 勾选"渐变叠加"复选框，将"渐变"更改为淡蓝色（R：220，G：224，B：230）到淡蓝色（R：240，G：244，B：248），"缩放"更改为80%，如图5.205所示。

图5.205 设置渐变叠加

⑭ 勾选"投影"复选框，将"颜色"更改为白色，取消"使用全局光"复选框，将"角度"更改为90度，"距离"更改为1像素，完成之后单击"确定"按钮，如图5.206所示。

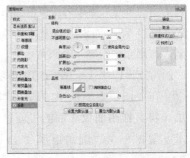

图5.206 设置投影

5.5.2 添加文字并绘制文本框图形

① 选择工具箱中的"横排文字工具" T ，在界面靠顶部位置添加文字，如图5.207所示。

图5.207 添加文字

02 在"图层"面板中，选中"User Login"图层，单击面板底部的"添加图层样式" *fx* 按钮，在菜单中选择"投影"命令，在弹出的对话框中将"颜色"设置为白色，"距离"更改为1像素，完成之后单击"确定"按钮，如图5.208所示。

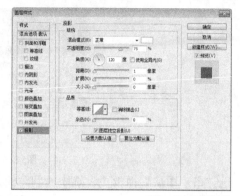

图5.208 设置投影

03 选择工具箱中的"圆角矩形工具" ，在选项栏中将"填充"更改为灰色（R：240，G：240，B：240），"描边"为无，"半径"更改为8像素，在界面中绘制一个圆角矩形，此时将生成一个"圆角矩形2"图层。

04 在"图层"面板中，选中"圆角矩形2"图层，单击面板底部的"添加图层样式" *fx* 按钮，在菜单中选择"内阴影"命令，在弹出的对话框中将"不透明度"更改为10%，取消"使用全局光"复选框，将"角度"更改为90度，"距离"更改为1像素，"大小"更改为3像素，如图5.209所示。

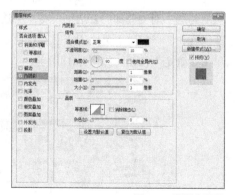

图5.209 设置内阴影

05 勾选"内发光"复选框，将"不透明度"更改为35%，颜色更改为黑色，"大小"更改为1像素，如图5.210所示。

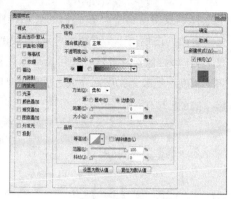

图5.210 设置内发光

06 勾选"投影"复选框，将"颜色"更改为白色，取消"使用全局光"复选框，将"角度"更改为90度，"距离"更改为1像素，"扩展"更改为100%，完成之后单击"确定"按钮，如图5.211所示。

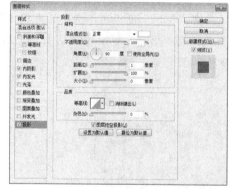

图5.211 设置投影

07 选择工具箱中的"直线工具" ，在选项栏中将"填充"更改为黑色，"描边"为无，"粗细"更改为1像素，在圆角图形内部按住Shift键绘制一条水平线段，此时将生成一个"形状1"图层，如图5.212所示。

图5.212 绘制图形

08 在"图层"面板中，选中"形状1"图层，单击面板底部的"添加图层样式" *fx* 按钮，在菜单中选择"投影"命令，在弹出的对话框中将"颜色"更改为白色，"不透明度"更改为30%，"距离"更改为1像素，取消"使用全局光"复选框，将"角度"更改为90度，完成之后单击"确定"按钮，如图5.213所示。

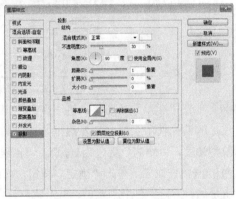

图5.213 设置投影

⑨ 在"图层"面板中，选中"形状 1"图层，将其图层"填充"更改为5%，如图5.214所示。

图5.214 更改填充

⑩ 执行菜单栏中的"文件"|"打开"命令，在弹出的对话框中选择配套资源中的"素材文件\第5章\会员登录框界面\图标.psd"文件，将打开的素材拖入界面中刚才绘制的文本框左侧位置并适当缩小，如图5.215所示。

图5.215 添加素材

⑪ 选择工具箱中的"圆角矩形工具"，在选项栏中将"填充"更改为灰色（R：214，G：214，B：214），"描边"为无，"半径"更改为10像素，在文本框左下角位置绘制一个圆角矩形，此时将生成一个"圆角矩形3"图层，如图5.216所示。

图5.216 绘制图形

⑫ 在"图层"面板中，选中"圆角矩形3"图层，单击面板底部的"添加图层样式" fx 按钮，在菜单中选择"内阴影"命令，在弹出的对话框中将"不透明度"更改为30%，"大小"更改为5像素，如图5.217所示。

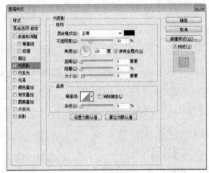

图5.217 设置内阴影

⑬ 勾选"渐变叠加"复选框，将"不透明度"更改为10%，"渐变"更改为透明到黑色，完成之后单击"确定"按钮，如图5.218所示。

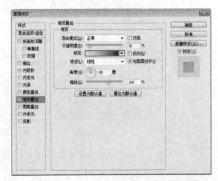

图5.218 设置渐变叠加

⑭ 在"图层"面板中，选中"圆角矩形3"图层，将其"填充"更改为20%，如图5.219所示。

图5.219 更改填充

⑮ 选择工具箱中的"椭圆工具" ○，在选项栏中将"填充"更改为白色，"描边"为无，在刚才绘制的圆角矩形左侧位置，按住Shift键绘制一个圆形，此时将生成一个"椭圆1"图层，如图5.220所示。

图5.220 绘制图形

⑯ 在"图层"面板中，选中"椭圆1"图层，单击面板底部的"添加图层样式" *fx* 按钮，在菜单中选择"内阴影"命令，在弹出的对话框中将"颜色"更改为白色，取消"使用全局光"复选框，将"角度"更改为90度，"距离"更改为2像素，"大小"更改为5像素，如图5.221所示。

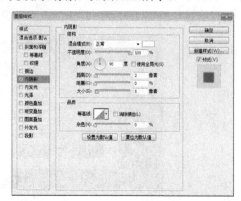

图5.221 设置内阴影

⑰ 勾选"渐变叠加"复选框，将"不透明度"更改为70%，"渐变"更改为浅蓝色（R：197，G：200，B：208）到浅蓝色（R：230，G：230，B：239），如图5.222所示。

图5.222 设置渐变叠加

⑱ 勾选"投影"复选框，将"不透明度"更改为50%，"大小"更改为1像素，完成之后单击"确定"按钮，如图5.223所示。

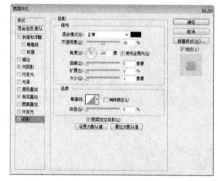

图5.223 设置投影

⑲ 选择工具箱中的"横排文字工具" **T**，在界面适当位置添加文字，如图5.224所示。

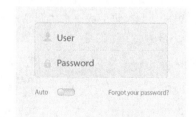

图5.224 添加文字

⑳ 在"图层"面板中，选中"User Password"图层，单击面板底部的"添加图层样式" *fx* 按钮，在菜单中选择"投影"命令，在弹出的对话框中将"颜色"更改为白色，"距离"更改为1像素，完成之后单击"确定"按钮，如图5.225所示。

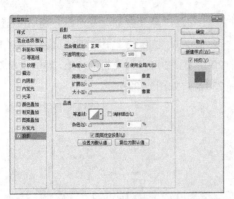

图5.225 设置投影

㉑ 在"User Password"图层上单击鼠标右键，从弹出的快捷菜单中选择"拷贝图层样式"命令，同时选中"Auto"及"Forgot your password?"图层单击鼠标右键，从弹出的快捷菜单中选择"粘贴图层样式"命令，如图5.226所示。

图5.226 复制并粘贴图层样式

❓ **技巧与提示**

同时选中多个图层时复制和粘贴图层样式命令同样适用。

㉒ 选择工具箱中的"圆角矩形工具" ，在选项栏中将"填充"更改为白色，"描边"为无，"半径"更改为5像素，在界面下方位置绘制一个圆角矩形，此时将生成一个"圆角矩形4"图层，如图5.227所示。

图5.227 绘制图形

在"图层"面板中，选中"圆角矩形4"图层，单击面板底部的"添加图层样式" fx 按钮，

在菜单中选择"内阴影"命令，在弹出的对话框中将"不透明度"更改为40%，取消"使用全局光"复选框，将"角度"更改为90度，"距离"更改为1像素，"大小"更改为5像素，如图5.228所示。

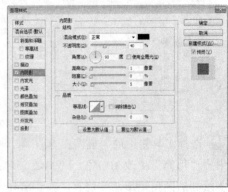

图5.228 设置内阴影

㉓ 勾选"渐变叠加"复选框，将"渐变"更改为蓝色（R：22，G：96，B：184）到淡蓝色（R：50，G：157，B：255），完成之后单击"确定"按钮，如图5.229所示。

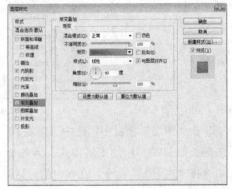

图5.229 设置渐变叠加

㉔ 选择工具箱中的"横排文字工具" T，在刚才绘制的图形上添加文字，这样就完成了效果制作，最终效果如图5.230所示。

图5.230 添加文字

5.6 课堂案例——翻页登录界面

案例位置	案例文件\第5章\翻页登录界面.psd
视频位置	多媒体教学\5.6 课堂案例——翻页登录界面.avi
难易指数	★★☆☆☆

本例主要讲解翻页登录界面的制作。本例的最大特点是淡雅的界面搭配朴实的纹理背景，给人一种自然、舒适的感觉，同时拟物化的类似日历翻页效果，给人一种灵动、眼前一亮的感觉。最终效果如图5.231所示。

扫码看视频

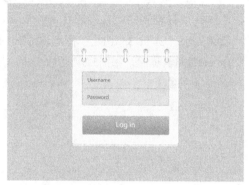

图5.231 最终效果

5.6.1 制作背景

01 执行菜单栏中的"文件"|"新建"命令，在弹出的对话框中设置"宽度"为800像素，"高度"为600像素，"分辨率"为72像素/英寸，新建一个空白画布，将画布填充为灰色（R：225，G：225，B：230）。

02 执行菜单栏中的"文件"|"打开"命令，在弹出的对话框中选择配套资源中的"素材文件\第5章\翻页登录界面\纹理.jpg"文件，将打开的素材拖入画布中并适当缩小，此时其图层名称将自动更改为"图层1"，如图5.232所示。

图5.232 添加素材

03 在"图层"面板中，选中"图层1"图层，将其图层混合模式设置为"颜色加深"，如图5.233所示。

图5.233 设置图层混合模式

5.6.2 绘制图形

01 选择工具箱中的"圆角矩形工具"，在选项栏中将"填充"更改为白色，"描边"为无，"半径"更改为8像素，在画布中绘制一个圆角矩形，此时将生成一个"圆角矩形1"图层，如图5.234所示。

图5.234 绘制图形

02 在"图层"面板中，选中"圆角矩形1"图层，单击面板底部的"添加图层样式" *fx* 按钮，在菜单中选择"描边"命令，在弹出的对话框中将"大小"更改为1像素，"颜色"更改为灰色（R：197，G：200，B：204），如图5.235所示。

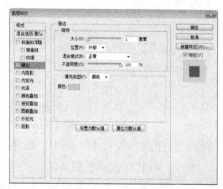

图5.235 设置描边

03 勾选"内阴影"复选框，将"混合模式"更改为正常，"颜色"更改为白色，"阻塞"更改为100%，"大小"更改为3像素，完成之后单击"确定"按钮，如图5.236所示。

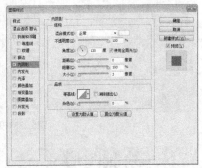

图5.236 设置内阴影

04 在"图层"面板中，选中"圆角矩形1"图层，将其拖至面板底部的"创建新图层" 按钮上，复制1个"圆角矩形1 拷贝"图层，如图5.237所示。

05 选中"圆角矩形1 拷贝"图层，将图形向上稍微移动，如图5.238所示。

图5.237 复制图层　　图5.238 移动图形

06 用与上述同样的方法将圆角矩形再次复制1份，并在画布中向上移动，如图5.239所示。

图5.239 复制图层并移动图形

07 在"图层"面板中，选中"圆角矩形1 拷贝2"图层，将其拖至面板底部的"创建新图层" 按钮上，复制1个"圆角矩形1 拷贝3"图层，如图

5.240所示。

08 选中"圆角矩形1 拷贝3"图层，在画布中将图形向下移动，如图5.241所示。

图5.240 复制图层　　图5.241 移动图形

09 选择工具箱中的"直接选择工具" ，选中"圆角矩形 1 拷贝 3"图层中图形顶部2个锚点，按Delete键将其删除，如图5.242所示。

图5.242 删除锚点

10 选择工具箱中的"矩形工具" ，在选项栏中将"填充"更改为黑色，"描边"为无，在界面靠上方分界线位置绘制一个矩形，此时将生成一个"矩形1"图层，如图5.243所示。

图5.243 绘制图形

11 在"图层"面板中，选中"矩形1"图层，单击面板底部的"添加图层蒙版" 按钮，为其图层添加图层蒙版，如图5.244所示。

12 选择工具箱中的"渐变工具" ，在选项栏中单击"点按可编辑渐变"按钮，在弹出的对话框中选择"黑白渐变"，设置完成之后单击"确定"

按钮，再单击选项栏中的"线性渐变"■按钮，在图形上从下至上拖动，将部分图形隐藏，如图5.245所示。

图5.244　添加图层蒙版

图5.245　隐藏图形

⑬ 选中"矩形 1"图层，将其图层"不透明度"更改为15%，如图5.246所示。

图5.246　更改图层不透明度

⑭ 在"图层"面板中，选中"矩形1"图层，将其拖至面板底部的"创建新图层"■按钮上，复制1个"矩形1 拷贝"图层，如图5.247所示。

⑮ 单击"矩形1 拷贝"图层蒙版缩览图，在图形上从上至下拖动，将部分图形隐藏，如图5.248所示。

图5.247　复制图层

图5.248　隐藏图形

5.6.3　制作界面细节

① 选择工具箱中的"椭圆工具"●，在选项栏中将"填充"更改为灰色（R：232，G：235，B：238），"描边"为无，在分界线左侧位置按住Shift键绘制一个圆形，此时将生成一个"椭圆1"图层，如图5.249所示。

图5.249　绘制图形

② 在"图层"面板中，选中"椭圆1"图层，单击面板底部的"添加图层样式" fx 按钮，在菜单中选择"描边"命令，在弹出的对话框中将"大小"更改为1像素，"位置"更改为内部，"颜色"更改为灰色（R：166，G：170，B：175），如图5.250所示。

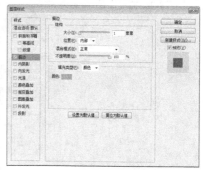

图5.250　设置描边

③ 勾选"内阴影"复选框，将"不透明度"更改为29%，取消"使用全局光"复选框，将"角度"更改为90度，"距离"更改为3像素，完成之后单击"确定"按钮，如图5.251所示。

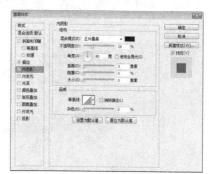

图5.251　设置内阴影

④ 在"图层"面板中，选中"椭圆1"图层，将其拖至面板底部的"创建新图层"■按钮上，复制1个"椭圆1 拷贝"图层，如图5.252所示。

⑤ 选中"椭圆1 拷贝"图层，将图形向上稍微移

217

动，如图5.253所示。

图5.252 复制图层

图5.253 移动图形

06 选择工具箱中的"圆角矩形工具" ，在选项栏中将"填充"更改为白色，"描边"为无，"半径"更改为5像素，在2个椭圆图形之间绘制一个圆角矩形，此时将生成一个"圆角矩形2"图层，如图5.254所示。

图5.254 绘制图形

07 在"图层"面板中，选中"圆角矩形2"图层，单击面板底部的"添加图层样式" fx 按钮，在菜单中选择"描边"命令，在弹出的对话框中将"大小"更改为1像素，"不透明度"更改为20%，"颜色"更改为黑色，如图5.255所示。

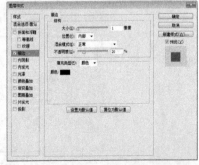

图5.255 设置描边

08 勾选"内阴影"复选框，将"不透明度"更改为15%，"距离"更改为3像素，"大小"更改为3像素，完成之后单击"确定"按钮，如图5.256所示。

图5.256 设置内阴影

09 在"图层"面板中，同时选中"圆角矩形2""椭圆1拷贝"及"椭圆1"图层，按Ctrl+G组合键将图层编组，将生成的组名称更改为"孔"，如图5.257所示。

图5.257 将图层编组

10 选中"孔"组，按住Alt+Shift组合键向右侧拖动，将图形复制4份，如图5.258所示。

图5.258 复制图形

11 选择工具箱中的"圆角矩形工具" ，在选项栏中将"填充"更改为灰色（R：225，G：227，B：230），"描边"为无，"半径"更改为5像素，在画布中绘制一个圆角矩形，此时将生成一个"圆角矩形3"图层，如图5.259所示。

图5.259 绘制图形

218

⑫在"图层"面板中，选中"圆角矩形 3"图层，单击面板底部的"添加图层样式" *fx* 按钮，在菜单中选择"描边"命令，在弹出的对话框中将"大小"更改为1像素，"位置"更改为内部，"颜色"更改为灰色（R：197，G：200，B：204），如图5.260所示。

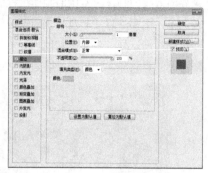

图5.260 设置描边

⑬勾选"内阴影"复选框，将"不透明度"更改为40%，"距离"更改为1像素，"大小"更改为2像素，如图5.261所示。

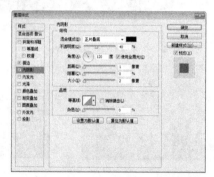

图5.261 设置内阴影

⑭勾选"投影"复选框，将"颜色"更改为白色，取消"使用全局光"复选框，将"角度"更改为90度，"距离"更改为3像素，完成之后单击"确定"按钮，如图5.262所示。

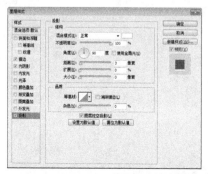

图5.262 设置投影

⑮选择工具箱中的"直线工具" ╱ ，在选项栏中将"填充"颜色更改为灰色（R：181，G：181，B：181），"描边"为无，"粗细"更改为1像素，按住Shift键绘制一条水平线段，此时将生成一个"形状1"图层，如图5.263所示。

图5.263 绘制图形

⑯选择工具箱中的"圆角矩形工具" ▭ ，在选项栏中将"填充"更改为白色，"描边"为无，"半径"更改为5像素，绘制一个圆角矩形，此时将生成一个"圆角矩形4"图层，如图5.264所示。

图5.264 绘制图形

⑰在"图层"面板中，选中"圆角矩形 4"图层，单击面板底部的"添加图层样式" *fx* 按钮，在菜单中选择"描边"命令，在弹出的对话框中将"大小"更改为1像素，"颜色"更改为黄色（R：240，G：182，B：118），如图5.265所示。

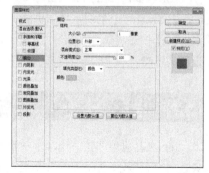

图5.265 设置描边

⑱勾选"渐变叠加"复选框，将"渐变"更改为深黄色（R：226，G：155，B：82）到黄色

（R：233，G：187，B：94），完成之后单击"确定"按钮，如图5.266所示。

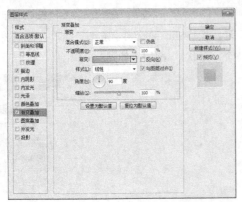

图5.266 设置渐变叠加

⑲ 选择工具箱中的"横排文字工具" **T**，在界面部分位置添加文字，这样就完成了效果制作，最终效果如图5.267所示。

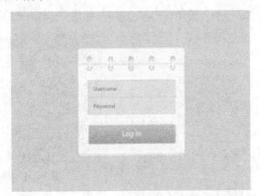

图5.267 添加文字及最终效果

5.7 本章小结

iOS风格也就是苹果风格，本章将不同类型的iOS界面设计一一呈现，详细讲解了不同UI控件元素的制作技巧，读者跟着学习，即可掌握iOS界面设计的精髓。

5.8 课后习题

iOS风格应用非常广泛，本章我们所学的知识只是其中一部分，更多的知识需要在实践中锻炼。本章安排了3个课后习题供读者练习。

5.8.1 习题1——摄影网站会员登录

案例位置	案例文件\第5章\摄影网站会员登录.psd
视频位置	多媒体教学\5.8.1习题1——摄影网站会员登录.avi
难易指数	★★☆☆☆

本例主要练习的是摄影网站会员登录界面效果的制作。本例的制作过程比较简单，主要注意色彩及质感的把握，即可制作出这样一款简单却能很好地体现主题的登录界面。最终效果如图5.268所示。

扫码看视频

图5.268 最终效果

步骤分解如图5.269所示。

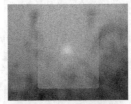

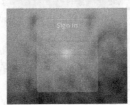

图5.269 步骤分解图

5.8.2 习题2——iPod应用登录界面

案例位置 案例文件\第5章\iPod应用登录界面.psd
视频位置 多媒体教学\5.8.2习题2——iPod应用登录界面.avi
难易指数 ★★☆☆☆

本例主要练习iPod应用登录界面的制作，制作的过程比较简单，重点掌握雕刻样式文字及内嵌文本框的制作方法即可。最终效果如图5.270所示。

扫码看视频

步骤分解如图5.271所示。

图5.270 最终效果

图5.271 步骤分解图

5.8.3 习题3——木质登录界面

案例位置 案例文件\第5章\木质登录界面.psd
视频位置 多媒体教学\5.8.3习题3——木质登录界面.avi
难易指数 ★★★☆☆

本例主要练习木质登录界面的制作，此款界面采用真实的木质图像作为主视觉界面，同时搭配所绘制的纸质登录框图形为用户展现一个原色、木质的登录界面，同时利用定义图案方法制作的真实挂绳效果，不失为界面的一大亮点。最终效果如图5.272所示。

扫码看视频

图5.272 最终效果

步骤分解如图5.273所示。

图5.273 步骤分解图

第6章

精品极致图标制作

---------------------------------- 内容摘要 ----------------------------------

图标是具有明确指代含义的计算机图形, 在UI设计中主要指软件标识, 它源自生活中的各种图形标识, 是UI设计应用图形化的重要组成部分。一个图标是一个小的图片或对象, 代表一个文件、程序、网页或命令。图标有助于用户快速执行命令和打开程序文件。本章精选9个极致精美的图标案例, 通过详细的剖析, 将极致图标的制作过程完全展示在读者面前, 使读者快速掌握图标的设计及制作技巧。

---------------------------------- 课堂学习目标 ----------------------------------

●了解图标的含义   ●学习简洁图标的制作
●掌握极致精美图标的设计技巧

6.1 理论知识——了解图标

图标是具有明确指代含义的计算机图形。它源自生活中的各种图形标识，是计算机应用图形化的重要组成部分。其中桌面图标是软件标识，界面中的图标是功能标识。

6.1.1 图标的分类

图标可分为广义和狭义两种。

1. 广义图标

具有指代意义的图形符号，它不仅是一种图形，更是一种标识，具有高度浓缩并快捷传达信息、便于记忆的特性。从上古时代的图腾，到现在具有更多含义和功能的图标，应用范围很广，软硬件、网页、社交场所、公共场合无所不在，如大到一个国家的国旗，小到街道上的各种交通标志、商店里的各种指示标识等。

2. 狭义图标

随着计算机的出现，图标被赋予新的含义，应用于计算机软件方面，具有明确指代含义的计算机图形，是计算机中为各种文件、应用程序或快捷方式设置的一种图形标识，置于桌面、资源管理器及各种相关的界面中，如Windows桌面图标显示，其中桌面图标是软件标识，而界面或窗口中的图标则为功能标识。

当你熟悉了图标、文件和程序的关系后，就能快速启动相关文件或应用程序，包括：程序标识、数据标识、命令选择、模式信号或切换开关、状态指示等。一个图标是一个小的图片或对象，代表一个文件、程序、网页或命令。图标有助于用户快速执行命令和打开程序文件。当然，一般在图标的下方或旁边显示文件或程序的名称，这样更加便于识别。随着智能手机和平板的出现，图标主要指应用程序的标识，如QQ的图标，通过这个企鹅图标即可启动QQ程序。

6.1.2 图标的作用

使用图标还有几大作用，具体如下。

1. 识别性

不同的图标代表不同的程序、命令或文件。随着竞争不断加剧，用户面对繁杂的信息时，对于特点鲜明、容易辨认、造型优美的图标更加印象深刻，通过图标即可提高识别率。

2. 快捷方式

图标其实就是程序、命令、状态、数据或网页的标识，通过单击图标即可执行命令或打开文件，非常方便快捷。

3. 符号化

通过一个简单的图标，可以让用户快速识别该图标所代表的含义，甚至通过图标可以了解到该程序的内容，比文字更加简洁且美观。

6.1.3 图标的格式

图标的大小和属性有一套标准格式，且通常是小尺寸的。一个图标实际上是多张不同格式的图片的集合体，并且还包含了一定的透明区域。因为计算机操作系统和显示设备的多样性，导致了图标的大小需要有多种格式。

1. PNG格式

PNG即Portable Netowrk Graphics的缩写，图像文件存储格式，释义为"可移植的网络图像文件格式"，其目的是试图替代GIF和TIFF文件格式，同时增加一些GIF文件格式所不具备的特性。

PNG是Macromedia公司出口的Fireworks的专业格式，PNG用来存储灰度图像时，灰度图像的深度可多到16位，存储彩色图像时，彩色图像的深度可多到48位，并且还可存储多到16位的Alpha通道数据。这个格式使用于网络图形，支持背景透明，但是不支持动画效果。它使用的压缩技术允许用户对其进行解压，PNG使用从LZ77派生的无损数据压缩算法，一般应用于JAVA程序，或网页或S60程序中，因为它压缩比高，生成文件容量小。PNG文件格式的优点在于不会使图像失真。同样一张图像的文件尺寸，BMP格式最大，PNG其次，JPEG最小。根据PNG文件格式不失真的缺点，一般将其使用在DOCK中作为可缩放的图标。

2．ICO格式

ICO即Icon File的缩写，是Windows使用的图标文件格式。这种文件格式广泛用于Windows系统中的.dll、.exe文件中。

对于ICO文件，既然它是Windows图标的专门格式，那么，在替换系统图标时就一定会使用到它。要给应用程序换图标，就必须使用ICO格式的图标，另外只有Windows XP以上的系统才支持带Alpha透明通道的图标，这些图标用在Windows XP以下的系统上会很难看。

3．ICL格式

ICL文件只不过就是一个改了名字的16位WindowsDll（NE模式），里面除了图标什么都没有，可以将其理解为按一定顺序存储的图标库文件。ICL文件是多个图标的集合，一般操作系统不直接支持这种格式的文件，需要借助第三方软件才能浏览，ICL文件在日常应用中并不多见，也有一些特殊的图标可以直接在编程语言中调用。

有时候图标并不是以单独的文件形式存在的，它们会存放在.dll文件和.exe文件中，必须用专门的工具软件才能将它们挖出来。如Microangelo中的Explorer组件和Axialis IconWorkshop中的Explorer命令。

4．IP格式

IP是常用的Iconpackager软件的专用文件格式。它实质上是一个改了扩展名的.rar文件，用WinRAR可以打开查看（一般会看到里面包含一个.iconpackage文件和一个.icl文件）。

6.1.4 图标和图像大小

1．iOS系统图标及图像大小

每一个应用程序需要一个应用程序图标和启动图像。随着iOS的升级，一大堆新尺寸的应用程序图标规格又出来了。除了要兼容低版本的iOS，还要兼容高版本，一个APP做下来，要生成十几种不同大小的APP图标。iOS上的图标基本分为这么几类：App Store下使用图标、应用程序主屏幕图标、Spotlight搜索结果图标、工具栏和导航栏图标、设置图标和标签栏图标等。如表1所示为以像素为单位的iPhone图标设计尺寸。

表1 iPhone图标设计尺寸（单位：像素）

设备	App Store	应用程序	主屏幕	Spotlight搜索	标签栏	工具栏和导航栏
iPhone 6 Plus (@3x)	1024 × 1024	180 × 180	152 × 152	87 × 87	75 × 75	66 × 66
iPhone 6 (@2x)	1024 × 1024	120 × 120	152 × 152	58 × 58	75 × 75	44 × 44
iPhone 5/5C/5S(@2x)	1024 × 1024	120 × 120	152 × 152	58 × 58	75 × 75	44 × 44
iPhone 4/4s (@2x)	1024 × 1024	120 × 120	114 × 114	58 × 58	75 × 75	44 × 44
iPhone 4与iPod Touch 第一代/第二代/第三代	1024 × 1024	120 × 120	57 × 57	29 × 29	38 × 38	30 × 30

iPhone图标设计图示，如图6.1所示。

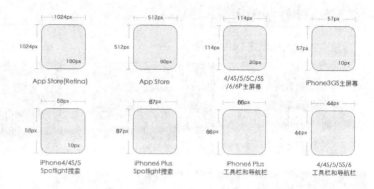

图6.1 iPhone图标设计图示

iPad图标设计尺寸如表2所示。

表2　iPad图标设计尺寸（单位：像素）

设备	App Store	应用程序	主屏幕	Spotlight搜索	标签栏	工具栏和导航栏
iPad 3/4/5/6/Air/Air2/mini 2	1024 × 1024	180 × 180	144 × 144	100 × 100	50 × 50	44 × 44
iPad 1/2	1024 × 1024	90 × 90	72 × 72	50 × 50	25 × 25	22 × 22
iPad Mini	1024 × 1024	90 × 90	72 × 72	50 × 50	25 × 25	22 × 22

iPad图标设计图示，如图6.2所示。

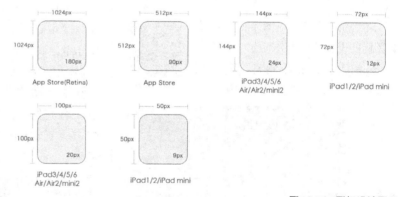

图6.2 iPad图标设计图示

2. Android屏幕图标尺寸规范

大家知道，智能机除了iOS系统还有Android系统，Android系统的屏幕图标尺寸规范如表3所示。

表3　Android系统的屏幕图标尺寸规范（单位：像素）

屏幕大小	启动图标	操作栏图标	上下文图标	系统通知图标（白色）	最细笔画
320 × 480	48 × 48	32 × 32	16 × 16	24 × 24	不小于2
480 × 800　480 × 854　540 × 960	72 × 72	48 × 48	24 × 24	36 × 36	不小于3
720 × 1280	48 × 48	32 × 32	16 × 16	24 × 24	不小于2
1080 × 1920	144 × 144	96 × 96	48 × 48	72 × 72	不小于6

6.1.5 精美APP图标欣赏

精美APP图标欣赏如图6.3所示。

图6.3 精彩APP图标欣赏

6.2 课堂案例——简洁罗盘图标

案例位置	案例文件\第6章\简洁罗盘图标.psd
视频位置	多媒体教学\6.2 课堂案例——简洁罗盘图标.avi
难易指数	★★☆☆☆

本例讲解简洁罗盘图标的制作，此款图标的设计风格十分简约，从纯色的背景到醒目的红色指针，令整个图标视觉效果相当出色。最终效果如图6.4所示。

扫码看视频

图6.4 最终效果

6.2.1 制作背景并绘制图形

01 执行菜单栏中的"文件"|"新建"命令，在弹出的对话框中设置"宽度"为800，"高度"为600，"分辨率"为72像素/英寸，将画布颜色填充为蓝色（R：57，G：138，B：230）。

选择工具箱中的"椭圆工具" ，在选项栏中将"填充"更改为白色，"描边"为无，按住Shift键绘制一个圆形，此时将生成一个"椭圆1"图层，如图6.5所示。

02 在"图层"面板中，选中"椭圆1"图层，将其拖至面板底部的"创建新图层"按钮上，复制1个"椭圆1 拷贝"图层，如图6.6所示。

图6.5 新建画布绘制图形　　　　　图6.6 复制图层

03 选中"椭圆1 拷贝"图层，在选项栏中将"填充"更改为无，"描边"为白色，"大小"更改为30点，如图6.7所示。

图6.7 变换图形

04 在"图层"面板中，选中"椭圆1 拷贝"图层，单击面板底部的"添加图层样式" *fx* 按钮，在菜单中选择"渐变叠加"命令，在弹出的对话框中将"渐变"更改为灰色（R：194，G：194，B：194）到灰色（R：240，G：240，B：240），如图6.8所示。

图6.8 设置渐变叠加

05 勾选"外发光"复选框，将"不透明度"更改为15%，"颜色"更改为黑色，"大小"更改为18像素，如图6.9所示。

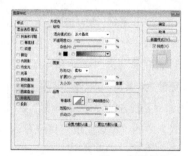

图6.9 设置外发光

06 选中"椭圆1"图层，将其"填充"更改为无，"描边"为深蓝色（R：4，G：16，B：28），"大小"更改为30点，执行菜单栏中的"滤镜"|"模糊"|"高斯模糊"命令，在弹出的对话框中将"半径"更改为15像素，完成之后单击"确定"按钮，在画布中将图像向下稍微移动，将其图层"不透明度"更改为60%，如图6.10所示。

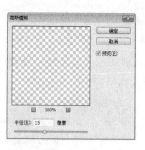

图6.10 设置高斯模糊

07 在"图层"面板中，选中"椭圆 1"图层，单击面板底部的"添加图层蒙版" 按钮，为其图层添加图层蒙版，如图6.11所示。

08 选择工具箱中的"渐变工具" ，编辑黑色到白色的渐变，单击选项栏中的"线性渐变"按钮，在图像上从上至下拖动将部分图像隐藏，如图6.12所示。

图6.11 添加图层蒙版　　　　图6.12 隐藏图像

09 在"图层"面板中，选中"椭圆1 拷贝"图层，将其拖至面板底部的"创建新图层" 按钮上，复制1个"椭圆1 拷贝2"图层，将描边"大小"更改为12点，将"椭圆1 拷贝2"图层中的"外发光"图层样式删除，如图6.13所示，并打开"图层样式"面板，选择"渐变"右侧的"反向"复选框。

10 选中"椭圆1 拷贝2"图层，按Ctrl+T组合键对其执行"自由变换"命令，将图像等比例缩小，完成之后按Enter键确认，如图6.14所示。

图6.13 复制图层　　　　图6.14 变换图形

⑪ 按住Ctrl键单击"椭圆 1 拷贝 2"图层缩览图将其载入选区，如图6.15所示。

⑫ 单击面板底部的"创建新图层" 按钮，新建一个"图层1"图层，如图6.16所示。

图6.15 载入选区

图6.16 新建图层

⑬ 执行菜单栏中的"选择"|"变换选区"命令，当出现变形框以后将选区等比例缩小，完成之后按Enter键确认，如图6.17所示。

⑭ 将选区填充为白色，填充完成之后按Ctrl+D组合键将选区取消，如图6.18所示。

图6.17 变换选区

图6.18 填充颜色

⑮ 在"图层"面板中，选中"图层1"图层，单击面板底部的"添加图层样式" fx 按钮，在菜单中选择"内发光"命令，在弹出的对话框中将"混合模式"更改为柔光，"不透明度"更改为50%，"大小"更改为8像素，完成之后单击"确定"按钮，如图6.19所示。

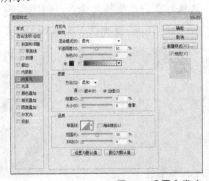
图6.19 设置内发光

⑯ 在"图层"面板中，选中"图层 1"图层，将图层"填充"更改为0%，如图6.20所示。

图6.20 更改填充

6.2.2 绘制表座

① 在"图层"面板中，选中"图层 1"图层，将其拖至面板底部的"创建新图层" 按钮上，复制1个"图层 1 拷贝"图层，如图6.21所示。

② 选中"图层 1 拷贝"图层，将其"填充"更改为100%，按Ctrl+T组合键对其执行"自由变换"命令将图像等比例缩小，完成之后按Enter键确认，如图6.22所示。

图6.21 复制图层

图6.22 变换图像

③ 双击"图层1 拷贝"图层样式名称，在弹出的对话框中勾选"斜面和浮雕"复选框，将"大小"更改为4像素，取消"使用全局光"复选框，将"角度"更改为90度，"高度"更改为30度，"阴影模式"中的"不透明度"更改为25%，如图6.23所示。

图6.23 设置斜面和浮雕

04 勾选"颜色叠加"复选框，将"颜色"更改为灰色（R：224，G：224，B：224），如图6.24所示。

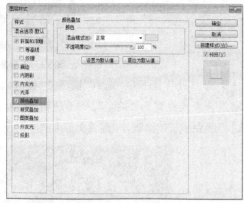

图6.24 设置颜色叠加

05 勾选"外发光"复选框，将"混合模式"更改为正常，"不透明度"更改为25%，"颜色"更改为黑色，"大小"更改为20像素，完成之后单击"确定"按钮，如图6.25所示。

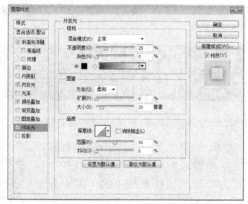

图6.25 设置外发光

6.2.3 绘制指针

01 选择工具箱中的"钢笔工具" ，在选项栏中单击"选择工具模式" 路径 ▼ 按钮，在弹出的选项中选择"形状"，将"填充"更改为红色（R：207，G：40，B：2），"描边"为无，绘制一个不规则图形，此时将生成一个"形状1"图层，如图6.26所示。

02 在"图层"面板中，选中"形状1"图层，将其拖至面板底部的"创建新图层" 按钮上，复制1个"形状1 拷贝"图层，如图6.27所示。

图6.26 绘制图形　　　　　　图6.27 复制图层

03 选中"形状1 拷贝"图层，按Ctrl+T组合键对其执行"自由变换"命令，单击鼠标右键，从弹出的快捷菜单中选择"垂直翻转"命令，完成之后按Enter键确认，再将图形与原图形对齐，如图6.28所示。

04 同时选中"形状1 拷贝"及"形状1"图层，按Ctrl+E组合键将图层合并，将生成的图层名称更改为"指针"，如图6.29所示。

图6.28 变换图形　　　　　　图6.29 合并图层

05 在"图层"面板中，选中"指针"图层，单击面板底部的"添加图层样式" fx 按钮，在菜单中选择"斜面和浮雕"命令，在弹出的对话框中将"大小"更改为3像素，"阴影模式"中的"不透明度"更改为25%，如图6.30所示。

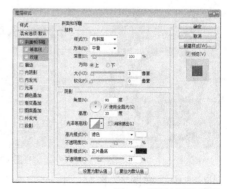

图6.30 设置斜面和浮雕

06 勾选"投影"复选框，将"不透明度"更改为60%，取消"使用全局光"复选框，将"角度"更

改为120度，"距离"更改为6像素，"大小"更改
为10像素，完成之后单击"确定"按钮，如图6.31
所示。

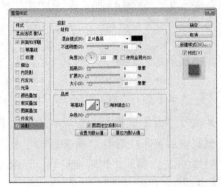

图6.31 设置投影

⑦ 在"图层"面板中，选中"指针"图层，将
其向下移至"图层 1 拷贝"图层下方，如图6.32
所示。

图6.32 更改图层顺序

⑧ 选择工具箱中的"椭圆工具" ◯ ，在选项栏
中将"填充"更改为白色，"描边"为无，绘制一
个椭圆图形。选择工具箱中的"直接选择工具" ▷
向上拖动图形底部锚点，再将其移至"指针"图层
下方，此时将生成一个"椭圆2"图层，如图6.33
所示。

图6.33 绘制图形

⑨ 选中"椭圆2"图层，执行菜单栏中的"滤
镜"|"模糊"|"高斯模糊"命令，在弹出的对话
框中将"半径"更改为25像素，完成之后单击"确
定"按钮，如图6.34所示。

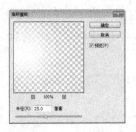

图6.34 设置高斯模糊

⑩ 在"图层"面板中，选中"椭圆 2"图层，将其图
层混合模式设置为"柔光"，"不透明度"为80%，
这样就完成了效果制作，最终效果如图6.35所示。

图6.35 设置图层混合模式及最终效果

6.3 课堂案例——简洁进程图标

案例位置	案例文件\第6章\简洁进程图标.psd
视频位置	多媒体教学\6.3 课堂案例——简洁进程图标.avi
难易指数	★★☆☆☆

本例讲解简洁进程图标的制作。
作为简洁风图标系列中的一款十分常
见的进度图标，在设计上同样追求简
洁、明了，此款图标在视觉上与背景
完美融合，同时阴影效果的添加很好地衬托出图标
的立体感。最终效果如图6.36所示。

扫码看视频

图6.36 最终效果

6.3.1 制作背景并添加图像

01 执行菜单栏中的"文件"|"新建"命令,在弹出的对话框中设置"宽度"为800,"高度"为600,"分辨率"为72像素/英寸,将画布填充为黄色(R:235,G:151,B:53)。

执行菜单栏中的"文件"|"打开"命令,在弹出的对话框中选择配套资源中的"素材文件\第6章\简洁进程图标\简洁罗盘图标.psd"文件,将打开的素材拖入画布中并适当缩小,将文档中除"背景"和"指针"图层以外的所有图层拖至当前画布中,如图6.37所示。

图6.37 添加图像

02 双击"图层1拷贝"图层样式名称,在弹出的对话框中选择"外发光",将"大小"更改为10像素,完成之后单击"确定"按钮,如图6.38所示。

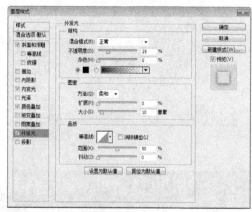

图6.38 设置外发光

6.3.2 绘制图形

01 选择工具箱中的"椭圆工具" ,在选项栏中将"填充"更改为白色,"描边"为无,在图标适当位置按住Shift键绘制一个圆形,此时将生成

一个"椭圆3"图层,将"椭圆3"移至"图层1拷贝"图层下方,如图6.39所示。

图6.39 绘制图形

02 在"图层"面板中,选中"椭圆2"图层,单击面板底部的"添加图层蒙版" 按钮,为其图层添加图层蒙版,如图6.40所示。

03 按住Ctrl键单击"椭圆3"图层蒙版缩览图将其载入选区,将选区填充为黑色,将部分图像隐藏,完成之后按Ctrl+D组合键将选区取消,如图6.41所示。

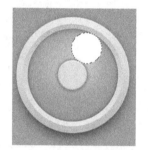

图6.40 添加图层蒙版　　　图6.41 隐藏图像

04 在"图层"面板中,选中"椭圆3"图层,将其图层"填充"更改为0%,如图6.42所示。

05 选择工具箱中的"画笔工具" ,在画布中单击鼠标右键,在弹出的面板中选择一种圆角笔触,将"大小"更改为100像素,"硬度"更改为0%,如图6.43所示。

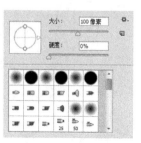

图6.42 更改填充　　　图6.43 设置笔触

06 将前景色更改为黑色,单击"椭圆2"图层蒙

版缩览图，在图像上部分区域涂抹将其隐藏，如图6.44所示。

图6.44 隐藏图像

07 在"图层"面板中，选中"椭圆3"图层，单击面板底部的"添加图层样式" *fx* 按钮，在菜单中选择"内阴影"命令，在弹出的对话框中将"不透明度"更改为20%，取消"使用全局光"复选框，将"角度"更改为158度，"距离"更改为1像素，"大小"更改为2像素，如图6.45所示。

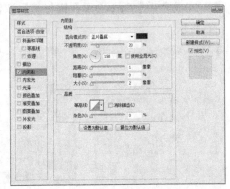

图6.45 设置内阴影

08 勾选"投影"复选框，将"混合模式"更改为柔光，"颜色"更改为白色，"不透明度"更改为10%，取消"使用全局光"复选框，将"角度"更改为－25度，"距离"更改为1像素，完成之后单击"确定"按钮，如图6.46所示。

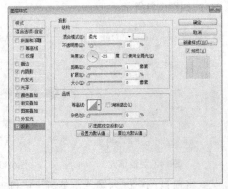

图6.46 设置投影

09 在"图层"面板中，选中"椭圆3"图层，在其图层样式名称上单击鼠标右键，从弹出的快捷菜单中选择"栅格化图层样式"命令，再单击面板底部的"添加图层蒙版" 按钮，为其图层添加图层蒙版，如图6.47所示。

10 选择工具箱中的"画笔工具" ，在画布中单击鼠标右键，在弹出的面板中选择一种圆角笔触，将"大小"更改为80像素，"硬度"更改为0%，如图6.48所示。

 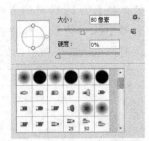

图6.47 添加图层蒙版 　　　　**图6.48 设置笔触**

11 将前景色更改为黑色，单击"椭圆3"图层蒙版缩览图，在图像上部分区域涂抹将其隐藏，这样就完成了效果制作，最终效果如图6.49所示。

图6.49 隐藏图像及最终效果

6.4 课堂案例——唱片机图标

案例位置　案例文件\第6章\唱片机图标.psd
视频位置　多媒体教学\6.4 课堂案例——唱片机图标.avi
难易指数　★★★☆☆

本例讲解唱片机图标的制作。此款图标的造型时尚大气，以银白色为主色调，提升了整个图标的品质感，

扫码看视频

同时特效纹理图像的添加更是模拟出唱片机的实物感。最终效果如图6.50所示。

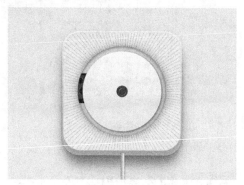

图6.50 最终效果

6.4.1 制作背景并绘制图形

01 执行菜单栏中的"文件"|"新建"命令，在弹出的对话框中设置"宽度"为800，"高度"为600，"分辨率"为72像素/英寸，将画布填充为浅灰色（R：235，G：235，B：235）。

选择工具箱中的"圆角矩形工具" ▢ ，在选项栏中将"填充"更改为白色，"描边"为无，"半径"更改为60像素，在画布中按住Shift键绘制一个圆角矩形，此时将生成一个"圆角矩形1"图层，如图6.51所示。

02 在"图层"面板中，选中"圆角矩形1"图层，将其拖至面板底部的"创建新图层" ▣ 按钮上，复制2个拷贝图层，并将这3个图层名称分别更改为"面板""厚度""阴影"，如图6.52所示。

图6.51 绘制图形　　　　图6.52 复制图层

03 在"图层"面板中，选中"厚度"图层，单击面板底部的"添加图层样式" fx 按钮，在菜单中选择"描边"命令，在弹出的对话框中将"大小"更改为1像素，"位置"更改为内部，"不透明

度"更改为70%，"渐变"更改为灰色（R：93，G：82，B：78）到透明，"角度"更改为90度，"缩放"更改为150%，如图6.53所示。

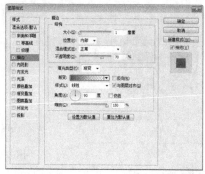

图6.53 设置描边

04 勾选"渐变叠加"复选框，将"渐变"更改为灰色（R：198，G：193，B：190）到灰色（R：245，G：245，B：245），完成后单击"确定"按钮，如图6.54所示。

图6.54 设置渐变叠加

05 选中"阴影"图层，将填充更改为灰色（R：85，G：72，B：69），执行菜单栏中的"滤镜"|"模糊"|"高斯模糊"命令，在弹出的对话框中将"半径"更改为20像素，完成后单击"确定"按钮，将其向下稍微移动，如图6.55所示。

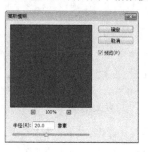

图6.55 设置高斯模糊

06 选中"阴影"图层，执行菜单栏中的"滤镜"|"模糊"|"动感模糊"命令，在弹出的对

话框中将"角度"更改为90度，"距离"更改为80像素，设置完成之后单击"确定"按钮，如图6.56所示。

图6.56 设置动感模糊

07 选中"面板"图层，按Ctrl+T组合键对其执行"自由变换"命令，将图像高度缩小，完成之后按Enter键确认，如图6.57所示。

图6.57 变换图形

08 选中"面板"图层，将图形颜色更改为灰色（R：240，G：240，B：240），再单击面板底部的"添加图层样式" fx 按钮，在菜单中选择"描边"命令，在弹出的对话框中将"大小"更改为2像素，"位置"更改为内部，"颜色"更改为灰色（R：230，G：230，B：230），如图6.58所示。

图6.58 设置描边

09 勾选"投影"复选框，将"不透明度"更改为10%，取消"使用全局光"复选框，将"角度"更改为90度，"距离"更改为15像素，"大小"更改为15像素，完成之后单击"确定"按钮，如图6.59所示。

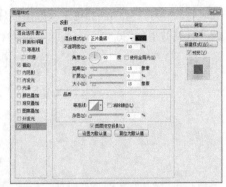

图6.59 设置投影

6.4.2 制作纹理图像

01 选择工具箱中的"钢笔工具" ，按住Shift键绘制一条水平路径，如图6.60所示。

02 单击面板底部的"创建新图层" 按钮，新建一个"图层1"图层，如图6.61所示。

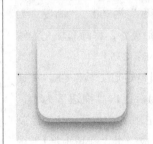

图6.60 绘制路径　　　　　图6.61 新建图层

03 在"画笔"面板中，选择一个圆角笔触，将"大小"更改3像素，"硬度"更改为100%，"间距"更改为150%，如图6.62所示。

04 勾选"平滑"复选框，如图6.63所示。

图6.62 设置画笔笔尖形状　　　图6.63 勾选平滑

05 选中"图层1"图层,将前景色更改为黑色,在"路径"面板中,在"工作路径"名称上单击鼠标右键,从弹出的快捷菜单中选择"描边路径"命令,在弹出的对话框中选择"工具"为画笔,完成之后单击"确定"按钮,如图6.64所示。

图6.64 设置描边路径

06 在"图层"面板中,选中"图层 1"图层,将其拖至面板底部的"创建新图层" 按钮上,复制1个"图层 1 拷贝"图层,如图6.65所示。

07 选中"图层 1 拷贝"图层,按Ctrl+T组合键对其执行"自由变换"命令,在出现的变形框中单击鼠标右键,从弹出的快捷菜单中选择"旋转90度(顺时针)"命令,完成之后按Enter键确认,如图6.66所示。

图6.65 复制图层　　　　图6.66 变换图形

08 同时选中"图层1 拷贝"及"图层1"图层,按Ctrl+E组合键将图层合并,此时将生成一个"图层 1 拷贝"图层,选中"图层 1 拷贝"图层,将其拖至面板底部的"创建新图层" 按钮上,复制1个"图层1 拷贝2"图层,如图6.67所示。

图6.67 合并及复制图层

09 选中"图层 1 拷贝"图层,按Ctrl+T组合键对其执行"自由变换"命令,当出现变形框以后在选项栏中"旋转"后方的文本框中输入45,完成后按

Enter键确认,如图6.68所示。

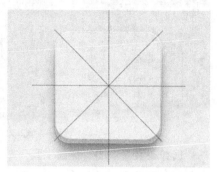

图6.68 旋转图像

10 用同样的方法将线段所在的图层复制数份并旋转,同时选中所有和线段图层相关的图层将其合并,将生成的图层名称更改为"小孔",如图6.69所示。

图6.69 复制并旋转图像

技巧与提示

由于像素的原因,自由变换命令并不能进行一定精度旋转,最终旋转结果能得到大致的小孔图像即可。

11 在"图层"面板中,选中"小孔"图层,将其图层混合模式设置为"柔光",再将其复制3份拷贝图层,如图6.70所示。

 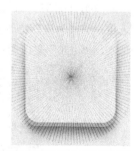

图6.70 设置图层混合模式并复制图层

12 同时选中所有和"小孔"相关的图层,执行菜单栏中的"图层"|"创建剪贴蒙版"命令,为当前图层创建剪贴蒙版,将部分图像隐藏,如图6.71所示。

图6.71 创建剪贴蒙版

⑬ 选择工具箱中的"椭圆工具" ，在选项栏中将"填充"更改为灰色（R：230，G：228，B：226），"描边"为无，按住Shift键绘制一个圆形，此时将生成一个"椭圆1"图层，如图6.72所示。

⑭ 在"图层"面板中，选中"椭圆1"图层，将其拖至面板底部的"创建新图层" 按钮上，复制1个"椭圆1拷贝"图层，如图6.73所示。

图6.72 绘制图形

图6.73 复制图层

⑮ 在"图层"面板中，选中"椭圆 1"图层，单击面板底部的"添加图层样式" fx 按钮，在菜单中选择"内阴影"命令，在弹出的对话框中将"不透明度"更改为25%，"颜色"更改为深灰色（R：65，G：57，B：57）取消"使用全局光"复选框，将"角度"更改为97度，"距离"更改为2像素，"大小"更改为8像素，如图6.74所示。

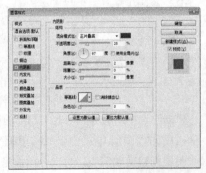

图6.74 设置内阴影

⑯ 勾选"内发光"复选框，将"混合模式"更改为正常，"不透明度"更改为30%，"颜色"更改为深灰色（R：65，G：57，B：57），"大小"更改为25像素，如图6.75所示。

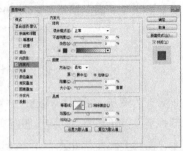

图6.75 设置内发光

⑰ 勾选"外发光"复选框，将"混合模式"更改为正常，"不透明度"更改为25%，"填充"更改为深灰色（R：65，G：57，B：57），"大小"更改为33像素，完成之后单击"确定"按钮，如图6.76所示。

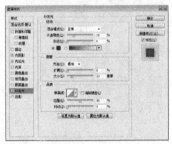

图6.76 设置外发光

6.4.3 绘制托盘

① 选择工具箱中的"钢笔工具" ，在选项栏中单击"选择工具模式" 路径 按钮，在弹出的选项中选择"形状"，将"填充"更改为深灰色（R：28，G：28，B：33），"描边"更改为无，在椭圆图形靠左侧位置绘制一个不规则图形，此时将生成一个"形状1"图层，如图6.77所示。

图6.77 绘制图形

02 在"图层"面板中，选中"形状1"图层，将其拖至面板底部的"创建新图层" 按钮上，复制1个"形状1 拷贝"图层，如图6.78所示。

03 选中"形状1 拷贝"图层，将其图形颜色更改为灰色（R：72，G：73，B：77），按Ctrl+T组合键对其执行"自由变换"命令，将图形高度缩小，完成之后按Enter键确认，如图6.79所示。

图6.78 复制图层　　　　　　图6.79 变换图形

04 选中"形状1 拷贝"图层，执行菜单栏中的"滤镜"|"杂色"|"添加杂色"命令，在弹出的对话框中分别勾选"平均分布"单选按钮及"单色"复选框，将"数量"更改为1%，完成之后单击"确定"按钮，如图6.80所示。

图6.80 设置添加杂色

05 选择工具箱中的"椭圆工具" ，在选项栏中将"填充"更改为深灰色（R：28，G：28，B：30），"描边"为无，在刚才绘制的形状与下方的椭圆交叉的位置按住Shift键绘制一个圆形，此时将生成一个"椭圆2"图层，如图6.81所示。

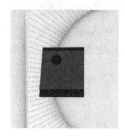 

图6.81 绘制图形

06 在"图层"面板中，选中"椭圆2"图层，单击面板底部的"添加图层样式" fx 按钮，在菜单中选择"投影"命令，在弹出的对话框中将"混合模式"更改为正常，"颜色"更改为白色，取消"使用全局光"复选框，将"角度"更改为−70度，"距离"更改为1像素，"大小"更改为1像素，完成之后单击"确定"按钮，如图6.82所示。

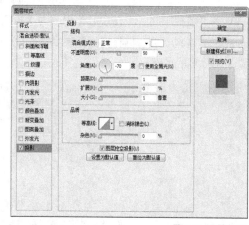

图6.82 设置投影

07 在"图层"面板中，选中"椭圆2"图层，将其拖至面板底部的"创建新图层" 按钮上，复制1个"椭圆2 拷贝"图层，如图6.83所示。

08 选中"椭圆2 拷贝"图层，将其向右下角方向稍微移动，按Ctrl+T组合键对其执行"自由变换"命令，将图像等比例放大，完成之后按Enter键确认，再双击其图层样式名称，在弹出的对话框中将其"角度"更改为10度，完成之后单击"确定"按钮，如图6.84所示。

 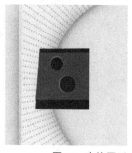

图6.83 复制图层　　　　　　图6.84 变换图形

09 同时选中"椭圆2 拷贝""椭圆2""形状1 拷贝"及"形状1"图层，按Ctrl+G组合键将其编组，将生成的组名称更改为"托盘"，如图6.85所示。

图6.85 将图层编组

⑩ 将"椭圆 1 拷贝"图层名称更改为"盘托"，将其图层复制一份，再将拷贝图层名称更改为"卡座"，如图6.86所示。

图6.86 更改图层名称并复制图层

⑪ 在"图层"面板中，选中"盘托"图层，单击面板底部的"添加图层样式" fx 按钮，在菜单中选择"渐变叠加"命令，在弹出的对话框中将"渐变"更改为灰色（R：233，G：233，B：233）到灰色（R：250，G：250，B：250），如图6.87所示。

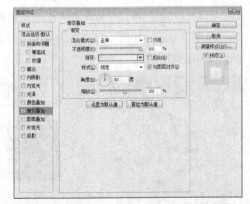

图6.87 设置渐变叠加

⑫ 勾选"投影"复选框，将"颜色"更改为褐色（R：65，G：57，B：57），"距离"更改为3像素，"大小"更改为10像素，完成之后单击"确定"按钮，如图6.88所示。

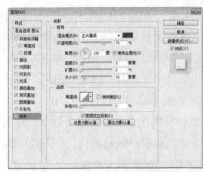

图6.88 设置投影

⑬ 选中"盘托"图层，按Ctrl+T组合键对其执行"自由变换"命令，将图像等比例缩小，完成之后按Enter键确认，如图6.89所示。

⑭ 在"图层"面板中，选中"托盘"组，单击面板底部的"添加图层蒙版" ◉ 按钮，为其添加蒙版，如图6.90所示。

图6.89 变换图形　　　　　图6.90 添加蒙版

⑮ 按住Ctrl键单击"椭圆1"图层缩览图，将其载入选区，执行菜单栏中的"选择"|"反向"命令将选区反向，将选区填充为黑色，将部分图像隐藏，完成之后按Ctrl+D组合键将选区取消，如图6.91所示。

图6.91 载入选区并隐藏图形

技巧与提示

隐藏图形之后可适当移动"托盘"组中的圆孔图形使图形效果更加真实。

6.4.4 绘制卡座

01 选中"卡座"图层，按Ctrl+T组合键对其执行"自由变换"命令，将图像等比例缩小，完成之后按Enter键确认，并将其"填充"颜色更改为灰色（R：74，G：74，B：82），如图6.92所示。

02 在"图层"面板中，选中"卡座"图层，将其拖至面板底部的"创建新图层" 按钮上，复制1个"卡座 拷贝"图层，如图6.93所示。

图6.92 变换图形　　　　　　图6.93 复制图层

03 在"图层"面板中，选中"卡座 拷贝"图层，单击面板底部的"添加图层样式" fx 按钮，在菜单中选择"斜面和浮雕"命令，在弹出的对话框中将"样式"更改为枕状浮雕，"大小"更改为1像素，完成之后单击"确定"按钮，如图6.94所示。

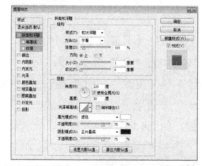

图6.94 设置斜面和浮雕

04 选中"卡座 拷贝"图层，按Ctrl+T组合键对其执行"自由变换"命令，将图形等比例缩小，完成之后按Enter键确认，如图6.95所示。

图6.95 变换图形

6.4.5 绘制线缆图形

01 选择工具箱中的"椭圆工具" ，在选项栏中将"填充"更改为灰色（R：133，G：130，B：142），"描边"为无，在图标底部位置绘制一个椭圆图形，此时将生成一个"椭圆3"图层，如图6.96所示。

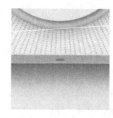 

图6.96 绘制图形

02 选择工具箱中的"矩形工具" ，在选项栏中将"填充"更改为白色，"描边"为无，在刚才绘制的椭圆图形下方绘制一个矩形，此时将生成一个"矩形1"图层，如图6.97所示。

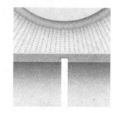 

图6.97 绘制图形

03 在"图层"面板中，选中"矩形1"图层，单击面板底部的"添加图层样式" fx 按钮，在菜单中选择"渐变叠加"命令，在弹出的对话框中将"渐变"更改为灰色（R：165，G：164，B：174）到灰色（R：242，G：242，B：242）再到灰色（R：223，G：223，B：225），将中间灰色色标位置更改为77%，"角度"更改为0度，如图6.98所示。

图6.98 设置渐变叠加

04 勾选"投影"复选框，将"不透明度"更改为30%，"距离"更改为3像素，"大小"更改为5像素，完成之后单击"确定"按钮，如图6.99所示。

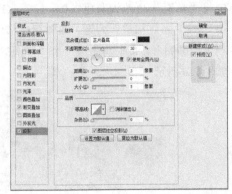

图6.99 设置投影

05 选中"矩形1"图层，将其图层"不透明度"更改为90%，这样就完成了效果制作，最终效果如图6.100所示。

图6.100 更改不透明度及最终效果

6.5 课堂案例——湿度计图标

案例位置 案例文件\第6章\湿度计图标.psd
视频位置 多媒体教学\6.5 课堂案例——湿度计图标.avi
难易指数 ★★★☆☆

本例讲解湿度计图标的制作。本例中的图标制作采用模拟写实的手法，以真实世界里的湿度计为参照，同时绘制醒目红色图标作为底座，在数字易读及信息接收上十分出色。最终效果如图6.101所示。

扫码看视频

图6.101 最终效果

6.5.1 制作背景并绘制图形

01 执行菜单栏中的"文件"|"新建"命令，在弹出的对话框中设置"宽度"为700像素，"高度"为565像素，"分辨率"为72像素/英寸。

选择工具箱中的"渐变工具"，编辑蓝色（R：118，G：140，B：163）到蓝色（R：77，G：103，B：128）的渐变，单击选项栏中的"径向渐变"按钮，在画布中从中心向右下角方向拖动为画布填充渐变，如图6.102所示。

图6.102 新建画布填充渐变

02 选择工具箱中的"圆角矩形工具"，在选项栏中将"填充"更改为白色，"描边"为无，"半径"更改为60像素，在画布中按住Shift键绘制一个圆角矩形，此时将生成一个"圆角矩形1"图层，如图6.103所示。

03 在"图层"面板中，选中"圆角矩形1"图层，将其拖至面板底部的"创建新图层"按钮上，复制1个拷贝图层，并分别将2个图层名称更改为"底座"与"投影"，如图6.104所示。

图6.103 绘制图形　　　　　　图6.104 复制图层

04 在"图层"面板中,选中"底座"图层,单击面板底部的"添加图层样式" *fx* 按钮,在菜单中选择"描边"命令,在弹出的对话框中将"大小"更改为2像素,"颜色"更改为红色(R:200,G:23,B:10)到红色(R:243,G:47,B:0)的渐变,如图6.105所示。

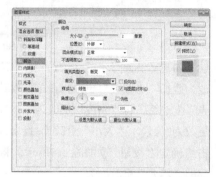

图6.105 设置描边

05 勾选"渐变叠加"复选框,将"渐变"更改为深红色(R:140,G:33,B:23)到浅红色(R:200,G:78,B:70),如图6.106所示。

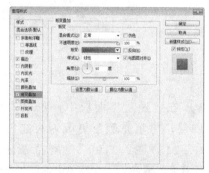

图6.106 设置渐变叠加

06 选中"投影"图层,将填充颜色更改为黑色。执行菜单栏中的"滤镜"|"模糊"|"高斯模糊"命令,在弹出的对话框中将"半径"更改为20像素,完成之后单击"确定"按钮,将其向左下方稍做调整,如图6.107所示。

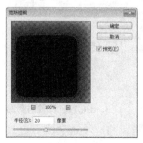

图6.107 设置高斯模糊并移动图像

07 选择工具箱中的"椭圆工具" ,在选项栏中将"填充"更改为白色,"描边"为无,在圆角矩形位置按住Shift键绘制一个圆形,此时将生成一个"椭圆1"图层,如图6.108所示。

08 在"图层"面板中,选中"椭圆1"图层,将其拖至面板底部的"创建新图层" 按钮上,复制2个"拷贝"图层,并将3个图层名称分别更改为"表盘""边框""阴影",如图6.109所示。

图6.108 绘制图形　　图6.109 复制图层

09 在"图层"面板中,选中"边框"图层,单击面板底部的"添加图层样式" *fx* 按钮,在菜单中选择"斜面和浮雕"命令,在弹出的对话框中将"大小"更改为3像素,取消"使用全局光"复选框,将"角度"更改为60度,"高度"更改为16度,"高光模式"更改为叠加,"不透明度"更改为70%,"阴影模式"中的"不透明度"更改为25%,如图6.110所示。

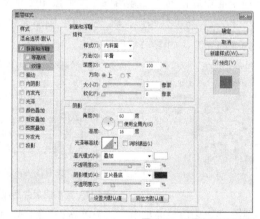

图6.110 设置斜面和浮雕

10 勾选"渐变叠加"复选框,将"渐变"更改为红色(R:187,G:50,B:50)到深红色(R:167,G:30,B:10),"角度"更改为-133度,如图6.111所示。

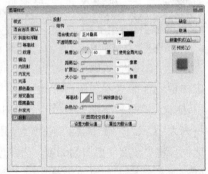

图6.111 设置渐变叠加

⑪ 勾选"投影"复选框，取消"使用全局光"复选框，将"角度"更改为60度，"距离"更改为4像素，"大小"更改为7像素，完成之后单击"确定"按钮，如图6.112所示。

图6.112 设置投影

⑫ 在"图层"面板中，选中"表盘"图层，将其拖至面板底部的"创建新图层" 按钮上，复制1个"表盘 拷贝"图层，将"表盘"图层名称更改为"高光"，如图6.113所示。

图6.113 复制图层并更改名称

⑬ 在"图层"面板中，选中"高光"图层，单击面板底部的"添加图层样式" fx 按钮，在菜单中选择"描边"命令，在弹出的对话框中将"大小"更改为1像素，"填充类型"更改为渐变，"渐变"更改为红色（R：255，G：0，B：0）到透明，"角度"更改为－54度，如图6.114所示。

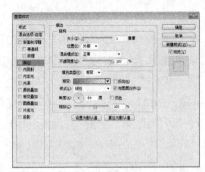

图6.114 设置描边

⑭ 勾选"内阴影"复选框，将"混合模式"更改为叠加，"颜色"更改为白色，取消"使用全局光"复选框，将"角度"更改为－18度，"距离"更改为2像素，"大小"更改为1像素，完成之后单击"确定"按钮，如图6.115所示。将"高光"图层的"填充"更改为0。

图6.115 设置内阴影

⑮ 在"图层"面板中，选中"表盘 拷贝"图层，将填充颜色更改为淡红色（R：228，G：218，B：219），单击面板底部的"添加图层样式" fx 按钮，在菜单中选择"内阴影"命令，在弹出的对话框中取消"使用全局光"复选框，将"角度"更改为70度，"距离"更改为2像素，"大小"更改为8像素，如图6.116所示。

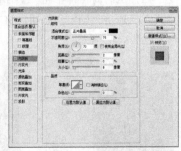

图6.116 设置内阴影

⑯ 勾选"内发光"复选框，将"不透明度"更改为50%，"颜色"更改为红色（R：173，G：36，B：

23），"大小"更改为3像素，如图6.117所示。

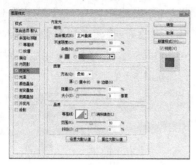

图6.117 设置内发光

⑰ 勾选"外发光"复选框，将"混合模式"更改为叠加，"不透明度"更改为100%，"颜色"更改为白色，"扩展"更改为5%，"大小"更改为7像素，如图6.118所示。

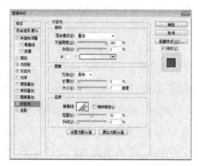

图6.118 设置外发光

⑱ 勾选"投影"复选框，将"混合模式"更改为正常，"颜色"更改为白色，取消"使用全局光"复选框，将"角度"更改为90度，"距离"更改为1像素，"大小"更改为1像素，完成之后单击"确定"按钮，如图6.119所示。最后将图形等比例缩小。

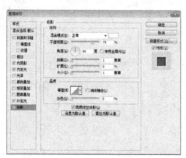

图6.119 设置投影

6.5.2 定义笔触并设置

① 选择工具箱中的"矩形工具" ▭，在选项栏中将"填充"更改为黑色，"描边"为无，在画布中

绘制一个稍小的矩形，此时将生成一个"矩形1"图层，如图6.120所示。

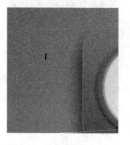 

图6.120 绘制图形

② 按住Ctrl键单击"矩形1"图层缩览图将其载入选区，执行菜单栏中的"编辑"|"定义画笔预设"命令，在弹出的对话框中将"名称"更改为"刻度"，完成之后单击"确定"按钮，如图6.121所示。

图6.121 定义画笔

③ 在"画笔"面板中选择刚才定义的"刻度"笔触，将"大小"更改为10像素，"间距"更改为800%，如图6.122所示。

④ 勾选"形状动态"复选框，将"角度抖动"中的"控制"更改为方向，如图6.123所示。

图6.122 设置画笔笔尖形状　图6.123 设置形状动态

⑤ 单击面板底部的"创建新图层" ▫ 按钮，新建一个"图层1"图层，如图6.124所示。

⑥ 选中"表盘 拷贝"图层，在"路径"面板中，选中"表盘 拷贝形状路径"路径，将其拖至面板底部的"创建新图层" ▫ 按钮上，复制1个"表盘拷贝

形状路径 拷贝"路径，如图6.125所示。

图6.124 新建图层　　　　　　图6.125 复制路径

 技巧与提示

定义笔触完成之后"矩形1"无用可以将其删除。

6.5.3 绘制刻度图形

①　选中"刻度形状路径 拷贝"路径，按Ctrl+T组合键对其执行"自由变换"命令，将路径等比例缩小，完成之后按Enter键确认，如图6.126所示。

②　选中"图层1"图层，将前景色更改为灰色（R：37，G：48，B：42），在"路径"面板中的"刻度形状路径 拷贝"名称上单击鼠标右键，从弹出的快捷菜单中选择"描边路径"命令，在弹出的对话框中选择"工具"为画笔，完成之后单击"确定"按钮，如图6.127所示。

图6.126 变换路径　　　　　　图6.127 描边路径

③　选中"刻度形状路径 拷贝"路径，按Ctrl+T组合键对其执行"自由变换"命令，将路径等比例缩小，完成之后按Enter键确认，如图6.128所示。

④　单击面板底部的"创建新图层"❑按钮，新建一个"图层2"图层，如图6.129所示。

图6.128 变换路径　　　　　　图6.129 新建图层

⑤　选中"图层2"图层，执行菜单栏中的"编辑"|"描边"命令，在弹出的对话框中将"宽度"更改为2像素，"颜色"更改为深灰色（R：50，G：50，B：50），完成之后单击"确定"按钮，如图6.130所示。

图6.130 设置描边

⑥　同时选中"图层2"及"图层1"图层，按Ctrl+E组合键将图层合并，将生成的图层名称更改为"刻度"，如图6.131所示。

⑦　选择工具箱中的"矩形选框工具"▢，在"刻度"图像下半部分位置绘制一个矩形选区，以选中部分图像，选中"刻度"图层，按Delete键将其删除，完成之后按Ctrl+D组合键将选区取消，如图6.132所示。

图6.131 合并图层　　　　　　图6.132 删除图像

⑧　选择工具箱中的"椭圆工具"◉，在选项栏中将"填充"更改为粉红色（R：240，G：80，B：68），"描边"为无，在表盘中心位置按住Shift键绘制一个圆形，此时将生成一个"椭圆1"图层，如图6.133所示。

⑨　在"图层"面板中，选中"椭圆1"图层，将其拖至面板底部的"创建新图层"❑按钮上，复制1个"椭圆1 拷贝"图层，如图6.134所示。

图6.133 绘制图形

图6.134 复制图层

⑩ 在"图层"面板中，选中"椭圆1"图层，单击面板底部的"添加图层样式" fx 按钮，在菜单中选择"斜面和浮雕"命令，在弹出的对话框中将"大小"更改为5像素，取消"使用全局光"复选框，将"角度"更改为15度，完成之后单击"确定"按钮，如图6.135所示。

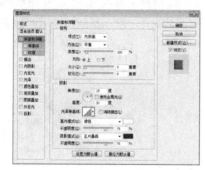

图6.135 设置斜面和浮雕

⑪ 选择工具箱中的"直线工具" ✐，在选项栏中将"填充"更改为红色（R：220，G：3，B：3），"描边"为无，"粗细"更改为2像素，在表盘上绘制一条线段，此时将生成一个"形状1"图层，如图6.136所示。

图6.136 绘制图形

⑫ 选中"椭圆1 拷贝"图层，将其图形颜色更改为红色（R：220，G：3，B：3），按Ctrl+T组合键对其执行"自由变换"命令，将图像等比例缩小，完成之后按Enter键确认，再将图形移至指针靠顶端位置，如图6.137所示。

⑬ 同时选中"椭圆 1 拷贝"及"形状1"图层，按Ctrl+G组合键将其编组，将生成的组名称更改为"指针"，如图6.138所示。

图6.137 变换图形

图6.138 将图层编组

⑭ 在"图层"面板中，选中"指针"图层，单击面板底部的"添加图层样式" fx 按钮，在菜单中选择"投影"命令，在弹出的对话框中将"不透明度"更改为30%，取消"使用全局光"复选框，将"角度"更改为160度，"距离"更改为2像素，"大小"更改为5像素，完成之后单击"确定"按钮，如图6.139所示。

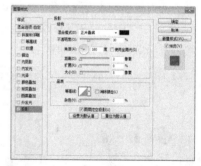

图6.139 设置投影

⑮ 在"图层"面板中，同时选中"指针""椭圆 1"及"刻度"图层，将其拖至面板底部的"创建新图层" 按钮上，各复制1个拷贝图层，按Ctrl+T组合键对其执行"自由变换"命令，将图像等比例缩小，完成之后按Enter键确认，将图像向下移动，如图6.140所示。

图6.140 复制图层并变换图形

⑯ 同时选中除"背景"和"投影"之外的所有图层，按Ctrl+G组合键将其编组，将生成的组名称更改为"图标"，如图6.141所示。

⑰ 单击面板底部的"创建新图层" 按钮，新建一个"图层1"图层，选中"图层1"图层，按Ctrl+Alt+G组合键创建剪贴蒙版，如图6.142所示。

图6.141 将图层编组　　　图6.142 创建剪贴蒙版

⑱ 选择工具箱中的"画笔工具" ，在画布中单击鼠标右键，在弹出的面板中选择一种圆角笔触，将"大小"更改为200像素，"硬度"更改为0%，如图6.143所示。

⑲ 将前景色更改为深红色（R：90，G：17，B：7），选中"图层1"图层，在图标底部和左侧位置单击加深颜色，如图6.144所示。

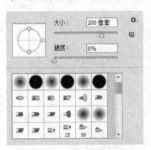

图6.143 设置笔触　　　图6.144 加深颜色

⑳ 以同样的方法新建一个"图层2"图层，为图标右上角区域添加白色高光效果，这样就完成了效果制作，最终效果如图6.145所示。

图6.145 添加高光及最终效果

技巧与提示

添加高光效果可以根据颜色的变化设置合适的图层样式，使高光效果更加真实。

6.6　课堂案例——小黄人图标

案例位置　案例文件\第6章\小黄人图标.psd
视频位置　多媒体教学\6.6 课堂案例——小黄人图标.avi
难易指数　★★★☆☆

本例主要讲解小黄人图标的制作。本例的设计思路以著名的小黄人头像为主题，从酷酷的眼镜到可爱的嘴巴，处处体现了这种卡通造型图标带给用户的最直观的视觉体验。最终效果如图6.146所示。

扫码看视频

图6.146 最终效果

6.6.1　制作背景并绘制图形

⓵ 执行菜单栏中的"文件"|"新建"命令，在弹出的对话框中设置"宽度"为800像素，"高度"为600像素，"分辨率"为72像素/英寸，新建一个空白画布。

⓶ 选择工具箱中的"渐变工具" ，在选项栏中单击"点按可编辑渐变"按钮，在弹出的对话框中将渐变颜色更改为浅灰色（R：244，G：247，B：247）到淡蓝色（R：233，G：243，B：242），设置完成之后单击"确定"按钮，单击选项栏中的"径向渐变" 按钮，从中间向边缘方向拖动，为画布填充渐变，如图6.147所示。

图6.147 新建图层并填充渐变

03 选择工具箱中的"圆角矩形工具" ，在选项栏中将"填充"更改为黄色（R：244，G：254，B：91），"描边"为无，"半径"更改为85像素，按住Shift键绘制一个圆角矩形，此时将生成一个"圆角矩形1"图层，如图6.148所示。

图6.148 绘制图形

04 在"图层"面板中，选中"圆角矩形1"图层，单击面板底部的"添加图层样式" fx 按钮，在菜单中选择"描边"命令，在弹出的对话框中将"大小"更改为1像素，"位置"更改为内部，"颜色"更改为黄色（R：255，G：220，B：42），如图6.149所示。

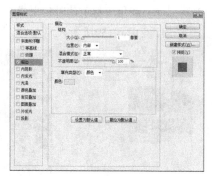

图6.149 设置描边

05 勾选"内阴影"复选框，将"混合模式"更改为正常，颜色更改为黄色（R：244，G：190，B：56），"不透明度"更改为100%，取消"使用

全局光"复选框，将"角度"更改为－90度，"距离"更改为35像素，"大小"更改为35像素，如图6.150所示。

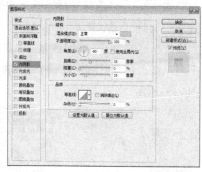

图6.150 设置内阴影

06 勾选"内发光"复选框，将"混合模式"更改为正常，"不透明度"更改为50%，"颜色"更改为淡黄色（R：250，G：255，B：187），"大小"更改为12像素，如图6.151所示。

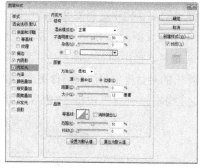

图6.151 设置内发光

07 勾选"渐变叠加"复选框，将"渐变"更改为深黄色（R：247，G：190，B：56）到黄色（R：255，G：226，B：72）到黄色（R：255，G：226，B：72）再到深黄色（R：247，G：190，B：56），"角度"更改为0度，完成之后单击"确定"按钮，如图6.152所示。

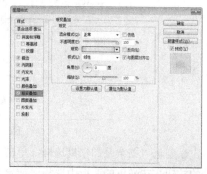

图6.152 设置渐变叠加

6.6.2 制作图标元素

01 选择工具箱中的"钢笔工具" ✍️，在选项栏中单击 `路径 ▼` "选择工具模式"按钮，在弹出的选项中选择"形状"，将"填充"更改为白色，"描边"更改为无，在图标靠上角位置绘制一个不规则图形，此时将生成一个"形状1"图层，如图6.153所示。

图6.153 绘制图形

02 执行菜单栏中的"文件"|"打开"命令，在弹出的对话框中选择配套资源中的"素材文件\第6章\小黄人图标\麻布.jpg"文件，打开素材图像以后执行菜单栏中的"编辑"|"定义图案"命令，在弹出的对话框中将图案名称更改为"麻布"，完成之后单击"确定"按钮，如图6.154所示。

图6.154 定义图案

03 在"图层"面板中，选中"形状 1"图层，单击面板底部的"添加图层样式" fx 按钮，在菜单中选择"内发光"命令，在弹出的对话框中将"混合模式"更改为正常，"颜色"更改为黑色，"大小"更改为10像素，如图6.155所示。

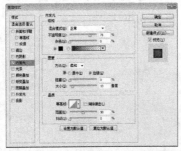

图6.155 设置内发光

04 勾选"图案叠加"复选框，单击"图案"后方的按钮，在弹出的面板中选择之前定义的"麻布"图案，将"缩放"更改为10%，完成之后单击"确定"按钮，如图6.156所示。

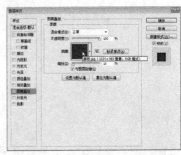

图6.156 设置投影

05 在"图层"面板中，选中"形状1"图层，将其拖至面板底部的"创建新图层" 🗋 按钮上，复制1个"形状1 拷贝"图层，如图6.157所示。

06 选中"形状1 拷贝"图层，按Ctrl+T组合键对其执行"自由变换"命令，单击鼠标右键，从弹出的快捷菜单中选择"垂直翻转"命令，完成之后按Enter键确认，将图形向下移动，如图6.158所示。

图6.157 复制图层　　　　　图6.158 变换图形

07 选择工具箱中的"圆角矩形工具" ▢，在选项栏中将"填充"更改为白色，"描边"为无，"半径"更改为2像素，在刚才绘制的图形右侧位置绘制一个圆角矩形，此时将生成一个"圆角矩形2"图层，如图6.159所示。

图6.159 绘制图形

08 选中"圆角矩形2"图层，按Ctrl+T组合键对其执行"自由变换"命令，单击鼠标右键，从弹出的快捷菜单中选择"扭曲"命令，再将光标移至变形框右下角向左侧拖动，用同样的方法将光标移至变形框右上角向右上角方向拖动，完成之后按Enter键确认，如图6.160所示。

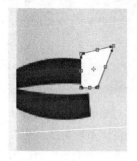

图6.160 将图形变形

⑨ 在"图层"面板中，选中"圆角矩形2"图层，将其拖至面板底部的"创建新图层" 按钮上，复制1个"圆角矩形2拷贝"图层，如图6.161所示。

⑩ 选中"圆角矩形 2 拷贝"图层，按Ctrl+T组合键对其执行"自由变换"命令，单击鼠标右键，从弹出的快捷菜单中选择"垂直翻转"命令，完成之后按Enter键确认，再将图形向下移动，如图6.162所示。

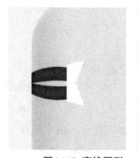

图6.161 复制图层　　　　图6.162 变换图形

⑪ 同时选中"圆角矩形2 拷贝"及"圆角矩形2"图层，按Ctrl+E组合键将图层合并，将生成的图层名称更改为"卡扣"，如图6.163所示。

图6.163 合并图层

⑫ 在"图层"面板中，选中"卡扣"图层，单击面板底部的"添加图层样式" fx 按钮，

在菜单中选择"内阴影"命令，在弹出的对话框中将"混合模式"更改为正常，颜色为灰色（R：63，G：63，B：63），"不透明度"更改为100%，取消"使用全局光"复选框，将"角度"更改为0度，"距离"更改为1像素，"大小"更改为6像素，如图6.164所示。

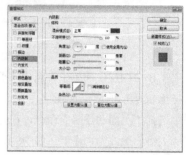

图6.164 设置内阴影

⑬ 勾选"渐变叠加"复选框，将"渐变"更改为黑白，"样式"更改为"对称的"，"角度"更改为0度，完成之后单击"确定"按钮，如图6.165所示。

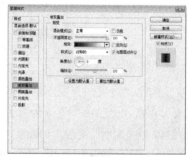

图6.165 设置渐变叠加

6.6.3 绘制眼镜图形

① 选择工具箱中的"椭圆工具" ，在选项栏中将"填充"更改为无，"描边"为白色，"大小"为25点，按住Shift键绘制一个圆形，此时将生成一个"椭圆1"图层，如图6.166所示。

图6.166 绘制图形

02 执行菜单栏中的"文件"|"打开"命令，在弹出的对话框中选择配套资源中的"素材文件\第6章\小黄人图标\金属jpg"文件，当打开素材以后，执行菜单栏中的"编辑"|"定义图案"命令，在弹出的对话框中将图案名称更改为"金属"，完成之后单击"确定"按钮，如图6.167所示。

图6.167 设置定义图案

03 在"图层"面板中，选中"椭圆 1"图层，单击面板底部的"添加图层样式" fx 按钮，在菜单中选择"斜面和浮雕"命令，在弹出的对话框中将"大小"更改为10像素，如图6.168所示。

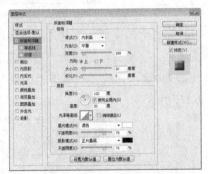

图6.168 设置斜面和浮雕

04 勾选"内发光"复选框，将"混合模式"更改为正常，"颜色"更改为白色，"阻塞"更改为34%，"大小"更改为10像素，如图6.169所示。

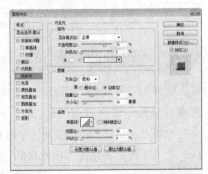

图6.169 设置内发光

05 勾选"图案叠加"复选框，将"混合模式"更改为正常，单击"图案"后方的按钮，在弹出的面板中选择刚才定义的"金属"图案，将"缩放"更改为50%，如图6.170所示。

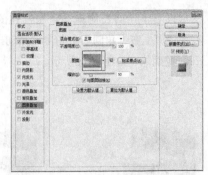

图6.170 设置图案叠加

06 勾选"投影"复选框，将"不透明度"更改为20%，"距离"更改为2像素，"大小"更改为2像素，完成之后单击"确定"按钮，如图6.171所示。

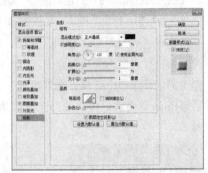

图6.171 设置投影

07 选择工具箱中的"椭圆工具" ◯，在选项栏中将"填充"更改为白色，"描边"为无，在眼镜框位置绘制一个椭圆图形，此时将生成一个"椭圆2"图层，将"椭圆2"图层移至"椭圆1"图层下方，如图6.172所示。

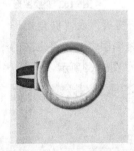

图6.172 绘制图形

08 在"图层"面板中，选中"椭圆2"图层，单击面板底部的"添加图层样式" fx 按钮，在菜单中选择"内阴影"命令，在弹出的对话框中将"混合模式"更改为正常，颜色为灰色（R: 56，G: 56，B: 56），"不透明度"更改为50%，"距离"更改为2像素，"大小"更改为10像素，如图6.173所示。

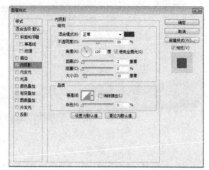

图6.173 设置内阴影

⑨ 勾选"渐变叠加"复选框，将"渐变"更改为白色到浅灰色（R：238，G：238，B：238）到灰色（R：218，G：218，B：218），并将第1个白色色标位置更改为50%，浅灰色色标位置更改为80%，"样式"更改为径向，如图6.174所示。

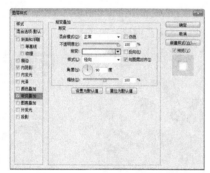

图6.174 设置渐变叠加

⑩ 勾选"外发光"复选框，将"混合模式"更改为正常，"不透明度"更改为38%，"颜色"更改为黑色，完成之后单击"确定"按钮，如图6.175所示。

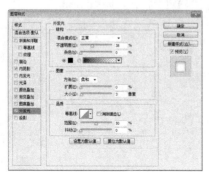

图6.175 设置外发光

⑪ 选择工具箱中的"椭圆工具"，在选项栏中将"填充"更改为白色，"描边"为无，在

眼镜框中心位置按住Alt+Shift组合键绘制一个圆形，此时将生成一个"椭圆3"图层，如图6.176所示。

图6.176 绘制图形

⑫ 在"图层"面板中，选中"椭圆3"图层，单击面板底部的"添加图层样式"按钮，在菜单中选择"内发光"命令，在弹出的对话框中将"混合模式"更改为正常，"不透明度"更改为40%，"颜色"更改为黑色，"大小"更改为8像素，如图6.177所示。

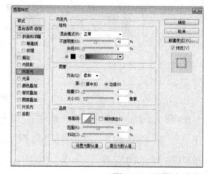

图6.177 设置内发光

⑬ 在"图层"面板中，选中"椭圆3"图层，将其图层"填充"更改为0%，如图6.178所示。

图6.178 更改填充

⑭ 选择工具箱中的"椭圆选框工具"，在刚才绘制的椭圆图形上，按住Shift键绘制一个椭圆选区，如图6.179所示。

⑮ 单击面板底部的"创建新图层"按钮，新建一个"图层1"图层，如图6.180所示。

图6.179 绘制图形

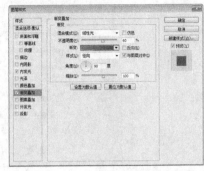

图6.183 设置渐变叠加

（R：124，G：66，B：10），"样式"更改为径向，完成之后单击"确定"按钮，如图6.183所示。

⑲ 选择工具箱中的"椭圆工具"，在选项栏中将"填充"更改为黑色，"描边"为无，在刚才绘制的瞳孔图形位置按住Shift键绘制一个圆形，此时将生成一个"椭圆4"图层，如图6.184所示。

⑳ 选中"椭圆4"图层，执行菜单栏中的"图层"|"栅格化"|"形状"命令，将当前图形栅格化，如图6.184所示。

图6.180 新建图层

⑯ 选中"图层1"图层，将前景色更改为灰色（R：54，G：54，B：54），背景色更改为白色，执行菜单栏中的"滤镜"|"渲染"|"云彩"命令。选中"图层1"图层，执行菜单栏中的"图像"|"调整"|"色阶"命令，在弹出的对话框中将其数值更改为（105，0.86，230），完成之后单击"确定"按钮，如图6.181所示。

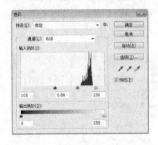
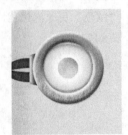

图6.181 设置色阶

⑰ 在"图层"面板中，选中"图层 1"图层，单击面板底部的"添加图层样式" fx 按钮，在菜单中选择"内发光"命令，在弹出的对话框中将"混合模式"更改为正常，"颜色"更改为深黄色（R：170，G：84，B：0），"大小"更改为15像素，如图6.182所示。

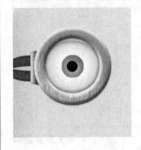

图6.184 绘制图形并栅格化形状

㉑ 选中"椭圆4"图层，执行菜单栏中的"滤镜"|"模糊"|"高斯模糊"命令，在弹出的对话框中将"半径"更改为1像素，设置完成之后单击"确定"按钮，如图6.185所示。

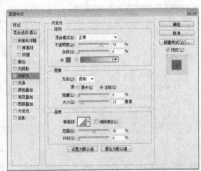

图6.182 设置内发光

⑱ 勾选"渐变叠加"复选框，将"混合模式"更改为线性光，"不透明度"更改为60%，"渐变"更改为深黄色（R：185，G：95，B：32）到深黄色

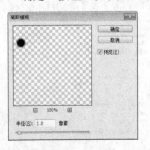

图6.185 设置高斯模糊

㉒ 选择工具箱中的"画笔工具"，在画布中单击鼠标右键，在弹出的面板中选择一种圆角笔触，将"大小"更改为15像素，"硬度"更改为

0%，选中"椭圆4"图层，在黑色图形左上角位置单击，添加白色高光效果，如图6.186所示。

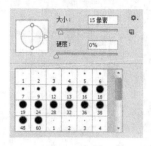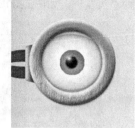

图6.186 设置笔触并添加效果

㉓ 同时选中除"背景"和"圆角矩形1"图层之外的所有图层，按Ctrl+G组合键将图层编组，将生成的组名称更改为"左眼"，如图6.187所示。

图6.187 将图层编组

㉔ 在"图层"面板中，选中"左眼"组，将其拖至面板底部的"创建新图层" 按钮上，复制1个新的组，并将其组名称更改为"右眼"，如图6.188所示。

㉕ 选中"右眼"组，按Ctrl+T组合键对其执行"自由变换"命令，单击鼠标右键，从弹出的快捷菜单中选择"水平翻转"命令，完成之后按Enter键确认，再将图形移至图标右侧位置，如图6.189所示。

图6.188 复制组　　　　图6.189 变换图形

㉖ 在"图层"面板中，选中"右眼"组，单击面板底部的"添加图层蒙版" 按钮，为其图层添加图层蒙版，如图6.190所示。

㉗ 选择工具箱中的"矩形选框工具" ，在右眼图形左侧位置绘制一个矩形选区，如图6.191所示。

图6.190 添加图层蒙版　　图6.191 绘制选区

㉘ 将选区填充为黑色，将部分形状隐藏，完成之后按Ctrl+D组合键将选区取消，如图6.192所示。

图6.192 隐藏图形

㉙ 选择工具箱中的"钢笔工具" ，在选项栏中单击"选择工具模式" 路径 按钮，在弹出的选项栏中选择"形状"，将"填充"更改为无，"描边"为白色，"大小"更改为2点，在左眼上方位置绘制一个稍弯曲的线段，此时将生成一个"形状2"图层，如图6.193所示。

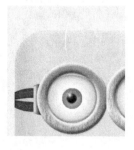

图6.193 绘制图形

㉚ 在"图层"面板中，选中"形状2"图层，单击面板底部的"添加图层蒙版" 按钮，为其图层添加图层蒙版，如图6.194所示。

㉛ 选择工具箱中的"画笔工具" ，在画布中单击鼠标右键，在弹出的面板中选择一种圆角笔触，将"大小"更改为60像素，"硬度"更改为

0%，如图6.195所示。

图6.194 添加图层蒙版

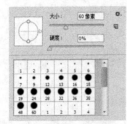

图6.195 设置笔触

㉜ 将前景色更改为黑色，在图形上半部分涂抹，将部分图形隐藏，如图6.196所示。

图6.196 隐藏图形

㉝ 在"图层"面板中，选中"形状2"图层，将其拖至面板底部的"创建新图层" 🔲 按钮上，复制1个"形状2拷贝"图层，如图6.197所示。

㉞ 选中"形状2 拷贝"图层，按Ctrl+T组合键对其执行"自由变换"命令，当出现变形框以后将图形适当旋转，完成之后按Enter键确认，再将图形向右侧稍微移动，如图6.198所示。

图6.197 复制图层

图6.198 移动图形

㉟ 以同样的方法将绘制的线段复制数份，如图6.199所示。

图6.199 复制图形

㊱ 同时选中所有和"形状 2"图层相关的图层，按Ctrl+G组合键将图层编组，将生成的组名称更改为"头发"，如图6.200所示。

图6.200 将图层编组

㊲ 在"图层"面板中，选中"头发"组，单击面板底部的"添加图层样式" fx 按钮，在菜单中选择"渐变叠加"命令，在弹出的对话框中将"渐变"更改为黑色到灰色（R：113，G：113，B：113），将黑色色标位置更改为50%，如图6.201所示。

图6.201 设置渐变叠加

㊳ 勾选"投影"复选框，将"混合模式"更改为正常，"颜色"更改为白色，取消"使用全局光"复选框，将"角度"更改为56度，"距离"更改为3像素，"大小"更改为1像素，完成之后单击"确定"按钮，如图6.202所示。

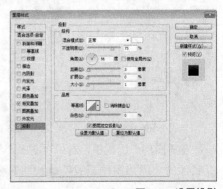

图6.202 设置投影

6.6.4　绘制嘴巴图形

01 选择工具箱中的"钢笔工具" ，在选项栏中单击 路径 "选择工具模式"按钮，在弹出的选项中选择"形状"，将"填充"更改为浅红色（R：244，G：158，B：158），"描边"为无，在眼镜下方位置绘制一个不规则图形，此时将生成一个"形状3"图层，如图6.203所示。

图6.203　绘制图形

02 在"图层"面板中，选中"形状 3"图层，单击面板底部的"添加图层样式" 按钮，在菜单中选择"内阴影"命令，在弹出的对话框中将"不透明度"更改为40%，取消"使用全局光"复选框，将"角度"更改为105度，"距离"更改为12像素，"大小"更改为12像素，如图6.204所示。

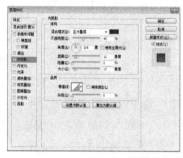

图6.204　设置内阴影

03 勾选"内发光"复选框，将"不透明度"更改为50%，"颜色"更改为黑色，"大小"更改为15像素，如图6.205所示。

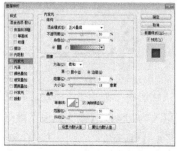

图6.205　设置内发光

04 勾选"外发光"复选框，将"混合模式"更改为正片叠底，"不透明度"更改为58%，"颜色"更改为黄色（R：210，G：147，B：20），"大小"更改为15像素，完成之后单击"确定"按钮，如图6.206所示。

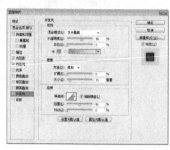

图6.206　设置外发光

05 选择工具箱中的"钢笔工具" ，在选项栏中单击 路径 "选择工具模式"按钮，在弹出的选项中选择"形状"，将"填充"更改为浅白色，"描边"为无，在嘴巴左上角位置绘制一个不规则图形，此时将生成一个"形状4"图层，如图6.207所示。

图6.207　绘制图形

06 在"图层"面板中，选中"形状4"图层，单击面板底部的"添加图层样式" 按钮，在菜单中选择"内阴影"命令，在弹出的对话框中将"不透明度"更改为30%，取消"使用全局光"复选框，将"角度"更改为105度，"距离"更改为10像素，"大小"更改为8像素，如图6.208所示。

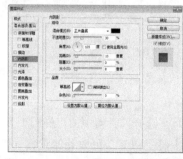

图6.208　设置内阴影

07 勾选"内发光"复选框，将"混合模式"更改为正常，"不透明度"更改为10%，"颜色"更改为黑色，"大小"更改为8像素，完成之后单击"确定"按钮，如图6.209所示。

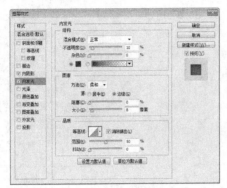

图6.209 设置内发光

08 选中"形状 4"图层，执行菜单栏中的"图层"|"创建剪贴蒙版"命令，为当前图层创建剪贴蒙版，将部分图形隐藏，如图6.210所示。

图6.210 创建剪贴蒙版

09 用同样的方法绘制数个图形在嘴巴中制作上牙齿，再以相同的方法制作下牙齿，如图6.211所示。

图6.211 制作牙齿

10 选择工具箱中的"椭圆工具" ⬭，在选项栏中将"填充"更改为深黄色（R：77，G：60，B：13），"描边"为无，在图标底部绘制一个

椭圆图形，此时将生成一个"椭圆5"图层，选中"椭圆 5"图层，执行菜单栏中的"图层"|"栅格化"|"形状"命令，将当前图形栅格化，如图6.212所示。

图6.212 绘制图形并栅格化形状

11 选中"椭圆 5"图层，执行菜单栏中的"滤镜"|"模糊"|"高斯模糊"命令，在弹出的对话框中将"半径"更改为3像素，设置完成之后单击"确定"按钮，如图6.213所示。

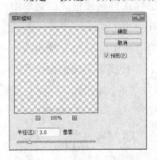

图6.213 设置高斯模糊

12 执行菜单栏中的"滤镜"|"模糊"|"动感模糊"命令，在弹出的对话框中将"角度"更改为0度，"距离"更改为30像素，设置完成之后单击"确定"按钮，如图6.214所示。

图6.214 设置动感模糊

13 选中"椭圆 5"图层，将其图层"不透明度"更改为70%，这样就完成了效果制作，最终效果如图6.215所示。

图6.215 最终效果

6.7 课堂案例——流量计图标

案例位置 案例文件\第6章\流量计图标.psd
视频位置 多媒体教学\6.7 课堂案例——流量计图标.avi
难易指数 ★★☆☆☆

本例讲解流量计图标的制作。本例中的图标风格色彩对比浓郁，以色彩渐变的视觉效果表现出流量的进度，深色系的背景很好地衬托图标的质感。最终效果如图6.216所示。

扫码看视频

图6.216 最终效果

6.7.1 制作背景并绘制图形

01 执行菜单栏中的"文件"|"新建"命令，在弹出的对话框中设置"宽度"为800，"高度"为600，"分辨率"为72像素/英寸。选择工具箱中的"渐变工具" ，编辑浅蓝色（R：100，G：105，B：123）到深蓝色（R：52，G：55，B：70）的渐变，单击选项栏中的"径向渐变" 按钮，在画布中从中心向右下角方向拖动为画布填充

渐变，如图6.217所示。

图6.217 新建画布并填充渐变

02 执行菜单栏中的"滤镜"|"杂色"|"添加杂色"命令，在弹出的对话框中分别勾选"平均分布"单选按钮及"单色"复选框，将"数量"更改为1%，完成之后单击"确定"按钮，如图6.218所示。

图6.218 设置添加杂色

03 选择工具箱中的"椭圆工具" ，在选项栏中将"填充"更改为白色，"描边"为无，按住Shift键绘制一个圆形，此时将生成一个"椭圆1"图层，如图6.219所示。

04 在"图层"面板中，选中"圆角矩形1"图层，将其拖至面板底部的"创建新图层" 按钮上，复制2个拷贝图层，并将这3个图层名称分别更改为"底座""边框""阴影"，如图6.220所示。

图6.219 绘制图形

图6.220 复制图形

05 在"图层"面板中，选中"边框"图层，单击

面板底部的"添加图层样式" *fx* 按钮，在菜单中选择"渐变叠加"命令，在弹出的对话框中将"渐变"更改为灰色（R：200，G：197，B：196）到灰色（R：239，G：237，B：238），完成之后单击"确定"按钮，如图6.221所示。

图6.221 设置渐变叠加

06 在"边框"图层上单击鼠标右键，从弹出的快捷菜单中选择"拷贝图层样式"命令。在"底座"图层上单击鼠标右键，从弹出的快捷菜单中选择"粘贴图层样式"命令。双击"底座"图层样式名称，在弹出的对话框中将"渐变"更改为灰色（R：190，G：188，B：194）到浅蓝色（R：92，G：102，B：127），将其缩小，如图6.222所示。

图6.222 复制并粘贴图层样式

07 选中"阴影"图层，将填充更改为黑色。执行菜单栏中的"滤镜"|"模糊"|"高斯模糊"命令，在弹出的对话框中将"半径"更改为13像素，完成之后单击"确定"按钮，再将其图层"不透明度"更改为60%，将图像向下稍微移动，如图6.223所示。

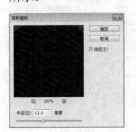

图6.223 设置高斯模糊并降低不透明度

08 在"图层"面板中，选中"底座"图层，将其拖至面板底部的"创建新图层" 按钮上，复制1个"底座 拷贝"图层，将"底座 拷贝"图层样式删除，再将其图形颜色更改为蓝色（R：27，G：24，B：50），如图6.224所示。

09 选中"底座 拷贝"图层，按Ctrl+T组合键对其执行"自由变换"命令，将图像等比例缩小，完成之后按Enter键确认，如图6.225所示。

图6.224 复制图层　　　　　图6.225 变换图形

10 在"图层"面板中，选中"底座 拷贝"图层，将其拖至面板底部的"创建新图层" 按钮上，复制1个"底座 拷贝2"图层，将"底座 拷贝2"图层中的图形颜色更改为浅蓝色（R：70，G：67，B：88），如图6.226所示。

11 选中"底座 拷贝2"图层，按Ctrl+T组合键对其执行"自由变换"命令，将图像等比例缩小，完成之后按Enter键确认，如图6.227所示。

图6.226 复制图层　　　　　图6.227 变换图形

12 在"图层"面板中，选中"底座 拷贝2"图层，单击面板底部的"添加图层蒙版" 按钮，为其图层添加图层蒙版，如图6.228所示。

13 选择工具箱中的"渐变工具" ，编辑黑色到白色的渐变，单击选项栏中的"线性渐变" 按钮，在图像上从下至上拖动，将部分图形隐藏，如图6.229所示。

图6.228　添加图层蒙版　　　图6.229　隐藏图形

⑭　选择工具箱中的"椭圆工具" ⬭ ，在选项栏中将"填充"更改为白色，"描边"为无，按住Shift键绘制一个圆形，将生成的图层名称更改为"刻度"，如图6.230所示。

⑮　在"图层"面板中，选中"刻度"图层，将其拖至面板底部的"创建新图层" 🔲 按钮上，复制1个"刻度 拷贝"图层，再将其图层名称更改为"小底座"，如图6.231所示。

图6.230　绘制图形　　　　　图6.231　复制图层

⑯　选中"小底座"图层将其图形颜色更改为蓝色（R：52，G：48，B：73），按Ctrl+T组合键对其执行"自由变换"命令，将图像等比例缩小，完成之后按Enter键确认，如图6.232所示。

图6.232　变换图形

⑰　在"图层"面板中，选中"刻度"图层，单击面板底部的"添加图层样式" fx 按钮，在菜单中选择"渐变叠加"命令，在弹出的对话框中将"渐变"更改为青色（R：75，G：188，B：232）到紫

色（R：214，G：80，B：210），"角度"更改为0度，"缩放"更改为50%，完成之后单击"确定"按钮，如图6.233所示。

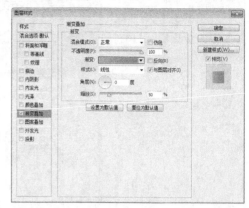

图6.233　设置渐变叠加

6.7.2　定义笔触

①　选择工具箱中的"圆角矩形工具" ⬭ ，在选项栏中将"填充"更改为黑色，"描边"为无，"半径"为5像素，在画布中绘制一个圆角矩形，此时将生成一个"圆角矩形1"图层，如图6.234所示。

图6.234　绘制图形

②　按住Ctrl键单击"圆角矩形1"图层缩览图，将其载入选区，执行菜单栏中的"编辑"|"定义画笔预设"命令，在弹出的对话框中将"名称"更改为刻度，完成之后单击"确定"按钮，如图6.235所示。最后将"圆角矩形1"所在图层删除。

图6.235　定义画笔

③　在"画笔"面板中选择刚才定义的"刻度"笔触，将"大小"更改为14像素，"间距"更改为800%，如图6.236所示。

④　勾选"形状动态"复选框，将"角度抖动"中

的"控制"更改为方向，如图6.237所示。

图6.236 设置画笔笔尖形状　　　图6.237 设置形状动态

05 单击面板底部的"创建新图层" 按钮，新建一个"图层1"图层，如图6.238所示。

06 选中"刻度"图层，在"路径"面板中，选中"刻度形状路径"路径，将其拖至面板底部的"创建新图层" 按钮上，复制1个"刻度形状路径 拷贝"图层，如图6.239所示。

图6.238 新建图层　　　图6.239 复制路径

❓ 技巧与提示
　　定义笔触完成之后"矩形1"无用可以将其删除。

07 选中"刻度形状路径 拷贝"路径，按Ctrl+T组合键对其执行"自由变换"命令，将路径等比例缩小，完成之后按Enter键确认，如图6.240所示。

08 选中"图层1"图层，将前景色更改为灰色（R：37，G：48，B：42），在"路径"面板中的"刻度形状路径 拷贝"名称上单击鼠标右键，从弹出的快捷菜单中选择"描边路径"命令，在弹出的对话框中选择"工具"为画笔，完成之后单击"确定"按钮，如图6.241所示。

图6.240 变换路径　　　图6.241 描边路径

09 在"图层"面板中，选中"图层1"图层，单击面板底部的"添加图层样式" fx 按钮，在菜单中选择"斜面和浮雕"命令，在弹出的对话框中将"大小"更改为1像素，如图6.242所示。

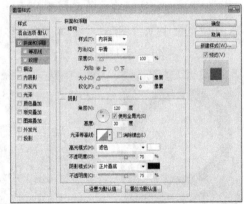

图6.242 设置斜面和浮雕

10 勾选"外发光"复选框，将"颜色"更改为青色（R：75，G：188，B：232），"大小"更改为1像素，如图6.243所示。

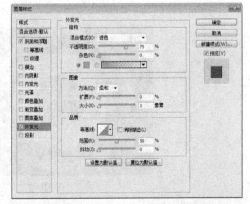

图6.243 设置外发光

11 勾选"投影"复选框，将"距离"更改为1像素，"大小"更改为1像素，完成之后单击"确定"按钮，如图6.244所示。

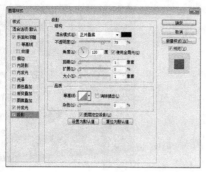

图6.244 设置投影

⑫ 在"图层"面板中，选中"小底座"图层，将其拖至面板底部的"创建新图层" 🔲 按钮上，分别复制1个"小底座 拷贝"及"小底座 拷贝2"图层。

⑬ 在"图层"面板中，选中"小底座 拷贝"图层，单击面板底部的"添加图层样式" fx 按钮，在菜单中选择"斜面和浮雕"命令，在弹出的对话框中将"大小"更改为1像素，取消"使用全局光"复选框，将"角度"更改为90，"高光模式"中的"不透明度"更改为30，"阴影模式"中的"不透明度"更改为0%，如图6.245所示。

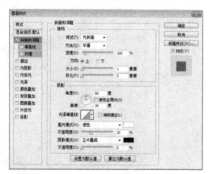

图6.245 设置斜面和浮雕

⑭ 勾选"渐变叠加"复选框，将"渐变"更改为深灰色（R：45，G：44，B：52）到灰色（R：84，G：90，B：95），如图6.246所示。

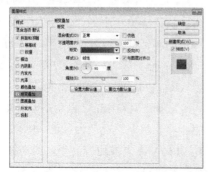

图6.246 设置渐变叠加

⑮ 在"小底座"图层上单击鼠标右键，从弹出的快捷菜单中选择"拷贝图层样式"命令，在"小底座 拷贝2"图层上单击鼠标右键，从弹出的快捷菜单中选择"粘贴图层样式"命令，再双击"小底座 拷贝2"图层样式名称，在弹出的对话框中将"渐变"更改为灰色（R：103，G：100，B：102）到灰色（R：130，G：128，B：130），完成之后单击"确定"按钮，如图6.247所示。

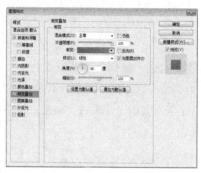

图6.247 复制并粘贴图层样式

6.7.3 绘制指针

① 分别选中"小底座 拷贝"及"小底座 拷贝2"图层按Ctrl+T组合键对其执行"自由变换"命令，将图像等比例缩小，完成之后按Enter键确认，效果如图6.248所示。

② 选择工具箱中的"钢笔工具" ✏️，在选项栏中单击"选择工具模式" 路径 按钮，在弹出的选项中选择"形状"，将"填充"更改为白色，"描边"为无，在小底座图形位置绘制一个不规则图形，此时将生成一个"形状1"图层，将"形状1"移至"小底座 拷贝2"图层下方，如图6.249所示。

图6.248 变换图形

图6.249 绘制图形

③ 在"图层"面板中，选中"形状1"图层，单击面板底部的"添加图层样式" fx 按钮，在菜单中选择"渐变叠加"命令，在弹出的对话框中将"渐变"更改为浅粉色（R：240，G：228，B：228）

到白色，"样式"更改为角度，"角度"更改为90度，如图6.250所示。

图6.250 设置渐变叠加

④ 勾选"投影"复选框，将"不透明度"更改为50%，"距离"更改为4像素，"大小"更改为1像素，完成之后单击"确定"按钮，如图6.251所示。

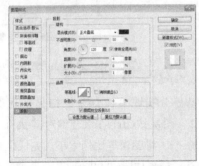

图6.251 设置投影

⑤ 同时选中除"背景"和"阴影"之外的所有图层，按Ctrl+G组合键将其编组，将生成的组名称更改为"表盘"，选中"表盘"组，将其拖至面板底部的"创建新图层" ▣ 按钮上，复制1个"表盘拷贝"组，如图6.252所示。

图6.252 将图层编组并复制组

⑥ 在"图层"面板中，选中"表盘 拷贝"组，将其图层混合模式设置为"叠加"，"不透明度"更改为20%，这样就完成了效果制作，最终效果如图6.253所示。

图6.253 最终效果

6.8 课堂案例——清新邮件图标

案例位置　案例文件\第6章\清新邮件图标.psd
视频位置　多媒体教学\6.8 课堂案例——清新邮件图标.avi
难易指数　★★☆☆☆

　　本例讲解清新邮件图标的制作。本例中的图标制作方法十分简单，以单一的纯色背景为衬托绘制简单的造型，在图标的可识别性方面十分受用。最终效果如图6.254所示。

扫码看视频

图6.254 最终效果

6.8.1 制作背景并绘制图形

① 执行菜单栏中的"文件"|"新建"命令，在弹出的对话框中设置"宽度"为400，"高度"为300，"分辨率"为72像素/英寸，将画布填充为灰色（R：174，G：174，B：164）。

　　选择工具箱中的"圆角矩形工具" ▣，在选项栏中将"填充"更改为黄色（R：251，G：217，B：136），"描边"为无，"半径"更改为40像素，按住Shift键绘制一个圆角矩形，此时将生成一个"圆角矩形1"图层，如图6.255所示。

02 在"图层"面板中，选中"圆角矩形1"图层，将其拖至面板底部的"创建新图层" 🔲 按钮上，复制1个拷贝图层，并将这2个图层名称分别更改为"口袋""底部"，如图6.256所示。

图6.255 新建画布绘制图形

图6.256 复制图层

03 在"图层"面板中，选中"底部"图层，单击面板底部的"添加图层样式" *fx* 按钮，在菜单中选择"内发光"命令，在弹出的对话框中将"混合模式"更改为柔光，"颜色"更改为白色，"大小"更改为3像素，完成之后单击"确定"按钮，如图6.257所示。

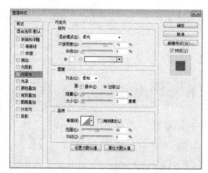
图6.257 设置内发光

04 选择工具箱中的"直接选择工具"，选中"口袋"图层中的图形顶部锚点将其删除，再同时选中左上角和右上角锚点向下拖动将图形变形，如图6.258所示。

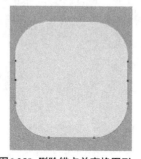
图6.258 删除锚点并变换图形

05 在"图层"面板中，选中"口袋"图层，单击面板底部的"添加图层样式" *fx* 按钮，在菜单中选择"内阴影"命令，在弹出的对话框中将"颜色"更改为白色，"不透明度"更改为40%，取消"使用全局光"复选框，将"角度"更改为90度，"距离"更改为1像素，"大小"更改为1像素，如图6.259所示。

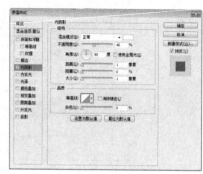
图6.259 设置内阴影

06 勾选"渐变叠加"复选框，将"渐变"更改为黄色（R：250，G：207，B：104）到黄色（R：250，G：217，B：137），如图6.260所示。

图6.260 设置渐变叠加

07 勾选"外发光"复选框，将"混合模式"更改为正常，"不透明度"更改为5%，"颜色"更改为黑色，"大小"更改为10像素，如图6.261所示。

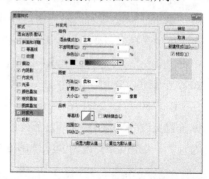
图6.261 设置外发光

263

08 勾选"投影"复选框，将"混合模式"更改为叠加，"颜色"更改为灰色（R：92，G：90，B：90），取消"使用全局光"复选框，将"角度"更改为90度，"距离"更改为1像素，"大小"更改为1像素，完成之后单击"确定"按钮，如图6.262所示。

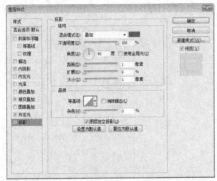

图6.262 设置投影

09 选择工具箱中的"圆角矩形工具" ，在选项栏中将"填充"更改为白色，"描边"为无，"半径"更改为5像素，在图标位置绘制一个圆角矩形，此时将生成一个"圆角矩形1"图层，将"圆角矩形1"移至"口袋"图层下方，如图6.263所示。

图6.263 绘制图形

10 在"图层"面板中，选中"圆角矩形1"图层，单击面板底部的"添加图层样式" fx 按钮，在菜单中选择"渐变叠加"命令，在弹出的对话框中将"渐变"更改为黄色（R：250，G：234，B：200）到黄色（R：250，G：230，B：180）再到黄色（R：250，G：237，B：213）。将第2个黄色色标位置更改为50%，并将第3个黄色色标位置更改为51%，"角度"更改为0度，如图6.264所示。

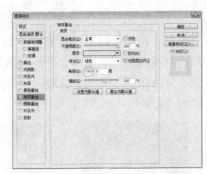

图6.264 设置渐变叠加

11 勾选"外发光"复选框，将"混合模式"更改为正常，"不透明度"更改为8%，"颜色"更改为黑色，"大小"更改为5像素，完成之后单击"确定"按钮，如图6.265所示。

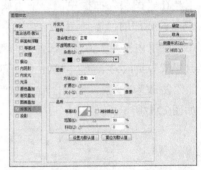

图6.265 设置外发光

6.8.2 绘制锁扣图形

01 选择工具箱中的"椭圆工具" ，在选项栏中将"填充"更改为淡黄色（R：250，G：238，B：216），"描边"为无，在口袋图形位置按住Shift键绘制一个圆形，此时将生成一个"椭圆1"图层，如图6.266所示。

02 在"图层"面板中，选中"椭圆1"图层，将其拖至面板底部的"创建新图层" 按钮上，复制1个"椭圆1 拷贝"图层，如图6.267所示。

图6.266 绘制图形

图6.267 复制图层

03 在"图层"面板中，选中"椭圆1"图层，单击面板底部的"添加图层样式" _fx_ 按钮，在弹出的菜单中选择"投影"命令，在弹出的对话框中将"不透明度"更改为10%，取消"使用全局光"复选框，将"角度"更改为90度，"距离"更改为1像素，"大小"更改为3像素，完成之后单击"确定"按钮，如图6.268所示。

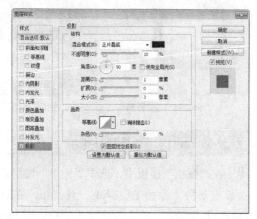

图6.268　设置投影

04 选中"椭圆 1 拷贝"图层，将其图形颜色更改为灰色（R：157，G：150，B：138），"描边"设置为黄色（R：245，G：193，B：70），"大小"更改为3点，按Ctrl+T组合键对其执行"自由变换"命令，将图像等比例缩小，完成之后按Enter键确认，如图6.269所示。

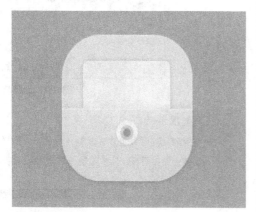

图6.269　变换图形

05 选择工具箱中的"矩形工具" ▇，在选项栏中将"填充"更改为黄色（R：250，G：234，B：200），"描边"为无，在椭圆图形底部绘制一个矩形，此时将生成一个"矩形1"图层，将"矩形1"移至"椭圆1"图层下方，如图6.270所示。

图6.270　绘制图形

06 在"椭圆1"图层上单击鼠标右键，从弹出的快捷菜单中选择"拷贝图层样式"命令，在"矩形1"图层上单击鼠标右键，从弹出的快捷菜单中选择"粘贴图层样式"命令，这样就完成了效果制作，最终效果如图6.271所示。

图6.271　最终效果

6.9　课堂案例——清新音乐图标

案例位置	案例文件\第6章\清新音乐图标.psd
视频位置	多媒体教学\6.9 课堂案例——清新音乐图标.avi
难易指数	★★☆☆☆

本例讲解清新音乐图标的制作。本例在制作过程中以纯红色的底座，搭配复古风的黑胶唱片为组合方式，在一定程度上展示出图标的可识别性及易用性。最终效果如图6.272所示。

扫码看视频

图6.272　最终效果

6.9.1 制作背景并绘制图形

01 执行菜单栏中的"文件"|"新建"命令，在弹出的对话框中设置"宽度"为400，"高度"为300，"分辨率"为72像素/英寸，将画布填充为灰色（R：237，G：235，B：228）。

选择工具箱中的"圆角矩形工具" ▣，在选项栏中将"填充"更改为红色（R：210，G：68，B：95），"描边"为无，"半径"更改为40像素，按住Shift键绘制一个圆角矩形，此时将生成一个"圆角矩形1"图层，如图6.273所示。

图6.273 新建画布绘制图形

02 在"图层"面板中，选中"圆角矩形1"图层，单击面板底部的"添加图层样式" *fx* 按钮，在菜单中选择"斜面和浮雕"命令，在弹出的对话框中将"大小"更改为1像素，取消"使用全局光"复选框，将"角度"更改为90度，"高光模式"中的"不透明度"更改为50%，"阴影模式"中的"不透明度"更改为20%，完成之后单击"确定"按钮，如图6.274所示。

图6.274 设置斜面和浮雕

03 选择工具箱中的"椭圆工具" ◯，在选项栏中将"填充"更改为白色，"描边"为无，在图标位置按住Shift键绘制一个圆形，此时将生成一个

"椭圆1"图层，如图6.275所示。

04 在"图层"面板中，选中"椭圆1"图层，将其拖至面板底部的"创建新图层" ▣ 按钮上，复制2个拷贝图层，并将这3个图层名称分别更改为"内孔2""内孔""光盘"，如图6.276所示。

图6.275 绘制图形　　　　图6.276 复制图层

6.9.2 制作光盘图形

01 在"图层"面板中，选中"光盘"图层，单击面板底部的"添加图层样式" *fx* 按钮，在菜单中选择"渐变叠加"命令，在弹出的对话框中将"渐变"更改为深灰色系渐变，"样式"更改为角度，完成之后单击"确定"按钮，如图6.277所示。

图6.277 设置渐变叠加

技巧与提示

在设置渐变的时候可以多复制一些色标，这样光盘的质感效果会更加明显，渐变编辑效果如图6.278所示。

图6.278 编辑渐变效果

02 选中"内孔"图层，按Ctrl+T组合键对其执行"自由变换"命令，将图像等比例缩小，完成之后按Enter键确认，将其"填充"更改为无，"描边"为灰色（R：88，G：88，B：88），"大小"更改为5点，如图6.279所示。

图6.279 变换图形

03 在"图层"面板中，选中"内孔"图层，单击面板底部的"添加图层样式" *fx* 按钮，在菜单中选择"内阴影"命令，在弹出的对话框中将"混合模式"更改为叠加，"颜色"更改为白色，取消"使用全局光"复选框，将"角度"更改为90度，"距离"更改为1像素，"大小"更改为1像素，完成之后单击"确定"按钮，如图6.280所示。

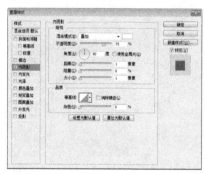

图6.280 设置内阴影

04 选中"内孔2"图层，按Ctrl+T组合键对其执行"自由变换"命令，将图像等比例缩小，完成之后按Enter键确认，将其"填充"更改为红色（R：198，G：42，B：70），这样就完成了效果制作，最终效果如图6.281所示。

图6.281 变换图形及最终效果

6.10 课堂案例——下载图标

案例位置	案例文件\第6章\下载图标.psd
视频位置	多媒体教学\6.10 课堂案例——下载图标.avi
难易指数	★★★☆☆

本例主要讲解下载图标的制作。此图标十分直观，重点在于环形进度条和文字信息的组合方式为用户展现了一个自然、舒适、信息明了的下载图标。最终效果如图6.282所示。

扫码看视频

图6.282 最终效果

6.10.1 制作背景并绘制图形

01 执行菜单栏中的"文件"|"新建"命令，在弹出的对话框中设置"宽度"为800像素，"高度"为600像素，"分辨率"为72像素/英寸，新建一个空白画布。

02 选择工具箱中的"渐变工具" ，在选项栏中单击"点按可编辑渐变"按钮，在弹出的对话框中将渐变颜色更改为灰色（R：230，G：234，B：238）到灰色（R：190，G：196，B：207），设置完成之后单击"确定"按钮。再单击选项栏中的"径向渐变" 按钮，从顶部向下方拖动为画布填充渐变，如图6.283所示。

图6.283 新建图层并填充颜色

03 选择工具箱中的"椭圆工具" ⬭，在选项栏中将"填充"更改为白色，"描边"为无，按住Shift键绘制一个圆形，此时将生成一个"椭圆1"图层，将"椭圆1"复制一份，如图6.284所示。

图6.284 绘制图形

04 在"图层"面板中，选中"椭圆1"图层，单击面板底部的"添加图层样式" fx 按钮，在菜单中选择"内阴影"命令，在弹出的对话框中将"不透明度"更改为20%，"距离"更改为2像素，"大小"更改为12像素，如图6.285所示。

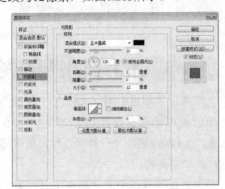

图6.285 设置内阴影

05 勾选"渐变叠加"复选框，将"渐变"更改为灰色（R：198，G：203，B：213）到灰色（R：214，G：220，B：230），如图6.286所示。

图6.286 设置渐变叠加

06 勾选"投影"复选框，将"混合模式"更改

为正常，"颜色"更改为白色，"不透明度"更改为50%，"距离"更改为2像素，"大小"更改为2像素，完成之后单击"确定"按钮，如图6.287所示。

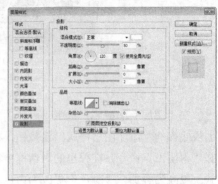

图6.287 设置投影

07 选中"椭圆1拷贝"图层，在选项栏中将"填充"更改为无，"描边"更改为白色，"大小"更改为18点，如图6.288所示。

图6.288 更改图形描边

08 在"图层"面板中，选中"椭圆1拷贝"图层，单击面板底部的"添加图层蒙版" ◫ 按钮，为其图层添加图层蒙版，如图6.289所示。

09 选择工具箱中的"多边形套索工具" ▷，在椭圆图形上绘制一个不规则选区，如图6.290所示。

图6.289 添加图层蒙版　　　　图6.290 绘制选区

10 将选区填充为黑色，将部分图形隐藏，完成之后按Ctrl+D组合键将选区取消，如图6.291所示。

图6.291 隐藏图形

⑪ 将"椭圆1拷贝"图层栅格化，并将其重命名为"进度条"，如图6.292所示。

图6.292 更改图层名称

⑫ 在"图层"面板中，选中"进度条"图层，单击面板底部的"添加图层样式"按钮，在菜单中选择"内阴影"命令，在弹出的对话框中将"不透明度"更改为15%，取消"使用全局光"复选框，将"角度"更改为60度，"距离"更改为2像素，"大小"更改为8像素，如图6.293所示。

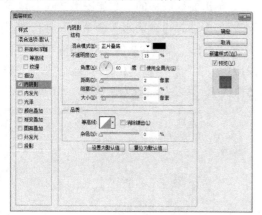

图6.293 设置内阴影

⑬ 勾选"渐变叠加"复选框，将"渐变"更改为黄色（R：255，G：175，B：130）到黄色（R：237，G：213，B：147），如图6.294所示。

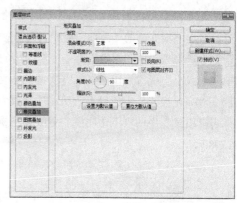

图6.294 设置渐变叠加

6.10.2 制作图标元素

① 选择工具箱中的"椭圆工具"，在选项栏中将"填充"更改为白色，"描边"为无，以圆中心为起点，按住Alt+Shift组合键绘制一个圆形，此时将生成一个"椭圆2"图层，如图6.295所示。

② 在"图层"面板中，选中"椭圆2"图层，将其拖至面板底部的"创建新图层"按钮上。分别复制1个"椭圆2 拷贝"及"椭圆2 拷贝2"图层，如图6.296所示。

图6.295 绘制图形　　　图6.296 复制图层

③ 选中"椭圆 2 拷贝 2"图层，按Ctrl+T组合键对其执行"自由变换"命令，当出现变形框以后，按住Alt+Shift组合键将图形等比例缩小，完成之后按Enter键确认，如图6.297所示。

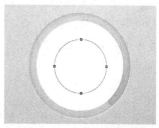

图6.297 变换图形

269

04 在"图层"面板中，选中"椭圆 2 拷贝"图层，单击面板底部的"添加图层样式" *fx* 按钮，在菜单中选择"斜面和浮雕"命令，在弹出的对话框中将"大小"更改为10像素，"软化"更改为15像素，"高光模式"中的"不透明度"更改为50%，"阴影模式"中的"不透明度"更改为25%，如图6.298所示。

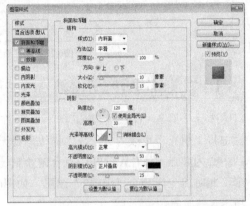

图6.298 设置斜面和浮雕

05 勾选"内阴影"复选框，将"混合模式"更改为正常，"颜色"更改为白色，取消"使用全局光"复选框，将"角度"更改为90度，"距离"更改为2像素，"大小"更改为2像素，如图6.299所示。

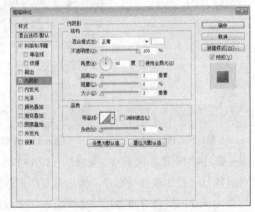

图6.299 设置内阴影

06 勾选"渐变叠加"复选框，将"渐变"更改为灰色（R：180，G：183，B：194）到灰色（R：244，G：245，B：246），如图6.300所示。

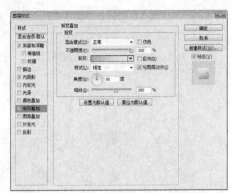

图6.300 设置渐变叠加

07 勾选"投影"复选框，将"不透明度"更改为35%，"距离"更改为8像素，"大小"更改为12像素，完成之后单击"确定"按钮，如图6.301所示。

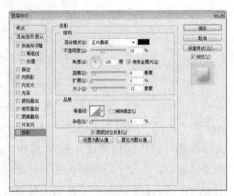

图6.301 设置投影

08 在"图层"面板中，选中"椭圆 2 拷贝 2"图层，单击面板底部的"添加图层样式" *fx* 按钮，在菜单中选择"内阴影"命令，在弹出的对话框中将"颜色"更改为灰色（R：198，G：202，B：210），"不透明度"更改为35%，"距离"更改为5像素，"大小"更改为20像素，如图6.302所示。

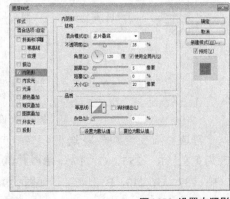

图6.302 设置内阴影

09 勾选"渐变叠加"复选框，将"渐变"更改为灰色（R：217，G：219，B：226）到灰色（R：210，G：213，B：217），如图6.303所示。

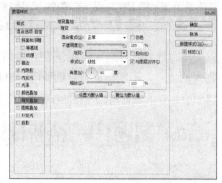

图6.303　设置渐变叠加

10 勾选"投影"复选框，将"混合模式"更改为正常，"颜色"更改为白色，"距离"更改为2像素，"大小"更改为2像素，完成之后单击"确定"按钮，如图6.304所示。

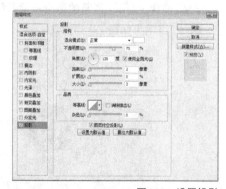

图6.304　设置投影

11 选中"椭圆 2 拷贝 2"图层，将其图层"不透明度"更改为80%，如图6.305所示。

图6.305　更改图层不透明度

12 选中"椭圆2"图层，将其图形颜色更改为黑色，再将其图层"不透明度"更改为20%，将其向下移动，如图6.306所示。

图6.306　降低图层不透明度及移动图形

13 选中"椭圆 2"图层，执行菜单栏中的"图层"|"栅格化"|"形状"命令，将当前图形栅格化，如图6.307所示。

14 选中"椭圆 2"图层，执行菜单栏中的"滤镜"|"模糊"|"高斯模糊"命令，在弹出的对话框中将"半径"更改为10像素，设置完成之后单击"确定"按钮，如图6.308所示。

　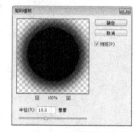

图6.307　栅格化形状　　　　　图6.308　设置高斯模糊

15 执行菜单栏中的"文件"|"打开"命令，在弹出的对话框中选择配套资源中的"素材文件\第6章\下载图标\图标.psd"文件，将打开的素材拖入画布中的图形上，如图6.309所示。

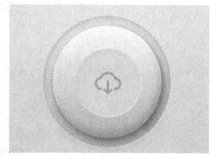

图6.309　添加素材

16 在"图层"面板中，选中"图标"图层，单击面板底部的"添加图层样式"按钮，在菜单中选择"内阴影"命令，在弹出的对话框中将"不透明度"更改为15%，取消"使用全局光"复选框，将"角度"更改为135度，"距离"更改为14像素，如图6.310所示。

图6.310 设置内阴影

⑰ 勾选"投影"复选框，将"混合模式"更改为正常，"颜色"更改为白色，"距离"更改为2像素，完成之后单击"确定"按钮，如图6.311所示。

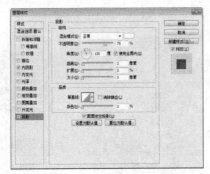

图6.311 设置投影

⑱ 选择工具箱中的"横排文字工具" **T**，在图标下方位置添加文字，这样就完成了效果制作，最终效果如图6.312所示。

图6.312 添加文字及最终效果

6.11 本章小结

一个好的图标往往会反映制作者的某些信息，特别是对一个商业应用来话，可以从中了解到这个应用的类型或者内容。在一个布满各种图标的界面中，这一点会突出地表现出来。受众要在大堆的应用中寻找自己想要的特定内容时，一个能让人轻易看出它所代表的应用的类型和内容的图标会有多么重要，所以在图标的设计中要注意这些内容，突出设计灵魂。

6.12 课后习题

本章通过4个课后练习，希望读者朋友可以汲取别人的优点，不断弥补自身的缺陷，也希望读者可以领会本章的设计精髓，不断在实践中历练自己。

6.12.1 习题1——清新日历图标

案例位置	案例文件\第6章\清新日历图标.psd
视频位置	多媒体教学\6.12.1习题1——清新日历图标.avi
难易指数	★★★☆☆

本例主要练习清新日历图标的制作。在所有风格的图形图标设计中，清新、简洁的风格永远是最受欢迎的设计风格，此款图标的设计一方面保留了日历信息，同时采用了清新的造型，使最终效果十分完美。最终效果如图6.313所示。

扫码看视频

图6.313 最终效果

步骤分解如图6.314所示。

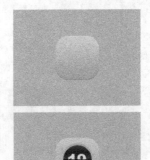

图6.314 步骤分解图

6.12.2 习题2——进度图标

案例位置 案例文件\第6章\进度图标.psd
视频位置 多媒体教学\6.12.2习题2——进度图标.avi
难易指数 ★★★☆☆

本例主要练习进度图标的制作。本例中的图标质感十分突出，整个制作过程中的重点在于对光影及质感效果的把握，而整个图标的细节之处在制作过程中需要特别注意。最终效果如图6.315所示。

扫码看视频

图6.315 最终效果

步骤分解如图6.316所示。

图6.316 步骤分解图

6.12.3 习题3——日历和天气图标

案例位置 案例文件\第6章\日历和天气图标.psd
视频位置 多媒体教学\6.12.3习题3——日历和天气图标.avi
难易指数 ★★★★☆

本例主要练习日历和天气图标的制作，丰富的色彩是这2枚图标的最大特点，同时在日历制作上采用写实的翻页效果和彩虹装饰的日历效果，使整个图标的色彩十分丰富。最终效果如图6.317所示。

扫码看视频

图6.317 最终效果

步骤分解如图6.318所示。

图6.318 步骤分解图

6.12.4　习题4——指南针图标

案例位置　案例文件\第6章\指南针图标.psd
视频位置　多媒体教学\6.12.4习题4——指南针图标.avi
难易指数　★★★☆☆

　　本例主要练习指南针图标的制作。这款图标的色彩及造型与iOS风格相似，同时图标本色的配色相对收敛，采用蓝色为图标主色调再加以深红色的指针，使整个图标十分耐看。最终效果如图6.319所示。

扫码看视频

图6.319　最终效果

　　步骤分解如图6.320所示。

图6.320　步骤分解图

第**7**章

流行界面设计荟萃

─── 内容摘要 ───

　　本章主要详解流行界面设计制作。界面是人与物体互动的媒介，换句话说，界面就是设计师赋予物体的新面孔，是用户和系统进行双向信息交互的支持软件、硬件以及方法的集合。界面应用是一个综合性的，它可以看成很多界面元素组成，在设计上要符合用户心理行为，在追求华丽的同时，也应当符合大众审美的习惯。

─── 课堂学习目标 ───

- 了解界面的含义
- 掌握不同界面的设计技巧

7.1 理论知识——UI设计尺寸

刚开始接触UI的时候，碰到的最多的就是尺寸问题，画布要建多大，文字该用多大才合适，要做几套界面才可以？各种各样的问题也着实让人头疼。其实，不同的智能系统官方都会给出规范尺寸，在这些尺寸的基础上加以变化，即可创造出各种设计效果。

7.1.1 iPhone和Android设计尺寸

由于iPhone和Android属于不同的操作系统，并且就算是同一操作系统，也有不同的分辨率等元素，这就造成了不同的智能设备有不同的设计尺寸，下面详细列举iPhone和Android不同界面的设计尺寸及图示效果。

1. iPhone界面尺寸

iPhone界面尺寸如表1所示。

表1 iPhone界面尺寸

设备	分辨率/px	PPI	状态栏高度/px	导航栏高度/px	标签栏高度/px
iPhone6 plus设计版	1242×2208	401 PPI	60	132	146
iPhone6 plus放大版	1125×2001	401 PPI	54	132	146
iPhone6 plus物理版	1080×1920	401 PPI	54	132	146
iPhone6	750×1334	326 PPI	40	88	98
iPhone5/5C/5S	640×1136	326 PPI	40	88	98
iPhone4/4S	640×960	326 PPI	40	88	98
iPhone与iPod Touch第一代/第二代/第三代	320×480	163 PPI	20	44	49

2. iPhone界面尺寸图示

虽然尺寸不同，但界面基本组成元素却是相同的。iPhone的界面一般由4个元素组成，分别是状态栏、导航栏、主菜单栏和内容区域。图7.1所示为iPhone界面尺寸。

- 状态栏：就是我们经常说的信号、运营商、电量等显示手机状态的区域。
- 导航栏：显示当前界面的名称，包含相应的功能或者页面间的跳转按钮。
- 主菜单栏：类似于页面的主菜单，提供整个应用的分类内容的快速跳转。
- 内容区域：展示应用提供的相应内容，在整个应用中布局变更最为频繁。

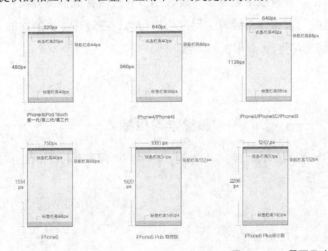

图7.1 iPhone界面尺寸

3. iPad的设计尺寸

ipad的设计尺寸如表2所示。

表2 iPad的设计尺寸

设备	分辨率/px	PPI	状态栏高度/px	导航栏高度/px	标签栏高度/px
iPad 3/4/5/6/Air/Air2/mini2	2048×1536	264 PPI	40	88	98
iPad1/2	1024×768	132 PPI	20	44	49
iPad mini	1024×768	163 PPI	20	44	49

4. iPad界面尺寸图示

ipad界面尺寸图示如图7.2所示。

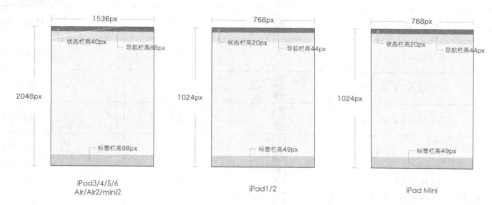

图7.2 iPad界面尺寸

5. Android SDK模拟机设计尺寸

Android SDK模拟机设计尺寸如表3所示。

表3 Android SDK模拟机设计尺寸

屏幕大小	低密度（120）	中等密度（160）	高密度（240）	超高密度（320）
小屏幕	QVGA（240×320）		480×640	
普通屏幕	WQVGA400（240×400） WQVGA432（240×432）	HVGA（320×480）	WVGA800（480×800） WVGA854（480×854） 600×1024	640×960
大屏幕	WQVGA800（480×800） WQVGA854（480×854）	WVGA800（480×800） WVGA854（480×854） 600×1024		
超大屏幕	1024×600	1024×768 1280×768WXGA （1280×800）	1536×1152 1920×1152 1920×1200	2048×1536 2560×1600

7.1.2 Android 系统换算及主流手机设置

1. Android 系统dp/sp/px换算

Android 系统dp/sp/px换算如表4所示。

表4 Android 系统dp/sp/px换算表

名称	分辨率/px	比率rate（针对320px）	比率rate（针对640px）	比率rate（针对750px）
idpi	240×320	0.75	0.375	0.32
mdpi	320×480	1	0.5	0.4267
hdpi	480×800	1.5	0.75	0.64
xhdpi	720×1280	2.25	1.125	1.042
xxhdpi	1080×1920	3.375	1.6875	1.5

2. 主流Andiroid手机分辨率和尺寸

主流Andiroid手机分辨率和尺寸如表5所示。

表5　主流Andiroid手机分辨率和尺寸表

设备名称	设备图示	尺寸/英寸	分辨率/px
魅族MX2		4.4	800×1280
魅族MX3		5.1	1080×1280
魅族MX4		5.36	1152×1920
魅族MX4 Pro		5.5	1536×2560
三星GALAXY Note II		5.5	720×1280
三星GALAXY Note 3		5.7	1080×1920
三星GALAXY Note 4		5.7	1440×2560
三星GALAXY S5		5.1	1080×1920
索尼Xperia Z3		5.2	1080×1920
索尼XL39h		6.44	1080×1920
HTC Desire 820		5.5	720×1280
HTC One M8		4.7	1080×1920
OPPO Find 7		5.5	1440×2560
OPPO R3		5	720×1280
OPPO N1 Mini		5	720×1280
OPPO N1		5.9	1080×1920
小米红米Note		5.5	720×1280
小米M2S		4.3	720×1280
小米M4		5	1080×1920
华为荣耀6		5	1080×1920
LG G3		5.5	1440×2560
OnePlus One		5.5	1080×1920
锤子T1		4.95	1080×1920

7.2 课堂案例——天气预报界面

案例位置　案例文件\第7章\天气预报界面.psd
视频位置　多媒体教学\7.2 课堂案例——天气预报界面.avi
难易指数　★★★☆☆

本例主要讲解天气预报界面的制作，直观、简洁、清晰明了是此款界面最大的优点，并且界面主色调与天气色调相呼应，在界面上绘制的曲线图更是加强了界面的信息传达效果。最终效果如图7.3所示。

扫码看视频

图7.3 最终效果

7.2.1 制作背景

01 执行菜单栏中的"文件"|"新建"命令，在弹出的对话框中设置"宽度"为800像素，"高度"为550像素，"分辨率"为72像素/英寸，"颜色模式"为RGB颜色，新建一个空白画布。

02 选择工具箱中的"渐变工具" ，在选项栏中单击"点按可编辑渐变"按钮，在弹出的对话框中将渐变颜色更改为蓝色（R：126，G：157，B：250）到浅蓝色（R：226，G：223，B：244），设置完成之后单击"确定"按钮。再单击选项栏中的"线性渐变" 按钮，在画布中从上向下拖动，为背景填充渐变效果，如图7.4所示。

图7.4 填充渐变

03 单击面板底部的"创建新图层" 按钮，新建一个"图层1"图层，如图7.5所示。

04 选择工具箱中的"画笔工具" ，在画布中单击鼠标右键，在弹出的面板中，选择一种圆角笔触，将"大小"更改为250像素，"硬度"更改为0%，如图7.6所示。

 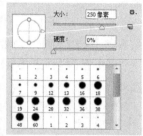

图7.5 新建图层　　　　　图7.6 设置笔触

05 将前景色更改为紫色（R：205，G：167，B：215），选中"图层1"图层，在界面靠下方区域单击添加笔触效果，如图7.7所示。

图7.7 添加笔触效果

06 选中"图层1"图层，执行菜单栏中的"滤镜"|"模糊"|"高斯模糊"命令，在弹出的对话框中将"半径"更改为100像素，设置完成之后单击"确定"按钮，如图7.8所示。

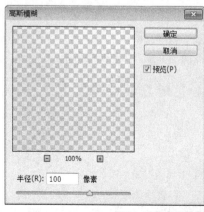

图7.8 设置高斯模糊

7.2.2 绘制第1个界面

⑴ 选择工具箱中的"圆角矩形工具" ▣，在选项栏中将"填充"更改为橙色（R：226，G：180，B：70），"描边"为无，"半径"更改为8像素，绘制一个圆角矩形，此时将生成一个"圆角矩形1"图层，如图7.9所示。

⑵ 在"图层"面板中，选中"圆角矩形1"图层，将其拖至面板底部的"创建新图层" ▢按钮上，复制1个"圆角矩形1拷贝"图层，如图7.10所示。

图7.9 绘制图形　　　　　图7.10 复制图层

⑶ 选中"圆角矩形 1 拷贝"图层，将图形颜色更改为白色。选择工具箱中的"直接选择工具" ▷，选中"圆角矩形 1 拷贝"图形顶部锚点按Delete键将其删除，如图7.11所示。

图7.11 删除锚点

⑷ 选中"圆角矩形 1 拷贝"图形顶端左右两个锚点向下拖动，如图7.12所示。

图7.12 移动锚点

⑸ 在"图层"面板中，选中"圆角矩形 1"图层，单击面板底部的"添加图层样式" fx按钮，在菜单中选择"投影"命令，在弹出的对话框中将"不透明度"更改为20%，取消"使用全局光"复选框，将"角度"更改为90度，"距离"更改为2像素，"大小"更改为9像素，完成之后单击"确定"按钮，如图7.13所示。

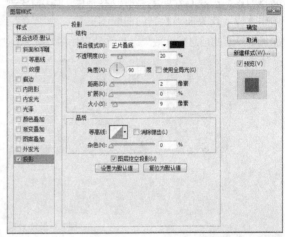

图7.13 设置投影

7.2.3 添加文字及素材

⑴ 选择工具箱中的"横排文字工具" T，在界面适当位置添加文字，如图7.14所示。

⑵ 执行菜单栏中的"文件"|"打开"命令，在弹出的对话框中选择配套资源中的"素材文件\第7章\天气预报界面\图标.psd"文件，在打开的素材文档中选中"太阳"图层，将其拖入界面右上角并适当缩小，如图7.15所示。

图7.14 添加文字　　　　　图7.15 添加素材

⑶ 选择工具箱中的"直线工具" ╱，在选项栏中将"填充"更改为深黄色（R：212，G：166，B：55），"描边"为无，"粗细"更改为2像

素，在文字下方按住Shift键绘制一条垂直线段，此时将生成一个"形状1"图层，如图7.16所示。

图7.16　绘制图形

04　选中"形状1"图层，按住Alt+Shift组合键向右侧拖动，将图形复制数份，此时将生成相应的拷贝图层，如图7.17所示。

图7.17　复制图形

05　同时选中"形状1"及其相关的拷贝图层，单击选项栏中的"水平居中分布"按钮，将图形分布，如图7.18所示。

图7.18　分布图形

06　选择工具箱中的"钢笔工具"，在选项栏中单击"选择工具模式"按钮，在弹出的选项栏中选择"形状"，将"填充"更改为无，"描边"为白色，"大小"更改为2点，绘制一个不规则线段，此时将生成一个"形状2"图层，如图7.19所示。

图7.19　绘制图形

07　单击面板底部的"创建新图层"按钮，新建一个"图层2"图层，如图7.20所示。

08　选择工具箱中的"多边形套索工具"，沿线段位置绘制一个不规则选区，如图7.21所示。

图7.20　新建图层　　　　图7.21　绘制选区

09　将选区填充为黄色（R：233，G：144，B：34），填充完成之后按Ctrl+D组合键将选区取消，如图7.22所示。

图7.22　填充颜色

10　选中"图层2"图层，单击面板底部的"添加图层蒙版"按钮，为其图层添加图层蒙版，如图7.23所示。

11　选择工具箱中的"渐变工具"，在选项栏中单击"点按可编辑渐变"按钮，在弹出的对话框中选择"黑白渐变"，设置完成之后单击"确定"

按钮，再单击选项栏中的"线性渐变" ■ 按钮，如图7.24所示。

图7.23 添加图层蒙版　　　图7.24 设置渐变

⑫ 在图形上按住Shift键从下至上拖动，将部分图形隐藏，再将其移至"圆角矩形1 拷贝"图层下方，如图7.25所示。

图7.25 隐藏图形并更改图层顺序

⑬ 选择工具箱中的"椭圆工具" ●，在选项栏中将"填充"更改为白色，"描边"为无，在不规则线段顶端位置按住Shift键绘制一个圆形，此时将生成一个"椭圆1"图层，如图7.26所示。

⑭ 在"图层"面板中，选中"椭圆1"图层，将其拖至面板底部的"创建新图层" ■ 按钮上，复制1个"椭圆1 拷贝"图层，如图7.27所示。

图7.26 绘制图形　　　图7.27 复制图层

⑮ 选中"椭圆1 拷贝"图层，将图层"不透明度"更改为50%，按Ctrl+T组合键对其执行"自由变换"命令，当出现变形框以后按住Alt+Shift组合

键将图形等比例放大，完成之后按Enter键确认，如图7.28所示。

图7.28 更改图层不透明度并变换图形

⑯ 选择工具箱中的"横排文字工具" T，在刚才绘制的图形位置添加文字，如图7.29所示。

图7.29 添加文字

⑰ 执行菜单栏中的"文件"|"打开"命令，在弹出的对话框中选择配套资源中的"素材文件\第7章\天气预报界面\图标2.psd"文件，将打开的素材拖入画布中界面靠底部位置并适当缩小，如图7.30所示。

⑱ 选择工具箱中的"横排文字工具" T，在素材图标右侧位置添加文字，如图7.31所示。

图7.30 添加素材　　　图7.31 添加文字

⑲ 同时选中除"背景""图层1"之外的所有图层，按Ctrl+G组合键将图层编组，将生成的组名称

更改为"白天"，如图7.32所示。

图7.32　将图层编组

7.2.4　绘制第2个界面

01　在"图层"面板中，选中"白天"组，将其拖至面板底部的"创建新图层"按钮上，复制1个"白天 拷贝"图层，如图7.33所示。

02　选中"白天 拷贝"组，按住Shift键向右侧平移，如图7.34所示。

图7.33　复制组　　　　　图7.34　移动图形

03　选中"白天 拷贝"组，将其展开选中"圆角矩形1"图层，在画布中将其图形颜色更改为青色（R：40，G：165，B：250），如图7.35所示。

图7.35　更改图形颜色

04　选中"白天 拷贝"组中的"形状1"图层，在画布中将图形颜色更改为蓝色（R：18，G：147，B：230），如图7.36所示。

图7.36　更改图形颜色

05　用同样的方法将"白天 拷贝"组中的所有形状1 拷贝图形颜色更改为蓝色（R：18，G：147，B：230），如图7.37所示。

图7.37　更改图形颜色

06　在"图层"面板中，选中"图层 2"图层，单击面板上方的"锁定透明像素"按钮，将当前图层中的透明像素锁定，将图层填充为蓝色（R：10，G：130，B：208），填充完成之后再次单击此按钮将其解除锁定，如图7.38所示。

图7.38　锁定透明像素并填充颜色

07　用同样的方法分别将"雨伞"及"温度计"图层中的图形颜色更改为蓝色（R：10，G：130，B：208），如图7.39所示。

08　将"雨伞"及"温度计"图形旁边文字颜色更改为蓝色（R：10，G：130，B：208），如图7.40所示。

图7.39 更改图形颜色　　　图7.40 更改文字颜色

09 选中"白天 拷贝"组中的"太阳"图层将其删除。执行菜单栏中的"文件"|"打开"命令，在弹出的对话框中选择配套资源中的"调用素材\第7章\天气预报界面\图标.psd"文件，将打开的素材中的月亮素材拖入界面右上角位置并适当缩小，这样就完成了效果制作，最终效果如图7.41所示。

图7.41 删除并添加素材图形及最终效果

7.3　课堂案例——票券APP界面

案例位置　案例文件\第7章\票券APP界面.psd
视频位置　多媒体教学\7.3 课堂案例——票券APP界面.avi
难易指数　★★☆☆☆

扫码看视频

图7.42 最终效果

本例主要讲解票券APP界面的制作，此类界面的应用不是特别广泛，在设计中只需要紧紧抓住界面所需要表达的特性以及丰富的信息。最终效果如图7.42所示。

7.3.1　制作背景并绘制状态栏

01 执行菜单栏中的"文件"|"新建"命令，在弹出的对话框中设置"宽度"为640像素，"高度"为1136像素，"分辨率"为72像素/英寸，新建一个空白画布。

02 选择工具箱中的"渐变工具" ，在选项栏中单击"点按可编辑渐变"按钮，在弹出的对话框中，将渐变颜色更改为蓝色（R：74，G：123，B：150）到紫色（R：160，G：90，B：125），设置完成之后单击"确定"按钮，再单击选项栏中的"线性渐变" 按钮，在画布中从上至下拖动为画布填充渐变，如图7.43所示。

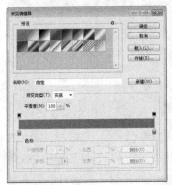

图7.43 设置并填充渐变

03 选择工具箱中的"矩形工具" ，在选项栏中将"填充"更改为黑色，"描边"为无，在画布顶部绘制一个矩形，此时将生成一个"矩形1"图层，并将"矩形1"图层"不透明度"更改为10%，如图7.44所示。

图7.44 绘制图形并降低图层不透明度

04 执行菜单栏中的"文件"丨"打开"命令，在弹出的对话框中选择配套资源中的"素材文件\第7章\票券APP界面\图标.psd"文件，将打开的素材拖入画布中顶部位置并适当缩小。

05 选择工具箱中的"圆角矩形工具" ▢，在选项栏中将"填充"更改为灰色（R：247，G：247，B：247），"描边"为无，"半径"更改为5像素，绘制一个圆角矩形，此时将生成一个"圆角矩形1"图层，如图7.45所示。

图7.45 绘制图形

06 在"图层"面板中，选中"圆角矩形 1"图层，将其拖至面板底部的"创建新图层" ▣ 按钮上，复制1个"圆角矩形 1 拷贝"图层，如图7.46所示。

07 选中"圆角矩形 1 拷贝"图层，将图形向右侧平移，如图7.47所示。

图7.46 复制图层　　　图7.47 移动图形

7.3.2 添加素材

01 执行菜单栏中的"文件"丨"打开"命令，在弹出的对话框中选择配套资源中的"素材文件\第7章\票券APP界面\图像1.jpg"文件，将打开的素材拖入画布中左侧图形上并适当缩小，此时其图层名称将自动更改为"图层1"，如图7.48所示。

图7.48 添加素材

02 选中"图层1"图层，执行菜单栏中的"图层"丨"创建剪贴蒙版"命令，为当前图层创建剪贴蒙版，将部分图像隐藏，如图7.49所示。

图7.49 创建剪贴蒙版

技巧与提示

在创建剪贴蒙版的时候，应将"图层1"图层移至"圆角矩形1"图层上方。

03 在"图层"面板中，选中"图层1"图层，单击面板底部的"添加图层蒙版" ▣ 按钮，为其图层添加图层蒙版，如图7.50所示。

04 选择工具箱中的"矩形选框工具" ▢，在图像下半部分绘制一个矩形选区，如图7.51所示。

图7.50 添加图层蒙版　　　图7.51 绘制选区

05 将选区填充为黑色，将部分图像隐藏，完成之后按Ctrl+D组合键，将选区取消，如图7.52所示。

图7.52 隐藏图像

06 选择工具箱中的"圆角矩形工具" ▢ ，在选项栏中将"填充"更改为绿色（R：45，G：184，B：146），"描边"为无，"半径"更改为5像素，在刚才隐藏图像的位置绘制一个圆角矩形，此时将生成一个"圆角矩形2"图层，如图7.53所示。

图7.53 绘制图形

7.3.3 添加文字

01 选择工具箱中的"横排文字工具" T ，添加文字，如图7.54所示。

图7.54 添加文字

02 选择工具箱中的"多边形工具" ⬡ ，单击选项栏中的 ✿ 图标，在弹出的面板中勾选"星形"复选框，将"边"更改为5，"颜色"更改为黄色（R：244，G：220，B：96），此时将生成一个"多边形1"图层，如图7.55所示。

图7.55 绘制图形

03 选中"多边形1"图层，按住Alt+Shift组合键向右侧拖动将图形复制4份，此时将生成"多边形1 拷贝""多边形1 拷贝2""多边形1 拷贝3"及"多边形1 拷贝4"图层，如图7.56所示。

图7.56 复制图形

04 选中"多边形 1 拷贝 4"图层，在选项栏中将"填充"更改为无，"描边"为灰色（R：150，G：150，B：150），"大小"更改为1点，如图7.57所示。

图7.57 设置形状

05 执行菜单栏中的"文件"|"打开"命令，在弹出的对话框中选择配套资源中的"素材文件\第7章\票券APP界面\图像2.jpg"文件，将打开的素材拖入画布中并适当缩小，此时其图层名称将自动更改为"图层2"，如图7.58所示。

图7.58 添加素材

06 选中"图层2"图层，执行菜单栏中的"图层"|"创建剪贴蒙版"命令，为当前图层创建剪贴蒙版，将部分图像隐藏，如图7.59所示。

图7.59 创建剪贴蒙版

7.3.4 绘制按钮图形

01 选择工具箱中的"矩形工具" ■，在选项栏中将"填充"更改为无，"描边"为灰色（R：247，G：247，B：247），"大小"更改为4点，在界面左上角位置按住Shift键绘制一个矩形，此时将生成一个"矩形2"图层，如图7.60所示。

图7.60 绘制图形

02 选中"矩形1"图层，按Ctrl+T组合键对其执行"自由变换"命令，当出现变形框以后，在选项栏中"旋转"后方的文本框中输入45度，完成之后按Enter键确认，如图7.61所示。

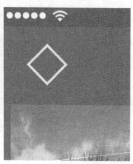

图7.61 变换图形

03 在"图层"面板中，选中"矩形2"图层，单击面板底部的"添加图层蒙版" ▣ 按钮，为其图层添加图层蒙版，如图7.62所示。

04 选择工具箱中的"矩形选框工具" ▢，在矩形右侧部分图形上绘制一个矩形选区，如图7.63所示。

图7.62 添加图层蒙版　　　　　图7.63 绘制选区

05 将选区填充为黑色，将部分图形隐藏，完成之后按Ctrl+D组合键将选区取消，如图7.64所示。

06 选择工具箱中的"横排文字工具" T，添加文字，如图7.65所示。

图7.64 隐藏图形　　　　　图7.65 添加文字

07 选择工具箱中的"矩形工具" ■，在选项栏中将"填充"更改为深蓝色（R：30，G：40，B：53），"描边"为无，在画布中绘制一个矩形，此时将生成一个"矩形3"图层，选中"矩形3"图层，将图层不透明度更改为40%，如图7.66所示。

图7.66 绘制图形并降低图层不透明度

08 选择工具箱中的"直线工具" ⁄，在选项栏中将"填充"更改为灰色（R：103，G：100，B：120），"描边"为无，"粗细"更改为2像素，按住Shift键绘制一条水平线段，此时将生成一个"形状1"图层，如图7.67所示。

图7.67 绘制图形

09 选中"形状1"图层，按住Alt+Shift组合键向下拖动，将图形复制2份，如图7.68所示。

图7.68 复制图形

10 执行菜单栏中的"文件"|"打开"命令，在弹出的对话框中选择配套资源中的"素材文件\第7章\票券APP界面\图标2.psd"文件，将打开的素材拖入画布中，如图7.69所示。

11 在"图层"面板中，选中"图标2"图层，将其拖至面板底部的"创建新图层" 按钮上，复制1个"图标2 拷贝"图层，如图7.70所示。

图7.69 添加素材　　图7.70 复制图层

12 选中"图标2 拷贝"图层，按住Shift键将图形向下移动，选中"图标2"图层，将其图层"不透明度"更改为30%，如图7.71所示。

图7.71 移动图形并更改不透明度

7.3.5 添加文字及素材

01 选择工具箱中的"横排文字工具" T，在刚才添加的图标右侧位置添加文字，如图7.72所示。

02 在"图层"面板中，选中"**** **** **** ****"图层，将其拖至面板底部的"创建新图层" 按钮上，复制1个"**** **** **** **** 拷贝"图层，如图7.73所示。

图7.72 添加文字　　图7.73 复制图层

03 选中"**** **** **** **** 拷贝"图层，按

住Shift键将图形向上移动，将图层"不透明度"更改为30%，如图7.74所示。

图7.74 更改图层不透明度

04 选择工具箱中的"横排文字工具" T，在刚才添加的图标位置再次添加文字，并更改部分文字不透明度，如图7.75所示。

图7.75 添加文字并更改部分文字不透明度

05 选择工具箱中的"直线工具" ，在选项栏中将"填充"更改为无，"描边"为白色，"大小"更改为2点，"粗细"更改为2像素，在画布左下角位置按住Shift键绘制一条垂直线段，此时将生成一个"形状2"图层，将"形状2"图层"不透明度"更改为30%，选中"形状2"图层，将其拖至面板底部的"创建新图层" 按钮上，复制1个"形状2拷贝"图层，如图7.76所示。

图7.76 绘制图形，更改不透明度并复制图层

06 选中"形状 2 拷贝"图层，按Ctrl+T组合键对

其执行"自由变换"命令，单击鼠标右键，从弹出的快捷菜单中选择"旋转90度（顺时针）"命令，完成之后按Enter键确认，如图7.77所示。

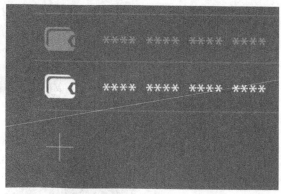

图7.77 变换图形

07 选择工具箱中的"圆角矩形工具" ，在选项栏中将"填充"更改为无，"描边"为白色，"大小"更改为1点，"半径"更改为8像素，绘制一个圆角矩形，此时将生成一个"圆角矩形 3"图层，如图7.78所示。

图7.78 绘制图形

08 选择工具箱中的"横排文字工具" T，在界面底部位置添加文字，这样就完成了效果制作，最终效果如图7.79所示。

图7.79 添加文字及最终效果

7.4 课堂案例——下载数据界面

案例位置　案例文件\第7章\下载数据界面.psd
视频位置　多媒体教学\7.4 课堂案例——下载数据界面.avi
难易指数　★★☆☆☆

　　本例主要讲解下载数据界面的制作，整个界面主要以文字为主要表现力，通过醒目的字体及环形进度条，向用户展示这样一款经典下载数据界面效果。最终效果如图7.80所示。

扫码看视频

图7.80　最终效果

7.4.1 制作背景并绘制状态栏

01 执行菜单栏中的"文件"|"新建"命令，在弹出的对话框中设置"宽度"为640像素，"高度"为1136像素，"分辨率"为72像素/英寸，将其填充为深蓝色（R：34，G：44，B：54）。

02 选择工具箱中的"矩形工具" ▇，在选项栏中将"填充"更改为黑色，"描边"为无，绘制一个矩形，此时将生成一个"矩形1"图层，如图7.81所示。

图7.81　绘制图形

03 执行菜单栏中的"文件"|"打开"命令，在弹出的对话框中选择配套资源中的"素材文件\第7章\下载数据界面设计\图标.psd"文件，将打开的素材拖入画布中顶部位置并适当缩小。

7.4.2 绘制图形

01 选择工具箱中的"椭圆工具" ⬭，在选项栏中将"填充"更改为深蓝色（R：25，G：34，B：43），"描边"为无，按住Shift键绘制一个圆形，此时将生成一个"椭圆1"图层，选中"椭圆1"图层，将其拖至面板底部的"创建新图层" ▣按钮上，分别复制1个"椭圆1 拷贝""椭圆1 拷贝2""椭圆1 拷贝3"图层，如图7.82所示。

图7.82　绘制图形并复制图层

02 选中"椭圆1 拷贝"图层，将图形颜色更改为深蓝色（R：44，G：54，B：66），将图形等比例缩小，如图7.83所示。

图7.83　更改图形颜色并变换图形

03 选中"椭圆1 拷贝2"图层，将图形颜色更改为深蓝色（R：34，G：44，B：54），将图形等比例缩小，如图7.84所示。

图7.84 更改图形颜色并变换图形

04 选中"椭圆 1 拷贝 3"图层，在选项栏中将"填充"更改为无，"描边"为粉红色（R：207，G：102，B：80），"大小"更改为40点，将图形等比例缩小，如图7.85所示。

图7.85 变换图形

05 选择工具箱中的"直接选择工具" ，选中"椭圆 1 拷贝 3"图层中的图形左侧锚点，按Delete键将其删除，如图7.86所示。

图7.86 删除锚点

06 在"图层"面板中，选中"椭圆1"图层，单击面板底部的"添加图层样式" **fx** 按钮，在菜单中选择"内阴影"命令，在弹出的对话框中将"不透明度"更改为40%，"距离"更改为2像素，"大小"更改为2像素，如图7.87所示。

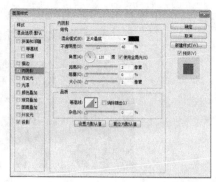

图7.87 设置内阴影

07 勾选"投影"复选框，将"混合模式"更改为正常，"颜色"更改为白色，"不透明度"更改为20%，取消"使用全局光"复选框，将"角度"更改为90度，"大小"更改为1像素，完成之后单击"确定"按钮，如图7.88所示。

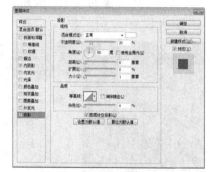

图7.88 设置投影

7.4.3 添加文字

01 选择工具箱中的"横排文字工具" **T** ，在图形上添加文字，如图7.89所示。

图7.89 添加文字

02 执行菜单栏中的"文件"|"打开"命令，在弹出的对话框中选择配套资源中的"素材文件\第7章\下载数据界面\图标2.psd"文件，将打开的素材

拖入界面中靠上方适当位置，如图7.90所示。

图7.90 添加素材

03 选择工具箱中的"椭圆工具" ⬭，在选项栏中将"填充"更改为深蓝色（R：25，G：34，B：42），"描边"为无，按住Shift键在右侧位置绘制一个圆形，此时将生成一个"椭圆2"图层。选中"椭圆2"图层，将其拖至面板底部的"创建新图层" ⬚ 按钮上，复制1个"椭圆2 拷贝"图层，如图7.91所示。

图7.91 绘制图形并复制图层

04 在"椭圆1"图层上单击鼠标右键，从弹出的快捷菜单中选择"拷贝图层样式"命令，在"椭圆2"图层上单击鼠标右键，从弹出的快捷菜单中选择"粘贴图层样式"命令，如图7.92所示。

图7.92 复制并粘贴图层样式

05 选中"椭圆2 拷贝"图层，在画布中将其图形颜色更改为蓝色（R：43，G：54，B：66），将图形等比例缩小，如图7.93所示。

图7.93 更改图形颜色并变换图形

06 在"图层"面板中，选中"椭圆2 拷贝"图层，单击面板底部的"添加图层样式" fx 按钮，在菜单中选择"斜面和浮雕"命令，在弹出的对话框中取消勾选"使用全局光"复选框，将"角度"更改为90度，"高光模式"更改为叠加，将"阴影模式"中的"不透明度"更改为55%，完成之后单击"确定"按钮，如图7.94所示。

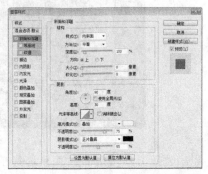

图7.94 设置斜面和浮雕

07 同时选中"椭圆2"和"椭圆2 拷贝"图层，按住Alt+Shift组合键向左侧拖动，将图形复制，如图7.95所示。

图7.95 复制图形

08 执行菜单栏中的"文件"|"打开"命令，在弹出的对话框中选择配套资源中的"素材文件\第7章\下载数据界面\图标3.psd"文件，将打开的素材

拖入界面中刚才绘制的椭圆图形上并适当缩小，如图7.96所示。

图7.96 添加素材

09 选择工具箱中的"矩形工具"，在选项栏中将"填充"更改为蓝色（R：35，G：50，B：67），"描边"为无，在界面下方绘制一个宽度与画布相同的矩形，此时将生成一个"矩形2"图层，如图7.97所示。

图7.97 绘制图形

10 用同样的方法在刚才绘制的图形上再次绘制一个矩形，并将其颜色更改为深蓝色（R：25，G：34，B：42），此时将生成一个"矩形3"图层，如图7.98所示。

图7.98 绘制图形

11 选中"矩形3"图层，按住Alt+Shift组合键向下拖动，将图形复制2份，并将图形之间保持一定空隙，此时将生成"矩形3 拷贝"及"矩形3 拷贝

2"图层，如图7.99所示。

图7.99 复制图形

12 执行菜单栏中的"文件"|"打开"命令，在弹出的对话框中选择配套资源中的"素材文件\第7章\下载数据界面\图标4.psd"文件，将打开的素材拖入界面中刚才绘制的图形上并适当缩小，选中"下载图标"组中的"下载1"图层，将其图形颜色更改为橙色（R：235，G：108，B：77），如图7.100所示。

图7.100 添加素材并更改图标颜色

13 选择工具箱中的"横排文字工具" T，在界面底部位置添加文字，这样就完成了效果制作，最终效果如图7.101所示。

图7.101 添加文字及最终效果

7.5 课堂案例——游戏界面

案例位置　案例文件\第7章\游戏界面.psd
视频位置　多媒体教学\7.5 课堂案例——游戏界面.avi
难易指数　★★★★☆

本例主要讲解游戏界面效果的制作。本例的制作区别于传统的界面设计，它主要突出"游戏"的特性，所以在设计之初需要在脑海中勾勒出游戏的草图， 扫码看视频

在设计初期需要考虑以下几点：什么类型的游戏，针对什么样的玩家，游戏的整体风格定位。通过这几点的初步构思加以综合，在脑海中生成初步的界面特征。在整个设计过程中，应注意游戏主界面与背景的融合以及整体的配色。最终效果如图7.102所示。

7.102 最终效果

7.5.1 制作背景

01 执行菜单栏中的"文件"|"新建"命令，在弹出的对话框中设置"宽度"为800像素，"高度"为600像素，"分辨率"为72像素/英寸，"颜色模式"为RGB颜色，新建一个空白画布，并将画布填充为淡蓝色（R：214，G：240，B：250），如图7.103所示。

图7.103 新建画布并填充颜色

02 选择工具箱中的"钢笔工具" ，在选项栏中单击 "选择工具模式"按钮，在弹出的选项中选择"形状"，将"填充"更改为土黄色（R：162，G：120，B：82），"描边"为无，在画布靠底部位置绘制一个不规则图形，此时将生成一个"形状1"图层，如图7.104所示。

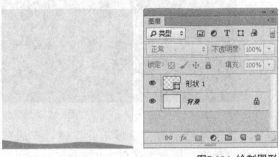

图7.104 绘制图形

03 在"图层"面板中，选中"形状1"图层，将其拖至面板底部的"创建新图层" 按钮上，复制1个"形状1 拷贝"图层，如图7.105所示。

04 选中"形状1 拷贝"图层，将其图形颜色更改为稍浅的土黄色（R：180，G：134，B：96），在画布中将其向下移动，如图7.106所示。

图7.105 复制图层　　图7.106 移动图形

05 用同样的方法将"形状1 拷贝"图层复制，将其改为更浅的土黄色（R：198，G：152，B：113），将其水平翻转并向右侧移动，如图7.107所示。

图7.107 复制图层并变换图形

06 选择工具箱中的"钢笔工具" ，在选项栏中单击 路径 "选择工具模式"按钮，在弹出的选项中选择"形状"，将"填充"更改为绿色（R：118，G：197，B：85），"描边"为无，在画布靠底部位置绘制一个不规则图形，此时将生成一个"形状2"图层，并将"形状2"图层移至"形状1"图层下方，如图7.108所示。

图7.108 绘制图形并更改图层顺序

07 在"图层"面板中，选中"形状2"图层，将其拖至面板底部的"创建新图层" 按钮上，复制1个"形状2拷贝"图层，如图7.109所示。

08 选中"形状2 拷贝"图层，将其图形颜色更改为浅绿色（R：140，G：210，B：110），按Ctrl+T组合键对其执行"自由变换"命令，单击鼠标右键，从弹出的快捷菜单中选择"水平翻转"命令，完成之后按Enter键确认，将其适当下移，如图7.110所示。

图7.109 复制图层　　　　图7.110 变换图形

09 在"图层"面板中，选中"形状 2"图层，单击面板底部的"添加图层样式" fx 按钮，在菜单中选择"内发光"命令，在弹出的对话框中将"混合模式"更改为正常，"颜色"更改为白色，"大小"更改为16像素，如图7.111所示。

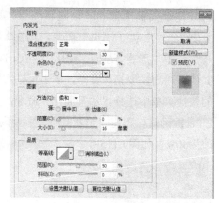

图7.111 设置内发光

10 勾选"外发光"复选框，将"不透明度"更改为10%，"颜色"更改为白色，"大小"更改为10像素，完成之后单击"确定"按钮，如图7.112所示。

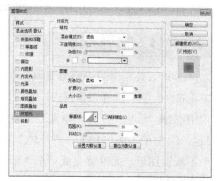

图7.112 设置外发光

11 选择工具箱中的"钢笔工具" ，在选项栏中单击 路径 "选择工具模式"按钮，在弹出的选项中选择"形状"，将"填充"更改为绿色（R：176，G：225，B：124），"描边"为无，在靠底部位置再次绘制一个不规则图形，此时将生成一个"形状 3"图层，并将"形状3"图层移至"形状2"图层下方，如图7.113所示。

图7.113 绘制图形

12 在"图层"面板中，选中"形状 3"图层，将其拖至面板底部的"创建新图层" 按钮上，复制1个"形状 3 拷贝"图层，如图7.114所示。

⑬ 选中"形状 3 拷贝"图层，按Ctrl+T组合键对其执行"自由变换"命令，单击鼠标右键，从弹出的快捷菜单中选择"水平翻转"命令，完成之后按Enter键确认，再将"形状3"图层"不透明度"更改为30%，如图7.115所示。

图7.114 复制图层 **图7.115 变换图形和降低不透明度**

7.5.2 绘制界面

① 选择工具箱中的"钢笔工具" ，在选项栏中单击 "选择工具模式"按钮，在弹出的选项中选择"形状"，将"填充"更改为黄色（R：214，G：167，B：112），"描边"为无，绘制一个不规则图形，此时将生成一个"形状4"图层，如图7.116所示。

图7.116 绘制图形

② 在"图层"面板中，选中"形状4"图层，单击面板底部的"添加图层样式" 按钮，在菜单中选择"内阴影"命令，在弹出的对话框中将"混合模式"更改为正常，"颜色"更改为深黄色（R：138，G：88，B：29），"不透明度"更改为100%，取消"使用全局光"复选框，将"角度"更改为−90度，"距离"更改为1像素，"阻塞"更改为25%，"大小"更改为3像素，如图7.117所示。

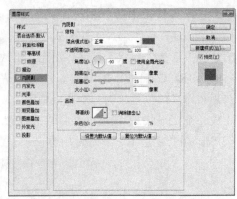

图7.117 设置内阴影

③ 勾选"内发光"复选框，将"混合模式"更改为叠加，"颜色"更改为白色，"大小"更改为7像素，完成之后单击"确定"按钮，如图7.118所示。

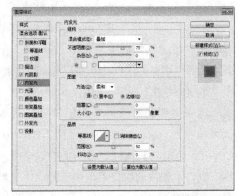

图7.118 设置内发光

④ 选择工具箱中的"钢笔工具" ，在选项栏中将其颜色更改为浅黄色（R：248，G：232，B：176），在刚才绘制的图形上沿内侧边缘再次绘制一个不规则图形，此时将生成一个"形状5"图层，如图7.119所示。

图7.119 绘制图形

⑤ 在"图层"面板中，选中"形状 5"图层，单击面板底部的"添加图层样式" 按钮，在菜单中选择"内阴影"命令，在弹出的对话框中将"颜

色"更改为黄色（R：213，G：174，B：112），取消"使用全局光"复选框，将"角度"更改为－90度，"距离"更改为1像素，"大小"更改为125像素，如图7.120所示。

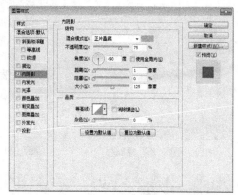

图7.120 设置内阴影

06 勾选"投影"复选框，将"混合模式"更改为线性加深，"不透明度"更改为25%，取消"使用全局光"复选框，将"角度"更改为－90度，"距离"更改为1像素，"扩展"更改为25%，"大小"更改为3像素，完成之后单击"确定"按钮，如图7.121所示。

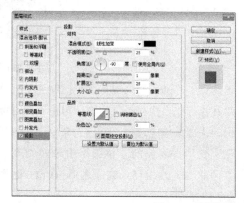

图7.121 设置投影

7.5.3 绘制界面元素

01 选择工具箱中的"钢笔工具"，在选项栏中将其颜色更改为绿色（R：165，G：226，B：77），在靠顶部位置绘制一个不规则图形，此时将生成一个"形状6"图层，选中"形状6"图层，将其拖至面板底部的"创建新图层"按钮上，复制1个"形状6 拷贝"图层，如图7.122所示。

图7.122 绘制图形并复制图层

02 选中"形状6"图层，将图形更改为黑色，再将其图层"不透明度"更改为10%，将其向下移动作为投影，如图7.123所示。

图7.123 降低图层不透明度并移动图形

03 在"图层"面板中，选中"形状6 拷贝"图层，单击面板底部的"添加图层样式"按钮，在菜单中选择"内阴影"命令，在弹出的对话框中将"混合模式"更改为柔光，"颜色"更改为白色，取消"使用全局光"复选框，将"角度"更改为90度，"距离"更改为1像素，"阻塞"更改为25%，"大小"更改为2像素，如图7.124所示。

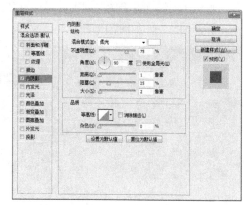

图7.124 设置内阴影

04 勾选"投影"复选框，将"混合模式"更改为正常，"颜色"更改为绿色（R：67，G：144，B：67），取消"使用全局光"复选框，将"角度"更改为90度，"距离"更改为1像素，"扩展"更改为100%，"大小"更改为2像素，完成之后单击"确定"按钮，如图7.125所示。

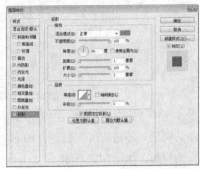

图7.125 设置投影

05 选择工具箱中的"钢笔工具" ，在选项栏中将其颜色更改为绿色（R：67，G：144，B：67），在左侧位置再次绘制3个不规则图形制作界面细节，此时将生成"形状7""形状8"及"形状9"图层，如图7.126所示。

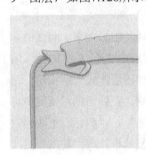

图7.126 绘制图形

06 同时选中"形状9""形状8"及"形状7"图层，按Ctrl+G组合键将图层编组，再将组名称更改为"界面细节"，如图7.127所示。

图7.127 将图层编组

07 在"图层"面板中，选中"界面细节"组，将其拖至面板底部的"创建新图层" 按钮上，复制1个"界面细节 拷贝"组，如图7.128所示。

08 选中"界面细节 拷贝"组，按Ctrl+T组合键

对其执行"自由变换"命令，单击鼠标右键，从弹出的快捷菜单中选择"水平翻转"命令，完成之后按Enter键确认，将图形移至右侧位置，如图7.129所示。

图7.128 复制组

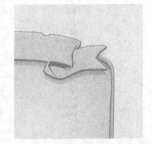

图7.129 变换图形

7.5.4 添加文字

01 选择工具箱中的"横排文字工具" ，在界面靠上方位置添加文字，如图7.130所示。

图7.130 添加文字

02 选中"pleasure garden"图层，按Ctrl+T组合键对其执行"自由变换"命令，单击鼠标右键，从弹出的快捷菜单中选择"变形"命令，在选项栏中，从"变形"右侧的下拉菜单中选择"扇形"，将"弯曲"更改为15，完成之后按Enter键确认，如图7.131所示。

图7.131 将文字变形

03 在"图层"面板中，选中"pleasure garden"

图层,单击面板底部的"添加图层样式" fx按钮,在菜单中选择"投影"命令,在弹出的对话框中将"混合模式"更改为正常,"颜色"更改为绿色(R:67,G:144,B:67),取消"使用全局光"复选框,将"角度"更改为90度,"距离"更改为1像素,"扩展"更改为100%,"大小"更改为2像素,完成之后单击"确定"按钮,如图7.132所示。

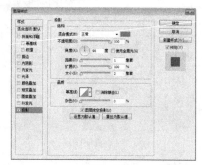

图7.132 设置投影

04 选择工具箱中的"多边形工具" ⬡,单击选项栏中的 ⚙ 图标,在弹出的面板中分别勾选"平滑拐角"及"星形"复选框,将"缩进边依据"更改为60%,"边"更改为5,"颜色"更改为白色,"描边"为无,按住Shift键绘制一个多边形图形,此时将生成一个"多边形1"图层,如图7.133所示。

图7.133 绘制图形

05 在"图层"面板中,选中"多边形1"图层,单击面板底部的"添加图层样式" fx按钮,在菜单中选择"内阴影"命令,在弹出的对话框中将"颜色"更改为深黄色(R:180,G:97,B:0),"不透明度"更改为100%,取消"使用全局光"复选框,将"角度"更改为−90度,"距离"更改为1像素,"阻塞"更改为25%,"大小"更改为4像素,如图7.134所示。

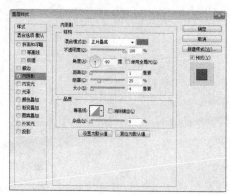

图7.134 设置内阴影

06 勾选"内发光"复选框,将"阻塞"更改为50%,"大小"更改为5像素,"颜色"更改为白色,如图7.135所示。

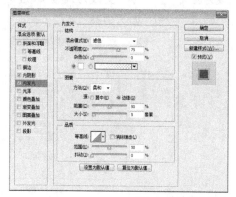

图7.135 设置内发光

07 勾选"渐变叠加"复选框,将"渐变"更改为黄色(R:255,G:223,B:28)到黄色(R:255,G:240,B:90),如图7.136所示。

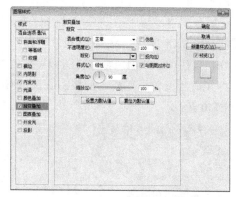

图7.136 设置渐变叠加

08 勾选"外发光"复选框,将"混合模式"更改为正常,"颜色"更改为土黄色(R:157,G:100,B:26),"扩展"更改为70%,"大小"更改为2像素,如图7.137所示。

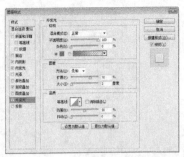

图7.137 设置外发光

⑨ 勾选"投影"复选框，将"混合模式"更改为叠加，"颜色"更改为白色，"不透明度"更改为60%，取消"使用全局光"复选框，将"角度"更改为90度，"距离"更改为1像素，"扩展"更改为85%，"大小"更改为3像素，完成之后单击"确定"按钮，如图7.138所示。

图7.138 设置投影

⑩ 在"图层"面板中，选中"多边形 1"图层，将其拖至面板底部的"创建新图层" ▣ 按钮上，复制1个"多边形 1 拷贝"图层，如图7.139所示。

⑪ 选中"多边形 1 拷贝"图层，将其向左侧移动，按Ctrl+T组合键对其执行"自由变换"命令，按住Alt+Shift组合键将图形等比例缩小，再将其适当旋转，完成之后按Enter键确认，如图7.140所示。

图7.139 复制图层　　图7.140 变换图形

⑫ 在"图层"面板中，选中"多边形 1 拷贝"

图层，将其拖至面板底部的"创建新图层" ▣ 按钮上，复制1个"多边形 1 拷贝2"图层，如图7.141所示。

⑬ 选中"多边形 1 拷贝2"图层，按Ctrl+T组合键对其执行"自由变换"命令，单击鼠标右键，从弹出的快捷菜单中选择"水平翻转"命令，完成之后按Enter键确认，再将其移至界面靠右侧位置，如图7.142所示。

图7.141 复制图层　　图7.142 变换图形

⑭ 在"图层"面板中，将"多边形1 拷贝2"图层中的"内发光""渐变叠加"图层样式删除，如图7.143所示。

图7.143 删除部分图层样式

⑮ 双击"多边形1 拷贝2"图层样式名称，在弹出的对话框中选中"内阴影"复选框，将"颜色"更改为土黄色（R：158，G：104，B：30），"不透明度"更改为50%，取消"使用全局光"复选框，将"角度"更改为90度，"距离"更改为2像素，"大小"更改为2像素，如图7.144所示。

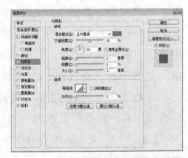

图7.144 设置内阴影

⑯ 选中"外发光"复选框，将"混合模式"更改为正常，"颜色"更改为土黄色（R：157，G：100，B：26），"扩展"更改为40%，"大小"更改为1像素，如图7.145所示，完成之后单击"确定"按钮。

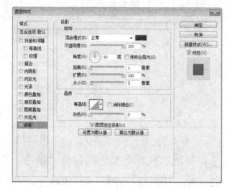

图7.145 设置外发光

⑰ 选中"多边形 1 拷贝 2"图层，将其图形颜色更改为黄色（R：156，G：104，B：40），如图7.146所示。

⑱ 选择工具箱中的"横排文字工具" T，在界面适当位置添加文字，如图7.147所示。

图7.146 更改图形颜色　　　图7.147 添加文字

⑲ 在"图层"面板中，选中"Score:"图层，单击面板底部的"添加图层样式" fx 按钮，在菜单中选择"投影"命令，在弹出的对话框中将"混合模式"更改为正常，"颜色"更改为褐色（R：58，G：35，B：10），"不透明度"更改为100%，取消"使用全局光"复选框，将"角度"更改为90度，"距离"更改为1像素，"扩展"更改为100%，"大小"更改为3像素，完成之后单击"确定"按钮，如图7.148所示。

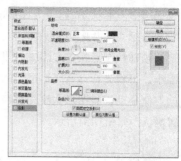

图7.148 设置投影

⑳ 选择工具箱中的"钢笔工具" ⌀，在选项栏中将其颜色更改为白色，在刚才添加的文字下方位置绘制一个接近圆角矩形的图形，此时将生成一个"形状10"图层，选中"形状 10"图层，将其拖至面板底部的"创建新图层" ▣ 按钮上，复制1个"形状 10 拷贝"图层，如图7.149所示。

图7.149 绘制图形并复制图层

㉑ 在"图层"面板中，选中"形状10"图层，单击面板底部的"添加图层样式" fx 按钮，在菜单中选择"投影"命令，在弹出的对话框中将"混合模式"更改为正片叠底，"不透明度"更改为15%，取消"使用全局光"复选框，将"角度"更改为90度，将"距离"更改为2像素，"扩展"更改为100%，"大小"更改为1像素，完成之后单击"确定"按钮，如图7.150所示。

图7.150 设置投影

22 选中"形状 10 拷贝"图层，按Ctrl+T组合键对其执行"自由变换"命令，将光标移至出现的变形框顶部控制点按住Alt键向上拖动，将图形高度缩小，再将光标移至变形框右侧控制点按住Alt键向左侧拖动，将图形宽度缩短，完成之后按Enter键确认，如图7.151所示。

图7.151 变换图形

23 在"图层"面板中，选中"形状 10 拷贝"图层，单击面板底部的"添加图层样式" *fx* 按钮，在菜单中选择"内阴影"命令，在弹出的对话框中将"混合模式"更改为正常，"颜色"更改为蓝色（R：25，G：53，B：132），"不透明度"更改为100%，取消"使用全局光"复选框，将"角度"更改为－90度，"距离"更改为1像素，"阻塞"更改为25%，"大小"更改为3像素，如图7.152所示。

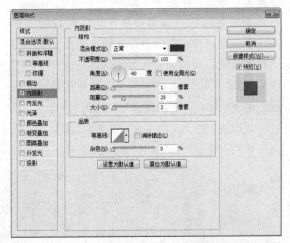

图7.152 设置内阴影

24 勾选"渐变叠加"复选框，将"混合模式"更改为柔光，"不透明度"更改为50%，"渐变"更改为黑白渐变，如图7.153所示。

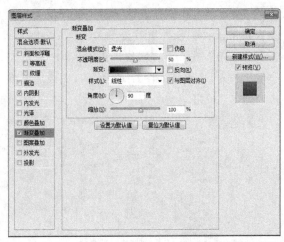

图7.153 设置渐变叠加

25 勾选"投影"复选框，将"颜色"更改为浅蓝色（R：70，G：108，B：200），"不透明度"更改为50%，取消"使用全局光"复选框，将"角度"更改为90度，"距离"更改为2像素，"大小"更改为4像素，完成之后单击"确定"按钮，如图7.154所示。

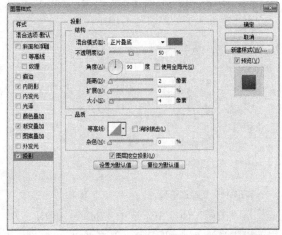

图7.154 设置投影

7.5.5 制作按钮控件

01 选择工具箱中的"钢笔工具" ，在选项栏中将其颜色更改为白色，在图形靠上方边缘位置绘制一个不规则图形，此时将生成一个"形状11"图层，选中"形状 11"图层，将其拖至面板底部的"创建新图层" 按钮上，复制1个"形状 11 拷贝"图层，如图7.155所示。

图7.155 绘制图形并复制图层

02 选中"形状11"图层，将其图层"不透明度"更改为20%，再按Ctrl+Alt+G组合键建立剪贴蒙版，将部分图形隐藏，如图7.156所示。

图7.156 降低图层不透明度并建立剪贴蒙版

03 选中"形状 11 拷贝"图层，按Ctrl+T组合键对其执行"自由变换"命令，单击鼠标右键，从弹出的快捷菜单中选择"垂直翻转"命令，完成之后按Enter键确认，再将其移至图形靠底部边缘位置，如图7.157所示。

图7.157 变换图形

04 选中"形状11 拷贝"图层，将其图层"不透明度"更改为40%，再按Ctrl+Alt+G组合键建立剪贴蒙版，将部分图形隐藏，如图7.158所示。

图7.158 降低图层不透明度并建立剪贴蒙版

05 执行菜单栏中的"文件"|"打开"命令，在弹出的对话框中选择配套资源中的"素材文件\第7章\游戏界面\图标.psd"文件，将打开的素材拖入界面中并适当缩小，如图7.159所示。

06 选择工具箱中的"横排文字工具" T ，在图标右侧位置添加文字，如图7.160所示。

图7.159 添加素材　　　　　图7.160 添加文字

07 在"图层"面板中，选中"图标"图层，单击面板底部的"添加图层样式" fx 按钮，在菜单中选择"投影"命令，在弹出的对话框中将"混合模式"更改为正常，"颜色"更改为蓝色（R：25，G：55，B：140），取消"使用全局光"复选框，将"角度"更改为90度，"距离"更改为1像素，"扩展"更改为100%，"大小"更改为3像素，完成之后单击"确定"按钮，如图7.161所示。

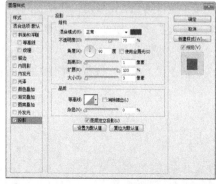

图7.161 设置投影

303

08 在"图标"图层上单击鼠标右键，从弹出的快捷菜单中选择"拷贝图层样式"命令，在"Share to Facebook"图层上单击鼠标右键，从弹出的快捷菜单中选择"粘贴图层样式"命令，如图7.162所示。

图7.162 复制并粘贴图层样式

09 选择工具箱中的"钢笔工具" ，在选项栏中将其颜色更改为白色，绘制一个不规则图形，此时将生成一个"形状12"图层，选中"形状12"图层，将其拖至面板底部的"创建新图层" 按钮上，复制1个"形状12 拷贝"图层，如图7.163所示。

图7.163 绘制图形并复制图层

10 在"图层"面板中，选中"形状12"图层，单击面板底部的"添加图层样式" fx 按钮，在菜单中选择"投影"命令，在弹出的对话框中将"不透明度"更改为15%，取消"使用全局光"复选框，将"角度"更改为90度，"距离"更改为2像素，"扩展"更改为100%，"大小"更改为1像素，完成之后单击"确定"按钮，如图7.164所示。

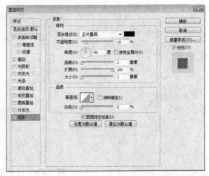

图7.164 设置投影

11 选中"形状12 拷贝"图层，将其图形颜色更改为橙色（R：254，G：190，B：40），按Ctrl+T组合键对其执行"自由变换"命令，当出现变形框以后按住Alt+Shift组合键将图形等比例缩小，完成之后按Enter键确认，如图7.165所示。

图7.165 变换图形

12 选中"形状12 拷贝"图层，单击面板底部的"添加图层样式" fx 按钮，在菜单中选择"内阴影"命令，在弹出的对话框中将"混合模式"更改为正常，"颜色"更改为深黄色（R：180，G：97，B：0），"不透明度"更改为100%，取消"使用全局光"复选框，将"角度"更改为-90度，"距离"更改为1像素，"阻塞"更改为25%，"大小"更改为3像素，如图7.166所示。

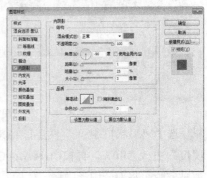

图7.166 设置内阴影

⑬ 勾选"渐变叠加"复选框，将"不透明度"更改为50%，"渐变"更改为黑白渐变，如图7.167所示。

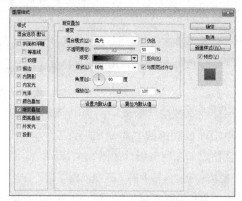

图7.167 设置渐变叠加

⑭ 勾选"投影"复选框，将"颜色"更改为深黄色（R：194，G：128，B：23），"不透明度"更改为50%，取消"使用全局光"复选框，将"角度"更改为90度，"距离"更改为2像素，"大小"更改为4像素，完成之后单击"确定"按钮，如图7.168所示。

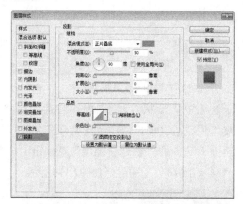

图7.168 设置投影

⑮ 同时选中"形状 12 拷贝"及"形状 12"图层，按住Alt+Shift组合键向右侧拖动，将图形复制2份，如图7.169所示。

⑯ 执行菜单栏中的"文件"|"打开"命令，在弹出的对话框中选择配套资源中的"素材文件\第7章\游戏界面\图标2.psd"文件，将打开的素材拖入界面中并适当缩小，如图7.170所示。

图7.169 复制图形 图7.170 添加素材

⑰ 在"图层"面板中，选中"排名"图层，单击面板底部的"添加图层样式" fx 按钮，在菜单中选择"投影"命令，在弹出的对话框中将"颜色"更改为深黄色（R：167，G：90，B：0），取消"使用全局光"复选框，将"角度"更改为90度，"距离"更改为1像素，"扩展"更改为100%，"大小"更改为1像素，完成之后单击"确定"按钮，如图7.171所示。

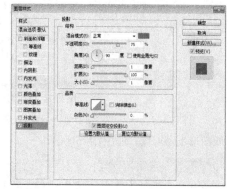

图7.171 设置投影

⑱ 在"排名"图层上单击鼠标右键，从弹出的快捷菜单中选择"拷贝图层样式"命令，分别在"刷新"及"下一个"图层上单击鼠标右键，从弹出的快捷菜单中选择"粘贴图层样式"命令，如图7.172所示。

图7.172 复制并粘贴图层样式

305

⑲ 选择工具箱中的"钢笔工具" ∅，在选项栏中将其颜色更改为白色，在画布中绘制一个不规则图形，此时将生成一个"图层13"图层，并将其移至"背景"图层上方，如图7.173所示。

图7.173 绘制图形

⑳ 选中"形状 13"图层，将其图层"不透明度"更改为20%，如图7.174所示。

图7.174 更改图层不透明度

㉑ 用同样的方法再次绘制一个不规则图形，并降低图形不透明度，如图7.175所示。

图7.175 绘制图形并降低不透明度

㉒ 选择工具箱中的"钢笔工具" ∅，在选项栏中将其颜色更改为白色，绘制一个云朵形状的不规则图形，此时将生成一个"图层15"图层，并将其移至"背景"图层上方，如图7.176所示。

图7.176 绘制图形

㉓ 在"图层"面板中，选中"形状 15"图层，单击面板底部的"添加图层蒙版" ◻ 按钮，为其图层添加图层蒙版，如图7.177所示。

㉔ 选择工具箱中的"渐变工具" ▣，在选项栏中单击"点按可编辑渐变"按钮，在弹出的对话框中选择"黑白渐变"，设置完成之后单击"确定"按钮，再单击选项栏中的"线性渐变" ▣ 按钮，在图形上从下至上拖动，将部分图形隐藏，如图7.178所示。

图7.177 添加图层蒙版　　　图7.178 隐藏图形

㉕ 选中"形状 15"图层，将其图层"不透明度"更改为50%，选中"形状 15"图层，将其拖至面板底部的"创建新图层" ▣ 按钮上，复制1个"形状 15 拷贝"图层，如图7.179所示。

图7.179 降低图层不透明度

㉖ 选中"形状 15 拷贝"图层，按Ctrl+T组合键对其执行"自由变换"命令，按住Alt+Shift组合键将图形等比例缩小，完成之后按Enter键确认，再将其移至画布靠左侧位置，这样就完成了效果制

作，最终效果如图7.180所示。

图7.180 变换图形及最终效果

7.6 课堂案例——APP游戏个人界面

案例位置 案例文件\第7章\APP游戏个人界面.psd
视频位置 多媒体教学\7.6 课堂案例——APP游戏个人界面.avi
难易指数 ★★☆☆☆

本例讲解APP游戏个人界面的制作。本例制作的是APP游戏个人界面的个人主页效果，通过简洁明了的信息及合理的功能布局，给人一种十分舒适的用户体验。最终效果如图7.181所示。

扫码看视频

图7.181 最终效果

7.6.1 创建画布并添加素材

01 执行菜单栏中的"文件"|"新建"命令，在弹出的对话框中设置"宽度"为960像素，"高度"为1440像素，"分辨率"为72像素/英寸，"颜色模式"为RGB颜色，将画布填充为浅蓝色（R：218，G：235，B：235）。

02 选择工具箱中的"矩形工具" ，在选项栏中将"填充"更改为任意颜色，"描边"为无，在画布上半部分位置绘制一个矩形，此时将生成一个"矩形1"图层，如图7.182所示。

图7.182 绘制图形

03 执行菜单栏中的"文件"|"打开"命令，在弹出的对话框中选择配套资源中的"素材文件\第7章\APP游戏个人界面\背景.jpg"文件，将打开的素材拖入画布中并适当缩小，其图层名称将更改为"图层1"。选中"图层1"图层，按Ctrl+Alt+G组合键为当前图层创建剪贴蒙版，将部分图像隐藏，如图7.182所示。

图7.183 添加素材并创建剪贴蒙版

04 选中"图层1"图层，执行菜单栏中的"滤镜"|"模糊"|"高斯模糊"命令，在弹出的对话框中将"半径"更改为9像素，完成之后单击"确定"按钮，如图7.184所示。

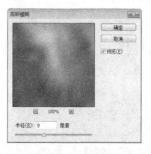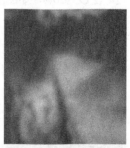

图7.184 设置高斯模糊

307

05 选择工具箱中的"矩形工具" ▣，在选项栏中将"填充"更改为黑色，"描边"为无，在画布顶部位置绘制一个矩形，此时将生成一个"矩形2"图层，将"矩形2"图层"不透明度"更改为40%，如图7.185所示。

图7.185 绘制图形并更改不透明度

06 执行菜单栏中的"文件"|"打开"命令，在弹出的对话框中选择配套资源中的"素材文件\第7章\APP游戏个人界面\状态图标.psd"文件，将打开的素材拖入顶部位置并适当缩小，如图7.186所示。

图7.186 添加素材

07 选择工具箱中的"椭圆工具" ⬭，在选项栏中将"填充"更改为白色，"描边"为无，在画布右上角位置按住Shift键绘制一个圆形，此时将生成一个"椭圆1"图层，将"椭圆1"图层"不透明度"更改为20%，如图7.187所示。

图7.187 绘制图形

08 执行菜单栏中的"文件"|"打开"命令，在弹出的对话框中选择配套资源中的"素材文件\第7章\APP游戏个人界面\设置图标.psd"文件，将打开的素材拖入画布中椭圆图形位置并适当缩小，将"设置图标"图层的"不透明度"更改为50%，如图7.188所示。

图7.188 添加素材并更改不透明度

09 选择工具箱中的"椭圆工具" ⬭，在选项栏中将"填充"更改为白色，"描边"为无，按住Shift键绘制一个圆形，此时将生成一个"椭圆2"图层，如图7.189所示。

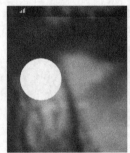

图7.189 绘制图形

10 执行菜单栏中的"文件"|"打开"命令，在弹出的对话框中选择配套资源中的"素材文件\第7章\APP游戏个人界面\头像.jpg"文件，将素材图像拖至刚才绘制的椭圆图形位置，此时其图层名称将自动更改为"图层2"，如图7.190所示。

图7.190 添加素材

⑪ 选中"图层2"图层，按Ctrl+Alt+G组合键执行"创建剪贴蒙版"命令，将部分图像隐藏，按Ctrl+T组合键对其执行"自由变换"命令，将图形等比例缩小，完成之后按Enter键确认，如图7.191所示。

图7.191 创建剪贴蒙版并缩小图像

⑫ 在"图层"面板中，选中"椭圆2"图层，单击面板底部的"添加图层样式" _fx_ 按钮，在菜单中选择"描边"命令，在弹出的对话框中将"大小"更改为5像素，"不透明度"更改为35%，"颜色"更改为白色，完成之后单击"确定"按钮，如图7.192所示。

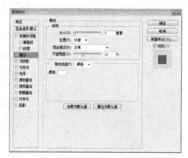

图7.192 设置描边

7.6.2 添加文字

① 选择工具箱中的"横排文字工具" T，在头像右侧位置添加文字，降低部分文字的不透明度，如图7.193所示。

图7.193 添加文字

② 选择工具箱中的"矩形工具" ▬，在选项栏中将"填充"更改为绿色（R：48，G：200，B：110），"描边"为无，在文字下方绘制一个矩形，此时将生成一个"矩形3"图层，选择工具箱中的"横排文字工具" T，在矩形上及旁边位置添加文字，如图7.194所示。

图7.194 绘制图形并添加文字

③ 选择工具箱中的"直线工具" ╱，在选项栏中将"填充"更改为浅蓝色（R：193，G：220，B：220），"描边"为无，"粗细"更改为2像素，在画布中间位置按住Shift键绘制一条与画布相同宽度的水平线段，此时将生成一个"形状1"图层，如图7.195所示。

图7.195 绘制图形

④ 选中"形状1"图层，按住Alt+Shift组合键向下拖动，将图形复制数份，此时将生成相应的拷贝图层，同时选中包括"形状1"图层在内以及所有和其相关的拷贝图层，单击选项栏中的"垂直居中分布" ▤ 按钮，将图形分布，如图7.196所示。

图7.196 复制图形

05 选择工具箱中的"圆角矩形工具" ▢，在选项栏中将"填充"更改为淡红色（R：240，G：147，B：135），"描边"为无，"半径"更改为3像素，按住Shift键绘制一个圆角矩形，此时将生成一个"圆角矩形1"图层，如图7.197所示。

图7.197 绘制图形

06 在"图层"面板中，选中"圆角矩形1"图层，将其拖至面板底部的"创建新图层" ▢按钮上，复制"圆角矩形1 拷贝""圆角矩形1 拷贝2"及"圆角矩形1 拷贝3"图层，分别为拷贝图层中的图形垂直向下移动并更改不同的颜色，如图7.198所示。

图7.198 复制图层并更改图形颜色

07 执行菜单栏中的"文件"｜"打开"命令，在弹出的对话框中选择配套资源中的"素材文件\第7章\APP游戏个人界面\分类图标.psd"文件，将打开的素材拖入画布中刚才绘制的图形上并适当缩小，如图7.199所示。

图7.199 添加素材

08 在"图层"面板中，选中"分类图标"组中的"排名"图层，单击面板底部的"添加图层样式" fx按钮，在菜单中选择"描边"命令，在弹出的对话框中将"大小"更改为2像素，"位置"更改为内部，"不透明度"更改为60%，"颜色"更改为白色，完成之后单击"确定"按钮，如图7.200所示。

图7.200 设置描边

09 选中"排名"图层，将其图层"填充"更改为0%，如图7.201所示。

图7.201 更改填充

10 在"排名"图层上单击鼠标右键，从弹出的快捷菜单中选择"拷贝图层样式"命令。同时选中"存档""下载"及"最爱"图层，在其图层名称上单击鼠标右键，从弹出的快捷菜单中选择"粘贴图层样式"命令，如图7.202所示。

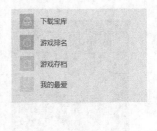

图7.202 复制并粘贴图层样式

⑪ 选择工具箱中的"横排文字工具" T ，在分类图标右侧位置添加文字，如图7.203所示。

图7.203　添加文字

⑫ 选择工具箱中的"矩形工具" ▭ ，在选项栏中将"填充"更改为淡蓝色（R：195，G：220，B：220），"描边"为无，在画布靠底部绘制一个矩形，此时将生成一个"矩形4"图层，如图7.204所示。

图7.204　绘制图形

7.6.3　添加图标

① 执行菜单栏中的"文件"|"打开"命令，在弹出的对话框中选择配套资源中的"素材文件\第7章\APP游戏个人界面\底部图标.psd"文件，将打开的素材拖入画布中底部并适当缩小，如图7.205所示。

图7.205　添加素材

② 在"图层"面板中，选中"底部图标"组中的"排行"图层，单击面板底部的"添加图层样式" fx 按钮，在菜单中选择"描边"命令，在弹出的对话框中将"大小"更改为2像素，"不透明度"更改为40%，"颜色"更改为深青色（R：18，G：60，B：55），完成之后单击"确定"按钮，如图7.206所示。

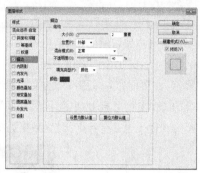

图7.206　设置描边

③ 选中"排行"图层，将其图层"填充"更改为0%，如图7.207所示。

图7.207　更改填充

④ 在"排行"图层上单击鼠标右键，从弹出的快捷菜单中选择"拷贝图层样式"命令，同时选中"搜索""用户"及"剧情"图层，在其图层名称上单击鼠标右键，从弹出的快捷菜单中选择"粘贴图层样式"命令，这样就完成了效果制作，最终效果如图7.208所示。

图7.208　最终效果

7.7 课堂案例——iOS风格电台界面

案例位置　案例文件\第7章\iOS风格电台界面.psd
视频位置　多媒体教学\7.7 课堂案例——iOS风格电台界面.avi
难易指数　★★★☆☆

　　本例主要讲解iOS风格电台界面的制作，电台的主色调采用神秘、高雅的紫色，主界面布局采用图形与文字相结合的方式，信息直观明了，同时在易用及美观性上也富有特点。最终效果如图7.209所示。

扫码看视频

图7.209 最终效果

7.7.1 制作背景并制作状态栏

01 执行菜单栏中的"文件"|"新建"命令，在弹出的对话框中设置"宽度"为640像素，"高度"为1136像素，"分辨率"为72像素/英寸，新建一个空白画布。

02 单击面板底部的"创建新图层" 按钮，新建一个"图层1"图层，选中"图层1"图层，在画布中将其填充为深灰色（R：62，G：56，B：68）。

03 在"图层"面板中，选中"图层1"图层，单击面板底部的"添加图层样式" fx 按钮，在菜单中选择"渐变叠加"命令，在弹出的对话框中将"渐变"更改为紫红色（R：192，G：78，B：108）到深紫色（R：80，G：60，B：74），"样式"更改为径向，"角度"更改为45度，完成之后单击"确定"按钮，如图7.210所示。

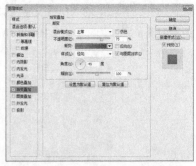

图7.210 设置渐变叠加

04 选择工具箱中的"矩形工具" ，在选项栏中将"填充"更改为黑色，"描边"为无，在画布中绘制一个矩形，此时将生成一个"矩形1"图层，将"矩形1"图层"不透明度"更改为10%，如图7.211所示。

图7.211 绘制图形并降低图层不透明度

05 执行菜单栏中的"文件"|"打开"命令，在弹出的对话框中选择配套资源中的"素材文件\第7章\iOS风格电台界面\图标.psd"文件，将打开的素材拖入画布中顶部位置并适当缩小。

7.7.2 制作界面元素

01 选择工具箱中的"矩形工具" ，在选项栏中将"填充"更改为白色，"描边"为无，在画布中绘制一个矩形，此时将生成一个"矩形2"图层，如图7.212所示。

图7.212 绘制图形

02 在"图层"面板中，选中"矩形 2"图层，将其拖至面板底部的"创建新图层" ▣ 按钮上，复制1个"矩形 2 拷贝"图层，如图7.213所示。

03 选中"矩形 2 拷贝"图层，将图形向上移动1像素，如图7.214所示。

图7.213 复制图层

图7.214 移动图形

技巧与提示

在移动图形的时候可适当将画布放大以便于观察，选中当前图形按键盘上的方向键一次即可将其移动1像素，按住Shift键可以快速移动。

04 将绘制的矩形复制多份，制作出音频频谱效果，如图7.215所示。

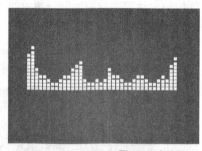
图7.215 复制图形

05 在"图层"面板中，同时选中所有和"矩形 2"相关的图层，执行菜单栏中的"图层"I"合并形状"命令，将图层合并，将生成的图层名称更改为"频谱"，如图7.216所示。

图7.216 合并图层

06 选中"频谱"图层，将其图层"不透明度"更改为20%，如图7.217所示。

图7.217 更改图层不透明度

07 在"图层"面板中，选中"频谱"图层，将其拖至面板底部的"创建新图层" ▣ 按钮上，复制1个"频谱 拷贝"图层，如图7.218所示。

08 选中"频谱 拷贝"图层，按Ctrl+T组合键对其执行"自由变换"命令，单击鼠标右键，从弹出的快捷菜单中选择"垂直翻转"命令，完成之后按Enter键确认，再将图形向下垂直移动一定距离，如图7.219所示。

图7.218 复制图层 图7.219 变换图形

09 在"图层"面板中，选中"频谱 拷贝"图层，单击面板底部的"添加图层蒙版" ▣ 按钮，为其图层添加图层蒙版，如图7.220所示。

10 选择工具箱中的"渐变工具" ▣，在选项栏中单击"点按可编辑渐变"按钮，在弹出的对话框中选择"黑白渐变"，设置完成之后单击"确定"按钮，再单击选项栏中的"线性渐变" ▣ 按钮，如图7.221所示。

图7.220 添加图层蒙版 图7.221 设置渐变

⑪ 在图形上按住Shift键从下至上拖动，将部分图形隐藏，如图7.222所示。

图7.222 隐藏图形

⑫ 选择工具箱中的"椭圆工具" ○ ，在选项栏中将"填充"更改为白色，"描边"为无，在左上角位置按住Shift键绘制一个圆形，此时将生成一个"椭圆1"图层，如图7.223所示。

图7.223 绘制图形

⑬ 选中"椭圆1"图层，将其图层"不透明度"更改为10%，如图7.224所示。

图7.224 更改图层不透明度

⑭ 在"图层"面板中，选中"椭圆 1"图层，将其拖至面板底部的"创建新图层" ▣ 按钮上，复制1个"椭圆 1 拷贝"图层，如图7.225所示。

⑮ 选中"椭圆 1 拷贝"图层，按住Shift键将图形向右侧移动，如图7.226所示。

图7.225 复制图层　　　　图7.226 移动图形

⑯ 同时选中"椭圆1"及"椭圆1 拷贝"图层，按住Alt+Shift组合键向下拖动，将图形复制，此时将生成2个"椭圆1 拷贝2"图层，如图7.227所示。

图7.227 复制图形

⑰ 执行菜单栏中的"文件"|"打开"命令，在弹出的对话框中选择配套资源中的"素材文件\第7章\iOS风格电台界面\图标2.psd"文件，在打开的文档中选中"开关"及"列表"图层将其拖入当前画布中绘制的椭圆图形上，如图7.228所示。

图7.228 添加素材

⑱ 选中"下一曲"图层，将其拖入右下角的椭圆图形上，如图7.229所示。

⑲ 在"图层"面板中，选中"下一曲"图层，将其拖至面板底部的"创建新图层" ▣ 按钮上，复制1个"下一曲 拷贝"图层，如图7.230所示。

图7.229 添加素材

图7.230 复制图层

⑳ 选中"下一曲 拷贝"图层，按Ctrl+T组合键对其执行"自由变换"命令，单击鼠标右键，从弹出的快捷菜单中选择"水平翻转"命令，完成之后按Enter键确认，再将其移至左侧椭圆图形上，如图7.231所示。

图7.231 变换图形

㉑ 选择工具箱中的"椭圆工具"，在选项栏中将"填充"更改为白色，"描边"为无，在绘制的频谱图形位置按住Shift键绘制一个圆形，此时将生成一个"椭圆2"图层，如图7.232所示。

㉒ 在"图层"面板中，选中"椭圆2"图层，将其拖至面板底部的"创建新图层"按钮上，复制1个"椭圆2 拷贝"图层，如图7.233所示。

图7.232 绘制图形

图7.233 复制图层

㉓ 在"图层"面板中，选中"椭圆2"图层，单击面板底部的"添加图层样式"fx按钮，在菜单中

选择"描边"命令，在弹出的对话框中将"大小"更改为2像素，"位置"更改为内部，"不透明度"更改为80%，"颜色"更改为粉色（R：219，G：185，B：190），设置完成之后单击"确定"按钮，如图7.234所示。

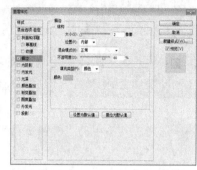

图7.234 设置描边

㉔ 选中"椭圆 2"图层，将其图层"填充"更改为5%，如图7.235所示。

图7.235 更改填充

㉕ 选中"椭圆2 拷贝"图层，在选项栏中将其图形填充更改为无，"描边"为白色，"大小"更改为5点，单击选项栏中的"设置形状描边类型"按钮，在弹出的下拉面板中单击"端点"下方的"设置描边的线段端点"按钮，在弹出的下拉选项中选择第2种类型，如图7.236所示。

图7.236 更改填充及描边

㉖ 选择工具箱中的"直接选择工具"，同时选

中"椭圆 2 拷贝"图层中的图形左侧和底部的2个锚点，按Delete键将其删除，如图7.237所示。

图7.237 删除锚点

㉗ 选择工具箱中的"椭圆工具" ⬭ ，在选项栏中将"填充"更改为白色，"描边"为无，在"椭圆 2 拷贝"图形右下角位置按住Shift键绘制一个圆形，此时将生成一个"椭圆3"图层，如图7.238所示。

图7.238 绘制图形

㉘ 在"图层"面板中，选中"椭圆3"图层，单击面板底部的"添加图层样式" fx 按钮，在菜单中选择"渐变叠加"命令，在弹出的对话框中将"渐变"更改为灰色（R：205，G：205，B：205）到白色，如图7.239所示。

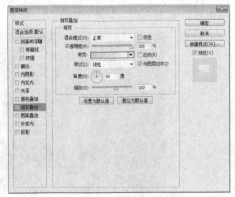

图7.239 设置渐变叠加

㉙ 勾选"投影"复选框，将"不透明度"更改为

30%，"距离"更改为2像素，"大小"更改为3像素，完成之后单击"确定"按钮，如图7.240所示。

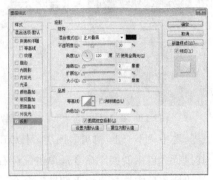

图7.240 设置投影

㉚ 选择工具箱中的"横排文字工具" T ，在画布中适当位置添加文字，如图7.241所示。

㉛ 执行菜单栏中的"文件"|"打开"命令，在弹出的对话框中选择配套资源中的"素材文件\第7章\iOS风格电台界面\图标3.psd"文件，将打开的素材拖入画布中适当位置，如图7.242所示。

图7.241 添加文字　　图7.242 添加素材

㉜ 选择工具箱中的"矩形工具" ▭ ，在选项栏中将"填充"更改为深紫色（R：75，G：60，B：72），"描边"为无，在底部绘制一个矩形，此时将生成一个"矩形2"图层，并将"矩形2"图层"不透明度"更改为50%，如图7.243所示。

图7.243 绘制图形并降低不透明度

7.7.3 制作界面细节

01 选择工具箱中的"直线工具" ✎，在选项栏中将"填充"更改为浅紫色（R：162，G：137，B：145），"描边"为无，"粗细"更改为1像素，在界面靠左侧位置按住Shift键绘制一条垂直线段，此时将生成一个"形状1"图层，如图7.244所示。

图7.244 绘制图形

02 选中"形状1"图层，按住Alt+Shift组合键向右侧拖动，将图形复制5份，此时将生成相应的拷贝图层，如图7.245所示。

图7.245 复制图形

03 选中"形状 1 拷贝 5"图层，按Ctrl+T组合键对其执行"自由变换"命令，将光标移至出现的变形框顶部按住Alt键向上方拖动，将图形高度增加，完成之后按Enter键确认，如图7.246所示。

图7.246 变换图形

04 同时选中包括"形状1"图层及所有复制生成的拷贝图层，按Ctrl+G组合键将图层编组，将生成的组名称更改为"频段"，如图7.247所示。

图7.247 将图层编组

05 选中"频段"组，在画布中按住Alt+Shift组合键向右侧拖动，将图形复制数份，如图7.248所示。

06 选择工具箱中的"横排文字工具" T，在画布中适当位置添加文字，如图7.249所示。

图7.248 复制图形　　　　图7.249 添加文字

07 选择工具箱中的"直线工具" ✎，在选项栏中将"填充"更改为紫色（R：182，G：60，B：93），"描边"为无，"粗细"更改为1像素，在频段靠左侧位置按住Shift键绘制一条垂直线段，此时将生成一个"形状2"图层，如图7.250所示。

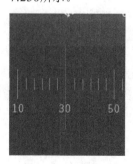

图7.250 绘制图形

08 选择工具箱中的"圆角矩形工具" ▢，在选项栏中将"填充"更改为白色，"描边"为无，"半径"更改为3像素，在刚才绘制的线段图形上绘制一个圆角矩形，此时将生成一个"圆角矩形1"图层，如图7.251所示。

图7.251 绘制图形

⑨ 在"图层"面板中，选中"圆角矩形 1"图层，单击面板底部的"添加图层样式" *fx* 按钮，在菜单中选择"渐变叠加"命令，在弹出的对话框中将"渐变"更改为灰色（R：230，G：230，B：230）到白色，如图7.252所示。

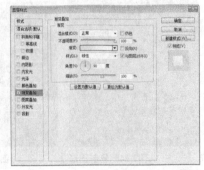

图7.252 设置渐变叠加

⑩ 勾选"投影"复选框，将"不透明度"更改为30%，取消"使用全局光"复选框，将"角度"更改为90度，"距离"更改为2像素，"大小"更改为2像素，完成之后单击"确定"按钮，如图7.253所示。

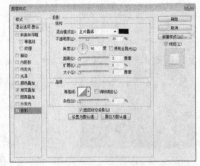

图7.253 设置投影

⑪ 选择工具箱中的"直线工具" ，在选项栏中将"填充"更改为灰色（R：210，G：206，B：209），"描边"为无，"粗细"更改为1像素，在刚才绘制的圆角矩形上按住Shift键绘制一条水平线段，将绘制的线段复制2份，如图7.254所示。

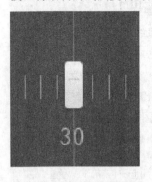
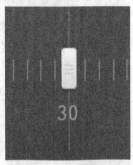

图7.254 绘制及复制图形

⑫ 选择工具箱中的"矩形工具" ，在选项栏中将"填充"更改为浅灰色（R：250，G：250，B：250），"描边"为无，在画布中靠下部分绘制一个与画布相同宽度的矩形，此时将生成一个"矩形3"图层，如图7.255所示。

图7.255 绘制图形

7.7.4 添加素材

① 执行菜单栏中的"文件" | "打开"命令，在弹出的对话框中选择配套资源中的"素材文件\第7章\iOS风格电台界面\照片1.jpg、照片2.jpg、照片3.jpg、照片4.jpg、照片5.jpg"文件，将打开的素材拖入画布中靠下方位置并适当缩小，如图7.256所示。

图7.256 添加素材

02 选择工具箱中的"直线工具" ✏️，在选项栏中将"填充"更改为灰色（R：240，G：240，B：240），"描边"为无，"粗细"更改为1像素，在图像上方按住Shift键绘制一条水平线段，如图7.257所示。

03 选择工具箱中的"圆角矩形工具" ⬜，在选项栏中将"填充"更改为灰色（R：204，G：204，B：204），"描边"为无，"半径"更改为5像素，在素材图像右侧绘制一个圆角矩形，如图7.258所示。

图7.257 绘制水平线段　　　图7.258 绘制圆角矩形

04 选中刚才添加的最左侧图像，按住Alt+Shift组合键向下拖动，将图像复制，此时将生成一个"图层2 拷贝"图层，如图7.259所示。

图7.259 复制图像

05 在"图层"面板中，选中"图层 2 拷贝"图层，单击面板底部的"添加图层蒙版" ⬜ 按钮，为其图层添加图层蒙版，如图7.260所示。

06 选择工具箱中的"渐变工具" ⬛，在选项栏中单击"点按可编辑渐变"按钮，在弹出的对话框中选择"黑白渐变"，设置完成之后单击"确定"按钮，再单击选项栏中的"线性渐变" ⬛ 按钮，如图7.261所示。

图7.260 添加图层蒙版　　　　图7.261 设置渐变

07 在图像上从下至上拖动，将部分图像隐藏，如图7.262所示。用同样的方法为右侧两个图形制作倒影效果，如图7.263所示。

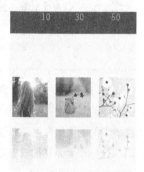

图7.262 隐藏部分图像　　　　图7.263 制作倒影

08 选择工具箱中的"横排文字工具" T，在界面位置添加文字，这样就完成了效果制作，最终效果如图7.264所示。

图7.264 添加文字及最终效果

7.8 本章小结

本章通过6个实战案例，详细介绍了不同界面的设计过程，让读者了解界面设计的技巧，同时在设计制作中，还要注意前期与客户的沟通，找准定位，如了解设计风格、企业文化及产品特点等，这样才能更好地设计出理想的界面。

7.9 课后习题

创意是所有优秀设计的源泉，当然前期临摹也是最好的学习手段，也是最快速收获成效的方式。本章安排了3个课后习题供读者练习，读者可以进行临摹制作，以增强自己的设计水平。

7.9.1 习题1——影视播放界面

案例位置	案例文件\第7章\影视播放界面.psd
视频位置	多媒体教学\7.9.1习题1——影视播放界面.avi
难易指数	★★★☆☆

本例主要练习影视播放界面的制作。在制作的过程中，采用绚丽的色彩搭配及高清晰的图像作为主题，同时模糊效果的添加让整个界面更加富有立体感，在配色
扫码看视频
方面采用了神秘典雅的紫色及科技蓝的主界面搭配，使整个界面视觉效果十分出色。最终效果如图7.265所示。

步骤分解如图7.266所示。

图7.265 最终效果

图7.266 步骤分解图

7.9.2 习题2——美食应用APP界面

案例位置	案例文件\第7章\美食应用APP界面.psd
视频位置	多媒体教学\7.9.2习题2——美食应用APP界面.avi
难易指数	★★☆☆☆

本例主要练习美食应用APP界面的制作。此款界面的设计具有和谐的质感表现力，从木质的背景到半透视状的底部边栏，可识别性极强并且在
扫码看视频
色彩搭配上十分丰富，比较符合餐厅的风格定位。最终效果如图7.267所示。

图7.267 最终效果

步骤分解如图7.268所示。

图7.268 步骤分解图

7.9.3 习题3——经典音乐播放器界面

案例位置 案例文件\第7章\经典音乐播放器界面.psd
视频位置 多媒体教学\7.9.3习题3——经典音乐播放器界面.avi
难易指数 ★★★☆☆

本例主要练习经典音乐播放器效果的制作。一般经典类界面、图标在制作的过程中不会采用过于华丽的色彩，而是以实用、美观为主，所以本例的制作比较简单，只需要注意背景色及主界面色彩搭配，即可绘制出漂亮的播放器界面。最终效果如图7.269所示。

扫码看视频

图7.269 最终效果

步骤分解如图7.270所示。

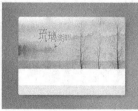

图7.270 步骤分解图

第**8**章

综合设计实战

―――――――――――――――― 内容摘要 ――――――――――――――――

　　本章主要详解综合设计实战。经过前几章的设计训练，相信大家已经加强了自己的设计水平，本章安排了多个综合性的案例设计供读者深入学习。掌握基础的UI设计是远远不够的，想要进入这个设计领域必须在商业实战上下功夫，通过综合实战案例的演练，能够彻底掌握整个UI设计体系，为真正的设计铺垫基石。

―――――――――――――――― 课堂学习目标 ――――――――――――――――

●学习精致CD控件的制作　　　　　　　●学习信息接收控件的制作
●掌握Windows Phone界面的设计技巧
●掌握APP游戏下载及安装页面的设计技巧

8.1 课堂案例——精致CD控件

案例位置	案例文件\第8章\精致CD控件.psd
视频位置	多媒体教学\8.1 课堂案例——精致CD控件.avi
难易指数	★★★☆☆

本例主要讲解精致CD控件的制作。本例的制作着重强调精致、质感的表现力，从整个界面的辅助配色，到经典的图标信息元素添加，以及最后的文字信息处处体现了精致两字的含义。最终效果如图8.1所示。

扫码看视频

图8.1 最终效果

8.1.1 制作背景并绘制图形

① 执行菜单栏中的"文件"|"新建"命令，在弹出的对话框中设置"宽度"为700像素，"高度"为500像素，"分辨率"为72像素/英寸，新建一个空白画布。

单击面板底部的"创建新图层"■按钮，新建一个"图层1"图层，选中"图层1"图层，将其填充为白色。选中"图层 1"图层，单击面板底部的"添加图层样式"fx按钮，在菜单中选择"渐变叠加"命令，在弹出的对话框中将"渐变"更改为深蓝色（R：18，G：20，B：30）到深蓝色（R：36，G：40，B：53）再到深蓝色（R：18，G：20，B：30），"角度"更改为0度，完成之后单击"确定"按钮，如图8.2所示。

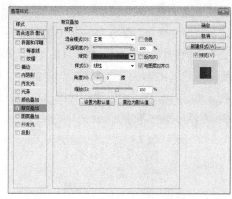

图8.2 设置渐变叠加

② 选择工具箱中的"矩形工具"■，在选项栏中将"填充"更改为白色，"描边"为无，在画布上半部分绘制一个矩形，此时将生成一个"矩形 1"图层，选中"矩形 1"图层，执行菜单栏中的"图层"|"栅格化"|"形状"命令，将当前图形形状栅格化，如图8.3所示。

图8.3 绘制图形并栅格化形状

③ 选中"矩形 1"图层，执行菜单栏中的"滤镜"|"杂色"|"添加杂色"命令，在弹出的对话框中将"数量"更改为2%，分别勾选"单色"复选框及"高斯分布"单选按钮，完成之后单击"确定"按钮，如图8.4所示。

图8.4 设置添加杂色

④ 在"图层"面板中，选中"矩形 1"图层，单

323

击面板底部的"添加图层样式" *fx* 按钮，在菜单中
选择"渐变叠加"命令，在弹出的对话框中将"渐
变"更改为淡蓝色（R：104，G：106，B：130）
到淡蓝色（R：193，G：203，B：220）再到淡蓝
色（R：104，G：106，B：130），"角度"更改
为0度，如图8.5所示。

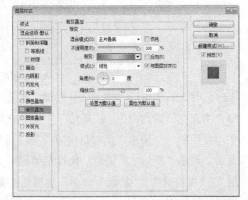

图8.5 设置渐变叠加

⑤ 勾选"投影"复选框，将"不透明度"更
改为30%，取消"使用全局光"复选框，将"角
度"更改为90度，"距离"更改为2像素，"大
小"更改为2像素，完成之后单击"确定"按钮，
如图8.6所示。

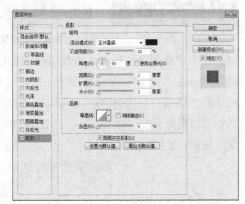

图8.6 设置投影

8.1.2 绘制旋钮

① 选择工具箱中的"椭圆工具" ，在选项栏
中将"填充"更改为白色，"描边"为无，在矩形
底部位置按住Shift键绘制一个圆形，此时将生成一
个"椭圆1"图层，选中"椭圆1"图层，将其拖
至面板底部的"创建新图层" 按钮上，复制1个
"椭圆1拷贝"图层，如图8.7所示。

图8.7 绘制图形并复制图层

② 在"图层"面板中，选中"矩形1"图层，单
击面板底部的"添加图层蒙版" 按钮，为其图
层添加图层蒙版。

③ 在"图层"面板中，按住Ctrl键单击"椭圆
1拷贝"图层缩览图，将其载入选区，如图8.8
所示。

图8.8 载入选区

④ 执行菜单栏中的"选择"|"修改"|"扩展"
命令，在弹出的对话框中将"半径"更改为10像
素，完成之后单击"确定"按钮，如图8.9所示。

图8.9 设置扩展选区

⑤ 将选区填充为黑色，将部分图形隐藏，完
成之后按Ctrl+D组合键将选区取消，如图8.10
所示。

图8.10 隐藏图形

⑥ 在"图层"面板中，选中"椭圆1"图层，单
击面板底部的"添加图层样式" *fx* 按钮，在菜单中
选择"渐变叠加"命令，在弹出的对话框中将"渐

变"更改为灰色（R：177，G：184，B：194）到深蓝色（R：43，G：47，B：62），再到灰色（R：177，G：184，B：194），如图8.11所示。

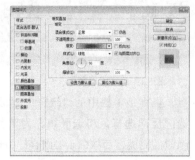

图8.11 设置渐变叠加

⑦ 勾选"投影"复选框，将"不透明度"更改为90%，取消"使用全局光"复选框，将"角度"更改为90度，"距离"更改为15像素，"大小"更改为25像素，完成之后单击"确定"按钮，如图8.12所示。

图8.12 设置投影

技巧与提示

在为"椭圆1"图层添加图层样式的时候可以先将"椭圆 1 拷贝"图层暂时隐藏，以方便观察添加图层样式后的效果。

⑧ 选中"椭圆 1 拷贝"图层，按Ctrl+T组合键对其执行"自由变换"命令，当出现变形框以后按住Alt+Shift组合键将图形等比例缩小一些，完成之后按Enter键确认，如图8.13所示。

图8.13 变换图形

⑨ 在"图层"面板中，选中"椭圆 1 拷贝"图层，单击面板底部的"添加图层样式" *fx* 按钮，在菜单中选择"描边"命令，在弹出的对话框中将"大小"更改为1像素，"填充类型"更改为渐变，"渐变"更改为白色到深蓝色（R：57，G：62，B：78）到深蓝色（R：57，G：62，B：78）再到白色，并将第1个深蓝色色标位置更改为30%，第2个深蓝色色标位置更改为60%，如图8.14所示。

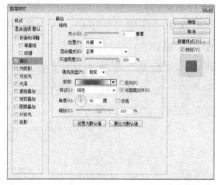

图8.14 设置描边

⑩ 勾选"渐变叠加"复选框，将"渐变"更改为蓝灰色系渐变，"样式"更改为角度，"缩放"更改为150%，完成之后单击"确定"按钮。

技巧与提示

在设置渐变的时候应当注意渐变色标的位置及颜色深浅，如图8.15所示。

图8.15 渐变效果

8.1.3 制作质感

① 单击面板底部的"创建新图层" 按钮，新建一个"图层 2"图层。选中"图层 2"图层，将其填充白色。选中"图层 2"图层，执行菜单栏中的"滤镜"|"杂色"|"添加杂色"命令，在弹出的对话框中将"数量"更改为15%，分别勾选"高斯分布"单选按钮和"单色"复选框，完成之后单击"确定"按钮，如图8.16所示。

图8.16 设置添加杂色

02 选中"图层 2"图层，执行菜单栏中的"滤镜"|"模糊"|"径向模糊"命令，在弹出的对话框中将"数量"更改为100像素，分别勾选"旋转"及"好"单选按钮，设置完成之后单击"确定"按钮，如图8.17所示。

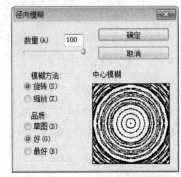

图8.17 设置径向模糊

03 按Ctrl+F组合键为其重复添加滤镜模糊效果。

04 选中"图层 2"图层，按Ctrl+T组合键对其执行"自由变换"命令，当出现变形框以后按住Alt+Shift组合键将图形等比例缩小，完成之后按Enter键确认，如图8.18所示。

图8.18 变换图形

05 在"图层"面板中，选中"图层 2"图层，单击面板底部的"添加图层蒙版" 按钮，为其图层添加图层蒙版，如图8.19所示。

06 在"图层"面板中，按住Ctrl键单击"椭圆1"图层缩览图，将其载入选区，如图8.20所示。

图8.19 添加图层蒙版　　　　　图8.20 载入选区

07 执行菜单栏中的"选择"|"反向"命令，将选区反向选择，将选区填充为黑色，将部分图形隐藏，完成之后按Ctrl+D组合键将选区取消，如图8.21所示。

图8.21 隐藏图形

08 在"图层"面板中，选中"图层 2"图层，将其图层混合模式设置为"颜色加深"，如图8.22所示。

图8.22 设置图层混合模式

09 在"图层"面板中，选中"图层 2"图层，将其拖至面板底部的"创建新图层" 按钮上，复制1个"图层 2 拷贝"图层，并将"图层 2 拷贝"图层混合模式更改为"正片叠底"，如图8.23所示。

图8.23 复制图层并设置图层混合模式

8.1.4 制作细节

（01）选择工具箱中的"矩形工具" ，在选项栏中将"填充"更改为深蓝色（R：30，G：33，B：45），"描边"为无，在旋钮顶部位置按住Shift键绘制一个矩形，此时将生成一个"矩形2"图层，如图8.24所示。

图8.24 绘制图形

（02）选中"矩形 2"图层，按Ctrl+T组合键对其执行"自由变换"命令，当出现变形框以后在选项栏中"旋转"后方的文本框中输入45度，再将光标移至右侧控制点按住Alt键向里侧拖动，将图形宽度缩短，完成之后按Enter键确认，如图8.25所示。

图8.25 变换图形

（03）在"图层"面板中，选中"矩形 2"图层，单击面板底部的"添加图层蒙版" 按钮，为其图层添加图层蒙版，如图8.26所示。

（04）选择工具箱中的"矩形选框工具" ，在矩形顶部位置绘制一个矩形选区，如图8.27所示。

图8.26 添加图层蒙版　　图8.27 绘制选区

（05）将选区填充为黑色，将部分图形隐藏，完成之后按Ctrl+D组合键将选区取消，如图8.28所示。

图8.28 隐藏图形

（06）选择工具箱中的"椭圆工具" ，在选项栏中将"填充"更改为淡蓝色（R：110，G：120，B：140），"描边"为无，在旋钮图形左侧位置按住Shift键绘制一个圆形，此时将生成一个"椭圆2"图层，如图8.29所示。

图8.29 绘制图形

（07）在"图层"面板中，选中"椭圆 2"图层，单击面板底部的"添加图层样式" fx 按钮，在菜单中选择"内阴影"命令，在弹出的对话框中将"不透明度"更改为100%，取消"使用全局光"复选框，将"角度"更改为90度，"大小"更改为5像素，如图8.30所示。

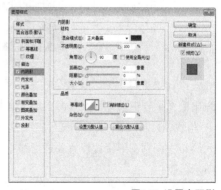

图8.30 设置内阴影

（08）勾选"投影"复选框，将"颜色"更改为白色，取消"使用全局光"复选框，将"角度"更改为90度，"距离"更改为1像素，完成之后单击"确定"按钮，如图8.31所示。

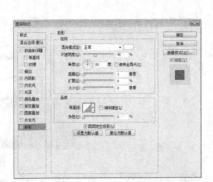

图8.31 设置投影

⑨ 在"图层"面板中，选中"椭圆 2"图层，将其拖至面板底部的"创建新图层" 按钮上，复制1个"椭圆 2 拷贝"图层，选中"椭圆 2 拷贝"图层，将其平移至旋钮图形右侧位置，如图8.32所示。

图8.32 复制图层并移动图形

⑩ 用同样的方法将图形再次复制数份并放置在适当位置，如图8.33所示。

图8.33 复制图形

⑪ 执行菜单栏中的"文件"|"打开"命令，在弹出的对话框中选择配套资源中的"素材文件\第8章\精致CD控件\图标.psd"文件，将打开的素材拖入画布中椭圆图形旁边位置并适当缩小，如图8.34所示。

图8.34 添加素材

⑫ 在"图层"面板中，选中"设置"图层，单击面板底部的"添加图层样式" fx 按钮，在菜单中选择"内阴影"命令，在弹出的对话框中将"不透明度"更改为100%，取消"使用全局光"复选框，将"角度"更改为90度，"大小"更改为5像素，如图8.35所示。

图8.35 设置内阴影

⑬ 勾选"投影"复选框，将"颜色"更改为白色，"不透明度"更改为40%，取消"使用全局光"复选框，将"角度"更改为90度，"距离"更改为1像素，完成之后单击"确定"按钮，如图8.36所示。

图8.36 设置投影

⑭ 选中"设置"图层，将图形颜色更改为淡蓝色（R：110，G：120，B：140），如图8.37所示。

图8.37 更改图形颜色

⑮ 在"设置"图层上单击鼠标右键，从弹出的快捷菜单中选择"拷贝图层样式"命令，分别在

"邮箱""云""天气"及"照片"图层上单击鼠标右键，从弹出的快捷菜单中选择"粘贴图层样式"命令，再用同样的方法更改其图形颜色，如图8.38所示。

图8.38 复制并粘贴图层样式并更改图形颜色

⑯ 在"图层"面板中，双击"云"图层样式名称，在弹出的对话框中选中"内阴影"复选框，将"颜色"更改为蓝色（R：10，G：60，B：126），"距离"更改为1像素，"大小"更改为4像素，如图8.39所示。

图8.39 设置内阴影

⑰ 勾选"渐变叠加"复选框，将"渐变"更改为浅蓝色（R：130，G：183，B：236）到蓝色（R：0，G：116，B：230），如图8.40所示。

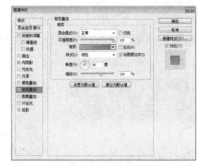

图8.40 设置渐变叠加

⑱ 勾选"外发光"复选框，将"不透明度"更改为90%，"颜色"更改为白色，"大小"更改

为30像素，完成之后单击"确定"按钮，如图8.41所示。

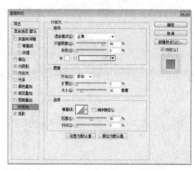

图8.41 设置外发光

8.1.5 添加文字

① 选择工具箱中的"横排文字工具"Ｔ，在云图标上方位置添加文字（字体：Lao UI，样式：Regular，大小：46点），如图8.42所示。

图8.42 添加文字

② 在"图层"面板中，选中"IMAX"图层，单击面板底部的"添加图层样式"fx按钮，在菜单中选择"内阴影"命令，在弹出的对话框中取消"使用全局光"复选框，将"角度"更改为90度，"距离"更改为1像素，"大小"更改为1像素，如图8.43所示。

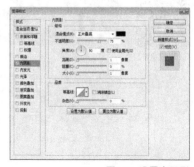

图8.43 设置内阴影

③ 勾选"投影"复选框，将"颜色"更改为白色，"不透明度"更改为50%，"距离"更改为1

像素，"大小"更改为1像素，完成之后单击"确定"按钮，如图8.44所示。

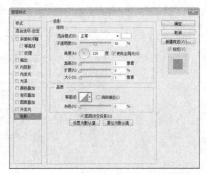

图8.44 设置投影

04 在"图层"面板中，选中"IMAX"图层，将其图层"填充"更改为60%，这样就完成了效果制作，最终效果如图8.45所示。

图8.45 更改填充及最终效果

8.2 课堂案例——信息接收控件

案例位置 案例文件\第8章\信息接收控件.psd
视频位置 多媒体教学\8.2 课堂案例——信息接收控件.avi
难易指数 ★★☆☆☆

扫码看视频

图8.46 最终效果

本例主要讲解的信息接收控件的制作。在本书中讲过不少类似控件类的图形设计，控件类图形不仅是整个视觉设计中最为常见的设计图形，更是

不可缺少的组成部分。本例讲解的是一款相对简单的控件图形制作，在设计中需要注意将主题信息表达出来即可。最终效果如图8.46所示。

8.2.1 制作背景并绘制图形

01 执行菜单栏中的"文件"|"新建"命令，在弹出的对话框中设置"宽度"为600像素，"高度"为450像素，"分辨率"为72像素/英寸，新建一个空白画布。

02 选择工具箱中的"渐变工具"，在选项栏中单击"点按可编辑渐变"按钮，在弹出的对话框中将渐变颜色更改为深青色（R：102，G：127，B：126）到浅青色（R：168，G：192，B：190），设置完成之后单击"确定"按钮。再单击选项栏中的"径向渐变"按钮，从左上角向右下角方向拖动，为画布填充渐变，如图8.47所示。

图8.47 新建画布并填充颜色

03 选择工具箱中的"圆角矩形工具"，在选项栏中将"填充"更改为白色，"描边"为无，"半径"更改为80像素，在画布中绘制一个圆角矩形，此时将生成一个"圆角矩形 1"图层，选中"圆角矩形 1"图层，将其拖至面板底部的"创建新图层"按钮上，复制1个"圆角矩形 1拷贝"图层，如图8.48所示。

图8.48 绘制图形并复制图层

04 选中"圆角矩形 1"图层，单击面板底部的"添加图层样式" *fx* 按钮，在菜单中选择"渐变叠加"命令，在弹出的对话框中将"渐变"更改为浅青色（R：220，G：236，B：235）到浅青色（R：236，G：245，B：244），如图8.49所示。

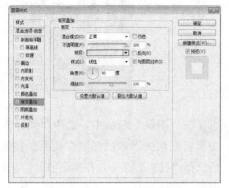

图8.49 设置渐变叠加

05 勾选"投影"复选框，将"颜色"更改为深青色（R：82，G：104，B：102），"不透明度"更改为100%，取消"使用全局光"复选框，将"角度"更改为90度，"距离"更改为1像素，"大小"更改为3像素，完成之后单击"确定"按钮，如图8.50所示。

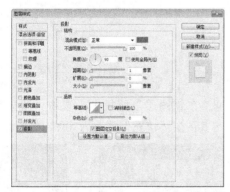

图8.50 设置投影

06 在"图层"面板中，选中"圆角矩形 1"图层，将其图层"填充"更改为0%，如图8.51所示。

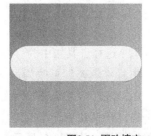

图8.51 更改填充

07 在"图层"面板中，选中"圆角矩形 1拷贝"图层，单击面板底部的"添加图层样式" *fx* 按钮，在菜单中选择"斜面和浮雕"命令，在弹出的对话框中将"大小"更改为1像素，"软化"更改为4像素，取消"使用全局光"复选框，将"角度"更改为90度，"高光模式"更改为正常，"不透明度"更改为100%，"阴影模式"更改为正常，"不透明度"更改为40%，"颜色"为深青色（R：82，G：104，B：102），如图8.52所示。

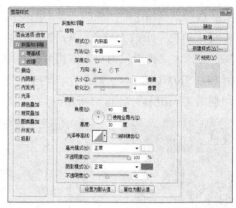

图8.52 设置斜面和浮雕

08 勾选"投影"复选框，将"颜色"更改为深青色（R：82，G：104，B：102），"不透明度"更改为40%，取消"使用全局光"复选框，将"角度"更改为90度，"距离"更改为10像素，"大小"更改为14像素，完成之后单击"确定"按钮，如图8.53所示。

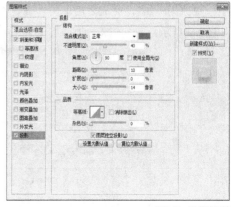

图8.53 设置投影

09 在"图层"面板中，选中"圆角矩形 1 拷贝"图层，将其图层"填充"更改为0%，如图8.54所示。

图8.54 更改填充

8.2.2 制作控件元素

01 选择工具箱中的"椭圆工具" ⚫ ，在选项栏中将"填充"更改为橙色（R：237，G：110，B：60），"描边"为无，在圆角矩形靠左侧位置按住Shift键绘制一个圆形，此时将生成一个"椭圆1"图层，如图8.55所示。

图8.55 绘制图形

02 在"图层"面板中，选中"椭圆1"图层，单击面板底部的"添加图层样式" fx 按钮，在菜单中选择"外发光"命令，在弹出的对话框中将"不透明度"更改为50%，"颜色"更改为白色，"大小"更改为6像素，完成之后单击"确定"按钮，如图8.56所示。

图8.56 设置外发光

03 执行菜单栏中的"文件"|"打开"命令，在弹出的对话框中选择配套资源中的"素材文件\第8章\信息接收控件\图标.psd"文件，将打开的素材

拖入画布中椭圆图形位置并适当缩小，如图8.57所示。

图8.57 添加素材

04 在"图层"面板中，选中"图标"图层，单击面板底部的"添加图层样式" fx 按钮，在菜单中选择"投影"命令，在弹出的对话框中将"不透明度"更改为30%，"距离"更改为2像素，"大小"更改为3像素，完成之后单击"确定"按钮，如图8.58所示。

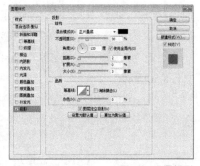

图8.58 设置投影

05 在"图层"面板中，选中"图标"图层，将其图层"填充"更改为70%，如图8.59所示。

图8.59 更改填充

06 选择工具箱中的"椭圆工具" ⚫ ，在选项栏中将"填充"更改为深灰色（R：67，G：60，B：68），"描边"为无，在图标右上角位置按住Shift键绘制一个圆形，此时将生成一个"椭圆2"图层，如图8.60所示。

图8.60 绘制图形

⑦ 在"图层"面板中，选中"椭圆2"图层，单击面板底部的"添加图层样式" **fx** 按钮，在菜单中选择"描边"命令，在弹出的对话框中将"大小"更改为2像素，"填充类型"更改为渐变，"渐变"更改为深灰色（R：50，G：45，B：50）到灰色（R：110，G：110，B：110），如图8.61所示。

图8.61 设置描边

⑧ 勾选"内阴影"复选框，将"混合模式"更改为正常，"颜色"更改为白色，"不透明度"更改为30%，"距离"更改为2像素，完成之后单击"确定"按钮，如图8.62所示。

图8.62 设置内阴影

8.2.3 添加文字

① 选择工具箱中的"横排文字工具" **T**，在界面适当位置添加文字，如图8.63所示。

图8.63 添加文字

② 在"图层"面板中，选中"This is time story"图层，单击面板底部的"添加图层样式" **fx** 按钮，在菜单中选择"投影"命令，在弹出的对话框中将"颜色"更改为白色，"距离"更改为2像素，完成之后单击"确定"按钮，如图8.64所示。

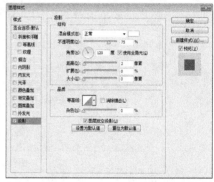

图8.64 设置投影

③ 在"This is time story"图层上单击鼠标右键，从弹出的快捷菜单中选择"拷贝图层样式"命令，在"Thursday, 21:09 PM"图层上单击鼠标右键，从弹出的快捷菜单中选择"粘贴图层样式"命令，如图8.65所示。

图8.65 复制并粘贴图层样式

④ 选择工具箱中的"椭圆工具" ⬭，在选项栏中将"填充"更改为淡青色（R：207，G：225，B：228），"描边"为无，在界面右侧位置按住Shift键绘制一个圆形，此时将生成一个"椭圆3"图层，如图8.66所示。

图8.66 绘制图形

图8.69 添加素材及最终效果

05 在"图层"面板中，选中"椭圆3"图层，单击面板底部的"添加图层样式" fx 按钮，在菜单中选择"内阴影"命令，在弹出的对话框中将"不透明度"更改为15%，"距离"更改为2像素，"大小"更改为2像素，如图8.67所示。

8.3 课堂案例——天气信息控件

案例位置　案例文件\第8章\天气信息控件.psd
视频位置　多媒体教学\8.3 课堂案例——天气信息控件.avi
难易指数　★★☆☆☆

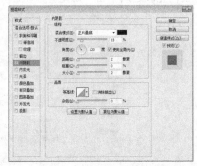

图8.67 设置内阴影

　　本例主要讲解天气信息控件的制作，在制作之初从定位点出发选用了一幅与主题相符的背景图像，并添加滤镜效果虚化背景以衬托图标，在制作的过程中利用简单的图形为主要元素，突出了图标的简洁、大方、美观、明了等特点。最终效果如图8.70所示。

扫码看视频

06 勾选"投影"复选框，将"颜色"更改为白色，"不透明度"更改为30%，"距离"更改为1像素，"扩展"更改为100%，"大小"更改为1像素，完成之后单击"确定"按钮，如图8.68所示。

图8.70 最终效果

8.3.1 制作背景

01 执行菜单栏中的"文件"|"新建"命令，在弹出的对话框中设置"宽度"为850像素，"高度"为550像素，"分辨率"为72像素/英寸，"颜色模式"为RGB颜色，新建一个空白画布。

02 菜单栏中的"文件"|"打开"命令，在弹出的对话框中选择配套资源中的"素材文件\第8章\天气信息控件\雪景.jpg"文件，将打开的素材图像拖入画布中，此时其图层名称将自动更改为"图层1"，如图8.71所示。

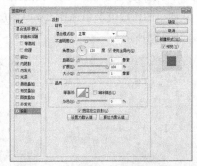

图8.68 设置投影

07 执行菜单栏中的"文件"|"打开"命令，在弹出的对话框中选择配套资源中的"素材文件\第8章\信息接收控件\图标2.psd"文件，将打开的素材拖入界面中刚才绘制的椭圆图形上，将"图标2"图层"不透明度"更改为80%，这样就完成了效果制作，最终效果如图8.69所示。

图8.71 打开素材

03 选中"图层1"图层，执行菜单栏中的"图像"|"调整"|"可选颜色"命令，在弹出的对话框中选择"颜色"为"青色"，将"青色"更改为38%，"黑色"更改为38%，如图8.72所示。

图8.72 调整青色

04 选择"颜色"为蓝色，将"青色"更改为50%，"黑色"更改为60%，如图8.73所示。

图8.73 调整蓝色

05 选择"颜色"为"白色"，将"青色"更改为-10%，如图8.74所示。

图8.74 调整白色

06 选择"颜色"为"黑色"，将"青色"更改为30%，"黑色"更改为10%，完成之后单击"确定"按钮，如图8.75所示。

图8.75 调整黑色

07 执行菜单栏中的"图像"|"调整"|"色阶"命令，在弹出的对话框中将其数值更改为（0，1.19，255），完成之后单击"确定"按钮，如图8.76所示。

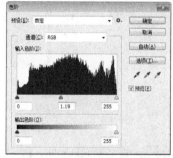

图8.76 调整色阶

08 执行菜单栏中的"图像"|"调整"|"色相/饱和度"命令，在弹出的对话框中将"饱和度"更改为-12度，完成之后单击"确定"按钮，如图8.77所示。

图8.77 调整色相/饱和度

09 执行菜单栏中的"滤镜"|"模糊"|"高斯模糊"命令，在弹出的对话框中将"半径"更改为5像素，设置完成之后单击"确定"按钮，如图8.78所示。

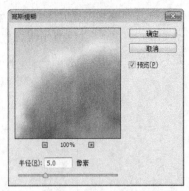

图8.78 设置高斯模糊

⑩ 执行菜单栏中的"图像"|"调整"|"曲线"命令，在弹出的对话框中将其曲线向上拖动，完成之后单击"确定"按钮，如图8.79所示。

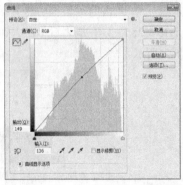

图8.79 调整曲线

8.3.2 绘制界面

① 选择工具箱中的"圆角矩形工具" ，在选项栏中将"填充"更改为无，"描边"为白色，"大小"更改为30像素，"半径"更改为145像素，在画布中按住Shift键绘制一个圆角矩形，此时将生成一个"圆角矩形1"图层，如图8.80所示。

图8.80 绘制图形

② 在"图层"面板中，选中"圆角矩形1"图层，将其拖至面板底部的"创建新图层" 按钮

上，分别复制1个"圆角矩形1拷贝"及"圆角矩形1拷贝2"图层。

③ 在"图层"面板中，选中"圆角矩形1"图层，单击面板底部的"添加图层样式" fx 按钮，在菜单中选择"描边"命令，在弹出的对话框中将"填充类型"更改为"渐变"，渐变颜色更改为黄色（R：250，G：204，B：112）到蓝色（R：140，G：222，B：243），并更改蓝色色标位置为30%，将"大小"更改为1像素，"角度"更改为90度，如图8.81所示。

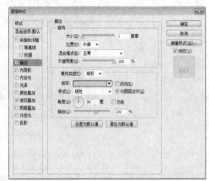

图8.81 设置描边

④ "渐变叠加"复选框，将渐变颜色更改为黄色（R：250，G：204，B：112）到蓝色（R：140，G：222，B：243）再到蓝色（R：140，G：222，B：243），并将第1个蓝色的色标位置更改为10%，如图8.82所示。

图8.82 设置渐变颜色

⑤ 将"角度"更改为90度，"缩放"更改为105%，完成之后单击"确定"按钮，如图8.83所示。

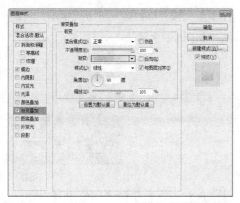

图8.83 设置渐变叠加

❓ **技巧与提示**

在为"圆角矩形 1"添加图层样式的时候可以先将"圆角矩形 1 拷贝"及"圆角矩形 1 拷贝 2"图层暂时隐藏以方便观察添加的图层样式效果。

06 在"图层"面板中，选中"圆角矩形1"图层，在其图层名称上单击鼠标右键，从弹出的快捷菜单中选择"栅格化图层样式"名称，如图8.84所示。

07 在"图层"面板中，选中"圆角矩形 1"图层，将其拖至面板底部的"创建新图层" 🔲 按钮上，复制一个"圆角矩形 1 拷贝3"图层，如图8.85所示。

图8.84 栅格化图层样式　　　　图8.85 复制图层

08 在"图层"面板中，选中"圆角矩形 1"图层，单击面板上方的"锁定透明像素" 🔳 按钮，将当前图层中的透明像素锁定。在画布中将图层填充为黑色，填充完成之后再次单击此按钮将其解除锁定。

09 选中"圆角矩形 1"图层，执行菜单栏中的"滤镜"|"模糊"|"高斯模糊"命令，在弹出的对话框中将"半径"更改为1像素，设置完成后单击"确定"按钮，如图8.86所示。

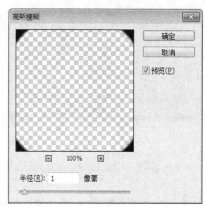

图8.86 设置高斯模糊

10 选中"圆角矩形 1"图层，将其图层"不透明度"更改为30%，如图8.87所示。

图8.87 更改图层不透明度

11 选中"圆角矩形 1 拷贝"图层，将描边"大小"更改为8点，按Ctrl+T组合键对其执行"自由变换"命令，当出现变形框以后按住Alt+Shift组合键将图形等比例缩小，完成之后按Enter键确认，如图8.88所示。

图8.88 变换图形

12 在"图层"面板中，选中"圆角矩形 1 拷贝"图层，单击面板底部的"添加图层样式" 𝒇𝓍 按钮，在菜单中选择"外发光"命令，在弹出的对话框中将"混合模式"更改为正常，"颜色"更改为青色（R：140，G：222，B：243），"大小"更改为2像素，完成之后单击"确定"按钮，如图8.89所示。

图8.89 设置外发光

⑬ 选中"圆角矩形 1 拷贝 2"图层，在选项栏中将其"填充"更改为白色，"描边"为无，按Ctrl+T组合键对其执行"自由变换"命令，当出现变形框以后按住Alt+Shift组合键将图形等比例缩小，完成之后按Enter键确认，在"图层"面板中，将其"不透明度"更改为40%，如图8.90所示。

图8.90 变换图形并降低图层不透明度

⑭ 在"图层"面板中，选中"圆角矩形 1 拷贝 2"图层，单击面板底部的"添加图层蒙版" ▣ 按钮，为其图层添加图层蒙版，如图8.91所示。

⑮ 选择工具箱中的"渐变工具" ▣ ，在选项栏中单击"点按可编辑渐变"按钮，在弹出的对话框中选择"黑白渐变"，设置完成之后单击"确定"按钮，再单击选项栏中的"线性渐变" ▣ 按钮，如图8.92所示。

图8.91 添加图层蒙版　　　图8.92 设置渐变

⑯ 单击"圆角矩形 1 拷贝 2"图层蒙版缩览图，

在图形上按住Shift键从下至上拖动，将部分图形隐藏，如图8.93所示。

图8.93 隐藏图形

⑰ 选择工具箱中的"钢笔工具" ✐ ，沿图形边缘位置绘制一个不规则封闭路径，如图8.94所示。

图8.94 绘制路径

⑱ 按Ctrl+Enter组合键，将封闭路径转换成选区，如图8.95所示。

⑲ 单击面板底部的"创建新图层" ▣ 按钮，新建一个"图层2"图层，如图8.96所示。

图8.95 转换选区　　　　图8.96 新建图层

⑳ 选中"图层2"图层，将选区填充为白色，填充完成之后按Ctrl+D组合键将选区取消，如图8.97所示。

图8.97 填充颜色

㉑ 在"图层"面板中，选中"图层2"图层，单

击面板底部的"添加图层样式" *fx* 按钮,在菜单中选择"渐变叠加"命令,在弹出的对话框中将渐变颜色更改为浅灰色(R:245,G:249,B:250)到灰色(R:230,G:229,B:227),"角度"更改为-65度,如图8.98所示。

图8.98 设置渐变叠加

㉒ 勾选"投影"复选框,将"不透明度"更改为10%,"距离"更改为3像素,"大小"更改为3像素,完成之后单击"确定"按钮,如图8.99所示。

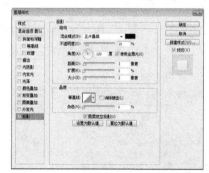

图8.99 设置投影

㉓ 在"图层"面板中,选中"图层2"图层,将其向下移至"圆角矩形1拷贝"图层下方,如图8.100所示。

图8.100 更改图层顺序

㉔ 选择工具箱中的"钢笔工具" ,沿图形边缘位置绘制一个不规则封闭路径,如图8.101所示。

图8.101 绘制路径

㉕ 按Ctrl+Enter组合键,将刚才所绘制的封闭路径转换成选区,如图8.102所示。

㉖ 单击面板底部的"创建新图层" 按钮,新建一个"图层3"图层,如图8.103所示。

图8.102 转换选区　　图8.103 新建图层

㉗ 选中"图层3"图层,将选区填充为白色,填充完成之后按Ctrl+D组合键将选区取消,如图8.104所示。

图8.104 填充颜色

㉘ 在"图层2"图层上单击鼠标右键,从弹出的快捷菜单中选择"拷贝图层样式"命令,在"图层3"图层上单击鼠标右键,从弹出的快捷菜单中选择"粘贴图层样式"命令,如图8.105所示。

图8.105 复制并粘贴图层样式

㉙ 在"图层"面板中,双击"图层3"图层样式名称,在弹出的对话框中选中"渐变叠加"复选

框，将"角度"更改为−126度，"缩放"更改为30%，如图8.106所示。

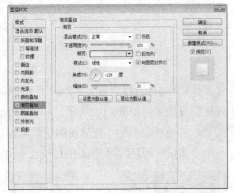

图8.106 设置渐变叠加

30 选中"投影"复选框，取消"使用全局光"复选框，将"角度"更改为42度，"距离"更改为2像素，"大小"更改为6像素，完成之后单击"确定"按钮，如图8.107所示。

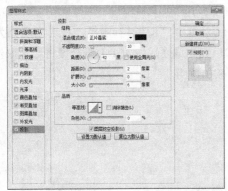

图8.107 设置投影

31 选择工具箱中的"钢笔工具" ，沿图形边缘位置绘制一个不规则封闭路径，如图8.108所示。

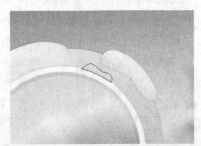

图8.108 绘制路径

32 按Ctrl+Enter组合键，将刚才所绘制的封闭路径转换成选区，如图8.109所示。

33 单击面板底部的"创建新图层" 按钮，新建一个"图层4"图层，如图8.110所示。

图8.109 转换选区   图8.110 新建图层

34 选中"图层4"图层，将选区填充为白色，填充完成之后按Ctrl+D组合键将选区取消，如图8.111所示。

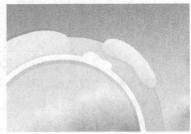

图8.111 填充颜色

35 在"图层4"图层上单击鼠标右键，从弹出的快捷菜单中选择"粘贴图层样式"命令，如图8.112所示。

图8.112 粘贴图层样式

36 在"图层"面板中，双击"图层4"图层样式名称，在弹出的对话框中选中"渐变叠加"复选框，将"不透明度"更改为30%，如图8.113所示。

图8.113 设置渐变叠加

㊲ 选中"投影"复选框，取消"使用全局光"复选框，将"不透明度"更改为5%，"角度"更改为－68度，"距离"更改为2像素，"大小"更改为2像素，完成之后单击"确定"按钮，如图8.114所示。

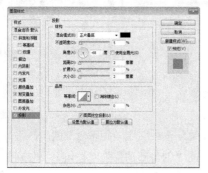

图8.114 设置投影

㊳ 在"图层"面板中，选中"图层2"图层，在其图层名称上单击鼠标右键，从弹出的快捷菜单中选择"创建图层"，如图8.115所示。

图8.115 创建图层

㊴ 在"图层"面板中，选中"'图层2'的投影"图层，单击面板底部的"添加图层蒙版" 按钮，为其图层添加图层蒙版。

㊵ 选择工具箱中的"多边形套索工具" ，绘制一个不规则选区以选中部分效果，将选区填充为黑色，完成之后按Ctrl+D组合键将选区取消，如图8.116所示。

图8.116 隐藏效果

㊶ 选择工具箱中的"钢笔工具" ，绘制一个

封闭路径，如图8.117所示。

图8.117 绘制路径

㊷ 按Ctrl+Enter组合键，将刚才所绘制的封闭路径转换成选区，如图8.118所示。

㊸ 单击面板底部的"创建新图层" 按钮，新建一个"图层5"图层，如图8.119所示。

图8.118 转换选区　　　　　图8.119 新建图层

㊹ 选中"图层5"图层，将选区填充为白色，填充完成之后按Ctrl+D组合键将选区取消，如图8.120所示。

图8.120 填充颜色

㊺ 在"图层"面板中，选中"图层5"图层，单击面板底部的"添加图层样式" 按钮，在菜单中选择"斜面和浮雕"命令，在弹出的对话框中将"深度"更改为50%，"大小"更改为57像素，"软化"更改为1像素，将高光模式中的"颜色"更改为灰色（R：204，G：204，B：204），"不透明度"更改为15%，阴影模式中的"颜色"更改为灰色（R：200，G：200，B：200），"不透明度"更改为30%，如图8.121所示。

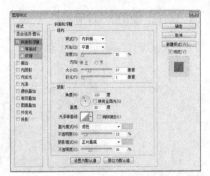

图8.121 设置斜面和浮雕

㊻ 勾选"颜色叠加"复选框，将"混合模式"更改为正片叠底，"颜色"更改为灰色（R：228，G：228，B：228），"不透明度"更改为25%，如图8.122所示。

图8.122 设置颜色叠加

㊼ 勾选"投影"复选框，将"不透明度"更改为10%，取消"使用全局光"复选框，将"角度"更改为90度，"距离"更改为3像素，"大小"更改为5像素，完成之后单击"确定"按钮，如图8.123所示。

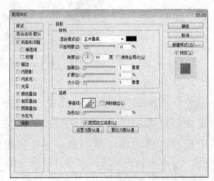

图8.123 设置投影

㊽ 选择工具箱中的"圆角矩形工具" ，在选项栏中将"填充"更改为灰色（R：240，G：240，B：240），"描边"为无，"半径"

更改为5像素，在刚才绘制的图形下方绘制一个圆角矩形，此时将生成一个"圆角矩形2"图层，如图8.124所示。

图8.124 绘制图形

㊾ 选中"圆角矩形2"图层，将其拖至面板底部的"创建新图层" 按钮上，分别复制一个"圆角矩形2拷贝"及"圆角矩形2拷贝2"图层，如图8.125所示。

㊿ 分别选中"圆角矩形2拷贝"及"圆角矩形2拷贝2"图层，按Ctrl+T组合键对其执行"自由变换"命令，当出现变形框以后将图形顺时针适当旋转，完成之后按Enter键确认，如图8.126所示。

图8.125 复制图层　　　　图8.126 旋转图形

51 在"图层"面板中，同时选中"圆角矩形2拷贝2""圆角矩形2拷贝"及"圆角矩形2"图层，执行菜单栏中的"图层" | "合并形状"命令，将图层合并，此时将生成一个"圆角矩形2拷贝2"图层，如图8.127所示。

图8.127 合并图层

52 在"图层"面板中，选中"圆角矩形 2 拷贝 2"图层，将其拖至面板底部的"创建新图层" ![icon] 按钮上，复制一个"圆角矩形 2 拷贝 3"图层，如图8.128所示。

53 选中"圆角矩形 2 拷贝 3"图层，在画布中将图形稍微移动，如图8.129所示。

图8.128 复制图层　　　　　图8.129 移动图形

54 同时选中"圆角矩形 2 拷贝 3"及"圆角矩形 2 拷贝 2"图层，在画布中按住Alt+Shift组合键向右侧拖动，将图形复制，此时将生成两个"圆角矩形 2 拷贝 4"图层，如图8.130所示。

图8.130 复制图形

55 在"图层"面板中，同时选中两个"圆角矩形 2 拷贝 4""圆角矩形 2 拷贝 3"及"圆角矩形 2 拷贝 2"图层，执行菜单栏中的"图层"|"合并形状"命令，将图层合并，此时将生成一个"圆角矩形 2 拷贝 4"图层，如图8.131所示。

图8.131 合并图层

56 在"图层 5"图层上单击鼠标右键，从弹出的

快捷菜单中选择"拷贝图层样式"命令，在"圆角矩形 2 拷贝 4"图层上单击鼠标右键，从弹出的快捷菜单中选择"粘贴图层样式"命令，如图8.132所示。

图8.132 复制并粘贴图层样式

57 选择工具箱中的"圆角矩形工具" ![icon]，在选项栏中将"填充"更改为无，"描边"为白色，"大小"更改为3点，"半径"更改为10像素，在画布右侧位置绘制一个圆角矩形，此时将生成一个"圆角矩形2"图层，如图8.133所示。

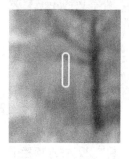

图8.133 绘制图形

58 选择工具箱中的"椭圆工具" ![icon]，在选项栏中将"填充"更改为无，"描边"为白色，"大小"更改为3点，在圆角矩形靠底部位置按住Shift键绘制一个圆形，此时将生成一个"椭圆1"图层，如图8.134所示。

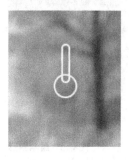

图8.134 绘制图形

59 在"图层"面板中，同时选中"椭圆1"及"圆角矩形2"图层，执行菜单栏中的"图

343

层"|"合并形状"命令，将图层合并，此时将生成一个"椭圆1"图层，如图8.135所示。

图8.135 合并图层

⑥⓪ 选中"椭圆 1"图层，在画布中按Ctrl+T组合键对其执行"自由变换"命令，当出现变形框以后将光标移至变形框顶部控制点按住Alt键向上稍微拖动将图形变形，完成之后按Enter键确认，如图8.136所示。

图8.136 变换图形

⑥① 选择工具箱中的"直线工具" ，在选项栏中将"填充"更改为白色，"描边"为无，"粗细"更改为3像素，在刚才绘制的图形左侧按住Shift键绘制一条水平线段，此时将生成一个"形状1"图层，如图8.137所示。

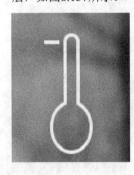

图8.137 绘制图形

⑥② 选中"形状1"图层，在画布中按住Alt+Shift组合键向下拖动，将图形复制，此时将生成一个"形状1拷贝"图层，如图8.138所示。

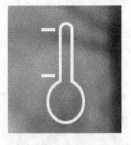

图8.138 复制图形

⑥③ 选中"形状1"图层，用同样的方法再次按住Alt+Shift组合键向下拖动，此时将生成一个"形状1拷贝2"图层，如图8.139所示。

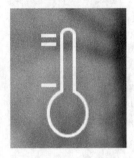

图8.139 复制图形

⑥④ 选择工具箱中的"直接选择工具" ，选中"形状 1 拷贝 2"图层中的图形左侧两个锚点向右侧平移，将线段长度减小，如图8.140所示。

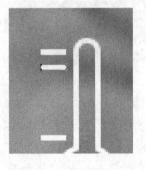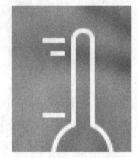

图8.140 变换图形

⑥⑤ 选中"形状 1 拷贝 2"图层，按住Alt+Shift键向下拖动，将图形复制数份并保持间距相同，如图8.141所示。

图8.141 复制图形

技巧与提示

想保持图形距离的时候可以将画布放大，直到可以看到像素，这样就可以通过计算相互间距来将图形保持相同间距，而对于较大的图形可以利用选项栏中的对齐功能将图形对齐。

⑥⑥ 选择工具箱中的"矩形工具" ▣ ，在选项栏中将"填充"更改为白色，"描边"为无，绘制一个矩形，此时将生成一个"矩形1"图层，如图8.142所示。

图8.142 绘制图形

⑥⑦ 同时选中与温度计所有相关的图形所在的图层，执行菜单栏中的"图层"|"新建"|"从图层建立组"，在弹出的对话框中将"名称"更改为"温度计"，完成之后单击"确定"按钮，此时将生成一个"温度计"组，如图8.143所示。

图8.143 从图层新建组

⑥⑧ 在"温度计"组上单击鼠标右键，从弹出的快捷菜单中选择"粘贴图层样式"命令，如图8.144所示。

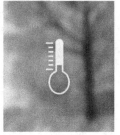

图8.144 粘贴图层样式

⑥⑨ 在"图层"面板中，双击"温度计"组图层样式名称，在弹出的对话框中选中"斜面和浮雕"，将"深度"更改为155%，"大小"更改为20像素，如图8.145所示。

图8.145 设置斜面和浮雕

⑦⓪ 勾选"投影"复选框，将"大小"更改为2像素，完成之后单击"确定"按钮，如图8.146所示。

图8.146 设置投影

8.3.3 添加文字

⓪① 选择工具箱中的"横排文字工具" T ，在画布中适当位置添加文字，如图8.147所示。

图8.147 添加文字

⓪② 在"图层"面板中，选中"heavy snow ……"图层，单击面板底部的"添加图层样式" fx 按钮，在菜单中选择"投影"命令，在弹出的对话框中将"不透明度"更改为30%，取消"使用全局光"复选框，将"角度"更改为90，"距离"更改为1像素，"大小"更改为1像素，完成之后单击"确定"按钮，如图8.148所示。

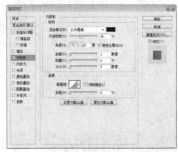

图8.148 设置投影

⓷ 在"图层"面板中，选中"−9c"图层，单击面板底部的"添加图层样式" fx 按钮，在菜单中选择"内阴影"命令，在弹出的对话框中将"不透明度"更改为40%，"距离"更改为1，"大小"更改为0，完成之后单击"确定"按钮，如图8.149所示。

图8.149 设置内阴影

⓸ 选择工具箱中的"椭圆工具" ◯，在选项栏中将"填充"更改为无，"描边"为白色，"大小"更改为2点，在文字右上角位置按住Shift键绘制一个圆形，此时将生成一个"椭圆2"图层，如图8.150所示。

图8.150 绘制图形

⓹ 在"−9c"图层上单击鼠标右键，从弹出的快捷菜单中选择"拷贝图层样式"命令，在"椭圆2"图层上单击鼠标右键，从弹出的快捷菜单中选择"粘贴图层样式"命令，这样就完成了效果制作，最终效果如图8.151所示。

图8.151 复制并粘贴图层样式及最终效果

8.4 课堂案例——Windows Phone界面

案例位置　案例文件\第8章\Windows Phone界面.psd
视频位置　多媒体教学\8.4 课堂案例——Windows Phone界面.avi
难易指数　★★★☆☆

本例讲解Windows Phone界面的制作。Windows Phone作为常用的手机操作系统，相对于前几代的操作系统在视界上有了显著的变化，通过精彩的背景及主界面视觉再设计，使用户对传统的桌面操作系统有一个全新的认识和体验。本例的制作相对简单，只需要在整体的排版布局上稍加注意，同时在粘贴素材图像添加的过程中，注意Windows Phone界面的设计规范。最终效果如图8.152所示。

扫码看视频

图8.152 最终效果

8.4.1 制作背景

⓵ 执行菜单栏中的"文件"|"新建"命令，在弹出的对话框中设置"宽度"为1200像素，"高度"为800像素，"分辨率"为72像素/英寸，"颜色模式"为RGB颜色，新建一个空白画布。

⓶ 执行菜单栏中的"文件"|"打开"命令，在弹出的对话框中选择配套资源中的"素材文件\第8章\Windows Phone界面\夜景.jpg"文件，将打开的

素材拖入画布中并适当缩小至与画布相同大小，此时其图层名称将自动更改为"图层1"。选中"图层1"图层，将其拖至面板底部的"创建新图层"按钮上，复制1个"图层1 拷贝"图层，如图8.153所示。

图8.153 添加素材并复制图层

03 在"图层"面板中，选中"图层1 拷贝"图层，单击面板上方的"锁定透明像素"按钮，将当前图层中的透明像素锁定，图层填充为黑色，填充完成之后再次单击此按钮将其解除锁定，如图8.154所示。

04 选中"图层1 拷贝"图层，单击面板底部的"添加图层蒙版"按钮，为其图层添加图层蒙版，如图8.155所示。

图8.154 填充颜色　　图8.155 添加图层蒙版

05 选择工具箱中的"画笔工具"，设置适当大小的画笔笔触，将背景色更改为黑色，在图形上涂抹，仅保留边角黑色部分，如图8.156所示。

图8.156 隐藏图形

06 在"图层"面板中，选中"图层1 拷贝"图层，将其图层混合模式设置为"柔光"，"不透明度"更改为30%，如图8.157所示。

图8.157 设置图层混合模式

8.4.2 绘制图形

01 选择工具箱中的"矩形工具"，在选项栏中将"填充"更改为黑色，"描边"为无，在画布中靠上方位置绘制一个矩形，此时将生成一个"矩形1"图层，如图8.158所示。

图8.158 绘制图形

02 在"图层"面板中，选中"矩形1"图层，单击面板底部的"添加图层样式"fx按钮，在菜单中选择"描边"命令，在弹出的对话框中将"大小"更改为1像素，"位置"更改为内部，"不透明度"更改为40%，"颜色"更改为灰色（R：233，G：233，B：233），完成之后单击"确定"按钮，如图8.159所示。

图8.159 设置描边

03 在"图层"面板中，选中"矩形1"图层，将其图层"填充"更改为30%，如图8.160所示。

图8.160 更改填充

04 按住Ctrl键单击"矩形1"图层缩览图，将其载入选区，如图8.161所示。

图8.161 载入选区

05 选中"图层 1"图层，执行菜单栏中的"滤镜"|"模糊"|"高斯模糊"命令，在弹出的对话框中将"半径"更改为5像素，设置完成之后单击"确定"按钮，如图8.162所示。

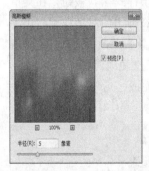

图8.162 设置高斯模糊

06 选择工具箱中的"圆角矩形工具"，在选项栏中将"填充"更改为白色，"描边"为无，"半径"更改为15像素，在左上角附近位置绘制一个圆角矩形，此时将生成一个"圆角矩形1"图层，如图8.163所示。

图8.163 绘制图形

07 在"图层"面板中，选中"圆角矩形 1"图层，单击面板底部的"添加图层样式" fx 按钮，在菜单中选择"投影"命令，在弹出的对话框中取消"使用全局光"复选框，将"角度"更改为90度，"距离"更改为3像素，"大小"更改为5像素，完成之后单击"确定"按钮，如图8.164所示。

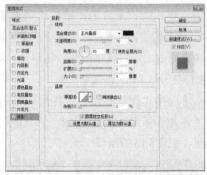

图8.164 设置投影

08 在"图层"面板中，选中"圆角矩形 1"图层，将其拖至面板底部的"创建新图层"按钮上，复制一个"圆角矩形 1 拷贝"图层，如图8.165所示。

图8.165 复制图层

09 选中"圆角矩形 1 拷贝"图层，按Ctrl+T组合键对其执行"自由变换"命令，当出现变形框以后按住Alt+Shift组合键将图形等比例缩小，完成之后按Enter键确认，如图8.166所示。

图8.166 变换图形

⑩ 在"图层"面板中，双击"圆角矩形1 拷贝"图层样式名称，在弹出的对话框中勾选"内阴影"复选框，将"不透明度"更改为50%，取消"使用全局光"复选框，将"角度"更改为90度，"大小"更改为3像素，如图8.167所示。

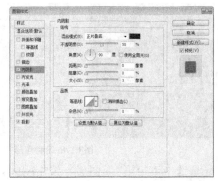

图8.167 设置内阴影

⑪ 勾选"渐变叠加"复选框，将"渐变"更改为灰色（R：220，G：220，B：220）到白色，如图8.168所示。

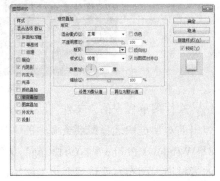

图8.168 设置渐变叠加

⑫ 勾选"投影"复选框，将"距离"更改为3像素，"大小"更改为5像素，完成之后单击"确定"按钮，如图8.169所示。

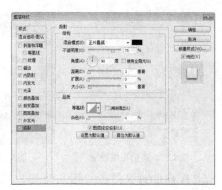

图8.169 设置投影

8.4.3 添加文字及素材

① 选择工具箱中的"横排文字工具" T ，在绘制的日历图形上添加文字，如图8.170所示。

图8.170 添加文字

② 选择工具箱中的"矩形工具" ▢ ，在选项栏中将"填充"更改为白色，"描边"为无，在刚才绘制的日历图形上绘制一个矩形，此时将生成一个"矩形2"图层，如图8.171所示。

图8.171 绘制图形

③ 在"图层"面板中，选中"矩形2"图层，单击面板底部的"添加图层蒙版" ▢ 按钮，为其图层添加图层蒙版，如图8.172所示。

④ 选择工具箱中的"渐变工具" ▣ ，编辑黑色到白色的渐变，单击选项栏中的"线性渐变" ▣ 按钮，在画布中从下向上拖动填充，将其部分图形隐藏，如图8.173所示。

图8.172 添加图层蒙版   图8.173 隐藏图形

图8.177 添加素材

05 按住Ctrl键单击"圆角矩形1 拷贝"图层缩览图，执行菜单栏中的"选择"|"反向"命令，将选区填充为黑色，将部分图形隐藏，完成之后按Ctrl+D组合键将选区取消，如图8.174所示。

09 选择工具箱中的"矩形工具" ■，在选项栏中将"填充"更改为白色，"描边"为无，在刚才添加的图标右侧位置按住Shift键绘制一个矩形，此时将生成一个"矩形3"图层，选中"矩形3"图层，将其图层"不透明度"更改为30%，如图8.178所示。

图8.174 隐藏图形

图8.178 绘制图形并更改不透明度

06 同时选中所有和日历图形相关的图层按Ctrl+G组合键将图层编组，将生成的组名称更改为"日历"，然后将"日历"组复制一份，如图8.175所示。

10 选中"矩形3"图层，按住Alt+Shift组合键向右侧拖动，将图形复制5份，如图8.179所示。

07 选中"日历 拷贝"组，按住Shift键将图形向右侧平移，再双击"19"图层，将文字信息更改，如图8.176所示。

图8.179 复制图形

图8.175 将图层编组并复制组   图8.176 更改文字信息

11 执行菜单栏中的"文件"|"打开"命令，在弹出的对话框中选择配套资源中的"素材文件\第8章\Windows Phone界面\头像.jpg"文件，将打开的素材拖入画布右侧位置并适当缩小，如图8.180所示。

08 执行菜单栏中的"文件"|"打开"命令，在弹出的对话框中选择配套资源中的"素材文件\第8章\Windows Phone界面\磁贴.psd、图标.psd"文件，将打开的素材分别拖入画布中适当位置，并将"图标"图层"不透明度"更改为50%，如图8.177所示。

12 选择工具箱中的"横排文字工具" T，在头像底部位置添加文字，并降低文字"不透明度"为35%，如图8.181所示。

图8.180　添加素材　　　图8.181　降低不透明度

⑬ 选择工具箱中的"横排文字工具" T，在右下角位置添加文字，如图8.182所示。

⑭ 执行菜单栏中的"文件"|"打开"命令，在弹出的对话框中选择配套资源中的"素材文件\第8章\Windows Phone界面\图标2.psd"文件，将打开的素材拖入画布中下方位置并适当缩小，如图8.183所示。

图8.182　添加文字　　　图8.183　添加素材

⑮ 选择工具箱中的"直线工具" /，在选项栏中将"填充"更改为白色，"描边"为无，"粗细"更改为1像素，在文字左侧位置按住Shift键绘制一条垂直线段，此时将生成一个"形状1"图层，如图8.184所示。

图8.184　绘制图形

⑯ 在"图层"面板中，选中"形状1"图层，单击面板底部的"添加图层蒙版"按钮，为其添加图层蒙版，如图8.185所示。

⑰ 选择工具箱中的"渐变工具"，编辑黑色到白色的渐变，单击选项栏中的"线性渐变"按钮，在图形上从下向上拖动，将部分图形隐藏，如图8.186所示。

图8.185　添加图层蒙版　　　图8.186　隐藏图形

⑱ 在"图层"面板中，选中"形状1"图层，将其图层"不透明度"更改为60%，这样就完成了效果制作，最终效果如图8.187所示。

图8.187　最终效果

8.5　课堂案例——APP游戏下载页面

案例位置　案例文件\第8章\APP游戏下载页面.psd
视频位置　多媒体教学\8.5 课堂案例——APP游戏下载页面.avi
难易指数　★★☆☆☆

本例讲解APP游戏下载页面的制作。本例的制作以游戏主题元素为蓝本，通过大气的版面布局及简洁明了的文字信息表现，来阐述一款十分出色的游戏APP界面的制作技巧。最终效果如图8.188所示。

扫码看视频

图8.188 最终效果

8.5.1 制作背景并添加素材

01 执行菜单栏中的"文件"|"新建"命令，在弹出的对话框中设置"宽度"为960像素，"高度"为1440像素，"分辨率"为72像素/英寸，"颜色模式"为RGB颜色，将画布填充为深青色（R：20，G：78，B：80），如图8.189所示。

02 执行菜单栏中的"文件"|"打开"命令，在弹出的对话框中选择配套资源中的"素材文件\第8章\APP游戏下载页面\背景.jpg"文件，将打开的素材拖入画布中并适当缩小至与画布相同大小，其图层名称将更改为"图层1"，如图8.190所示。

图8.189 新建画布填充颜色

图8.190 添加素材

03 在"图层"面板中，选中"图层1"图层，单击面板底部的"添加图层蒙版" 按钮，为其图层添加图层蒙版，如图8.191所示。

04 选择工具箱中的"渐变工具" ，编辑黑色到白色的渐变，单击选项栏中的"线性渐变" 按钮，在图像上从下至上拖动将部分图像隐藏，如图8.192所示。

图8.191 添加图层蒙版

图8.192 隐藏图像

05 选择工具箱中的"矩形工具" ，在选项栏中将"填充"更改为黑色，"描边"为无，在画布顶部绘制一个与画布相同的矩形，此时将生成一个"矩形1"图层，将"矩形1"图层"不透明度"更改为40%，如图8.193所示。

图8.193 绘制图形并更改不透明度

06 执行菜单栏中的"文件"|"打开"命令，在弹出的对话框中选择配套资源中的"素材文件\第8章\APP游戏下载页面\状态图标.psd"文件，将打开的素材拖入画布中顶部位置并适当缩小，如图8.194所示。

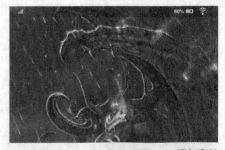

图8.194 添加素材

8.5.2 绘制图形

01 用刚才同样的方法在界面底部位置绘制2个黑色矩形，此时将生成"矩形2"和"矩形3"两个新的图层，并将这两个图层的"不透明度"更改为30%，如图8.195所示。

图8.195 绘制图形并降低图形不透明度

⑫ 选择工具箱中的"椭圆工具" ，在选项栏中将"填充"更改为白色，"描边"为无，在画布靠中间位置按住Shift键绘制一个圆形，此时将生成一个"椭圆1"图层，将"椭圆1"图层"不透明度"更改为30%，如图8.196所示。

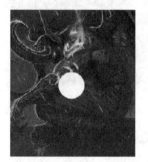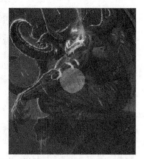

图8.196 绘制图形并降低图形不透明度

⑬ 执行菜单栏中的"文件"|"打开"命令，在弹出的对话框中选择配套资源中的"素材文件\第8章\游戏APP\列表图标.psd、暂停图标.psd"文件，将打开的素材分别拖入画布中靠右上角及椭圆图形上并适当缩小，将其适当降低不透明度，如图8.197所示。

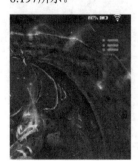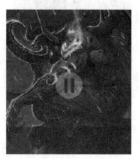

图8.197 添加素材并更改不透明度

⑭ 选择工具箱中的"横排文字工具" ，在画布中靠上方位置添加文字，将文字图层"不透明度"更改为40%，如图8.198所示。

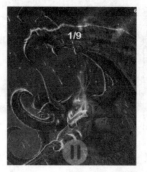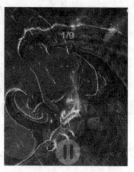

图8.198 添加文字并更改不透明度

⑮ 选择工具箱中的"椭圆工具" ，在选项栏中将"填充"更改为白色，"描边"为无，在画布靠左侧位置按住Shift键绘制一个圆形，此时将生成一个"椭圆2"图层，如图8.199所示。

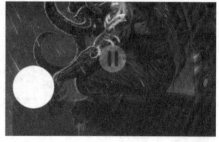

图8.199 绘制椭圆图形

⑯ 执行菜单栏中的"文件"|"打开"命令，在弹出的对话框中选择配套资源中的"素材文件\第8章\游戏APP\头像.jpg"文件，将打开的素材拖入画布中并适当缩小，其图层名称将更改为"图层2"，如图8.200所示。

图8.200 添加素材

⑰ 选中"图层2"图层，按Ctrl+Alt+G组合键执行"创建剪贴蒙版"命令，将部分图像隐藏，再按Ctrl+T组合键对其执行"自由变换"命令，将图形等比例缩小，完成之后按Enter键确认，如图8.201所示。

图8.201 创建剪贴蒙版并缩小图像

⑧ 选择工具箱中的"圆角矩形工具" ，在选项栏中将"填充"更改为绿色（R：3，G：125，B：57），"描边"为无，"半径"更改为5像素，绘制一个圆角矩形，此时将生成一个"圆角矩形1"图层，如图8.202所示。

图8.202 绘制图形

⑨ 在"图层"面板中，选中"圆角矩形1"图层，单击面板底部的"添加图层样式" fx 按钮，在菜单中选择"描边"命令，在弹出的对话框中将"大小"更改为2像素，"颜色"更改为绿色（R：40，G：150，B：66），完成之后单击"确定"按钮，如图8.203所示。

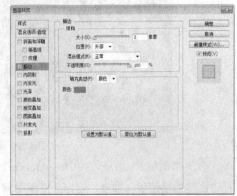

图8.203 设置描边

⑩ 在"图层"面板中，选中"圆角矩形1"图层，将其图层"填充"更改为20%，如图8.204所示。

图8.204 更改填充

⑪ 选择工具箱中的"横排文字工具" T ，在刚才绘制的图形适当位置添加文字，并降低部分文字的不透明度以区分信息的主次要性，如图8.205所示。

图8.205 添加文字

8.5.3 绘制细节图形

① 选择工具箱中的"多边形工具" ，在选项栏中将"填充"更改为黄色（R：255，G：186，B：0），单击 图标在弹出的面板中勾选"星形"复选框，将"缩进边依据"更改为40%，"边"更改为5，按住Shift键绘制一个星形，此时将生成一个"多边形1"图层，如图8.206所示。

图8.206 绘制图形

② 选中"多边形1"图层，按住Alt+Shift组合键向右侧拖动将图形复制4份，此时将生成相应的拷贝图层，选中"多边形1 拷贝4"图层，在选项栏中将其"填充"更改为无，"描边"颜色为黄色（R：255，G：186，B：0），"大小"更改为1点，如图8.207所示。

图8.207 复制图形并更改图形颜色

03 执行菜单栏中的"文件"|"打开"命令，在弹出的对话框中选择配套资源中的"素材文件\第8章\游戏APP\底部图标.psd"文件，将打开的素材拖入画布中底部图形上并适当缩小，如图8.208所示。

图8.208 添加素材

04 在"图层"面板中，选中"底部图标"组中的"排行"图层，单击面板底部的"添加图层样式" *fx* 按钮，在菜单中选择"描边"命令，在弹出的对话框中将"大小"更改为2像素，"不透明度"更改为40%，"颜色"更改为白色，完成之后单击"确定"按钮，如图8.209所示。

图8.209 设置描边

05 选中"排行"图层，将其图层"填充"更改为0%，如图8.210所示。

图8.210 更改填充

06 在"排行"图层上单击鼠标右键，从弹出的快捷菜单中选择"拷贝图层样式"命令，同时选中"搜索""用户"及"剧情"图层，在其图层名称上单击鼠标右键，从弹出的快捷菜单中选择"粘贴图层样式"命令，这样就完成了效果制作，最终效果如图8.211所示。

图8.211 复制并粘贴图层样式及最终效果

8.6 课堂案例——APP游戏安装页面

案例位置　案例文件\第8章\APP游戏安装页面.psd
视频位置　多媒体教学\8.6 课堂案例——APP游戏安装页面.avi
难易指数　★★★☆☆

本例讲解APP游戏安装页面的制作。此款页面在制作过程中以详细的图形图像结合为原则，通过明了的文字信息的加入，给人一种强烈的视觉对比效果。最终效果如图8.212所示。

扫码看视频

图8.212 最终效果

355

8.6.1 制作背景并绘制图形

① 执行菜单栏中的"文件"|"新建"命令，在弹出的对话框中设置"宽度"为960像素，"高度"为1440像素，"分辨率"为72像素/英寸，"颜色模式"为RGB颜色，将画布填充为浅青色（R：218，G：235，B：235）。

② 选择工具箱中的"矩形工具" ■，在选项栏中将"填充"更改为深青色（R：43，G：96，B：102），"描边"为无，在画布靠顶部位置绘制一个矩形，此时将生成一个"矩形1"图层，如图8.213所示。

图8.213 绘制图形

8.6.2 添加素材并绘制图形

① 执行菜单栏中的"文件"|"打开"命令，在弹出的对话框中选择配套资源中的"素材文件\第8章\APP游戏安装页面\状态图标.psd"文件，将打开的素材拖入画布中顶部位置并适当缩小，如图8.214所示。

图8.214 添加素材

② 选择工具箱中的"矩形工具" ■，在选项栏中将"填充"更改为无，"描边"为白色，"大小"更改为5点，在界面顶部位置按住Shift键绘制一个矩形，此时将生成一个"矩形2"图层，如图8.215所示。

图8.215 绘制图形

③ 选中"矩形2"图层，按Ctrl+T组合键对其执行"自由变换"命令，当出现变形框以后，在选项栏的"旋转"文本框中输入45，完成之后按Enter键确认，如图8.216所示。

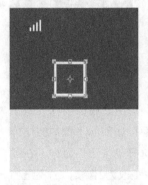

图8.216 变换图形

④ 在"图层"面板中，选中"矩形2"图层，单击面板底部的"添加图层蒙版" ▣ 按钮，为其图层添加图层蒙版，如图8.217所示。

⑤ 选择工具箱中的"矩形选框工具" ▯，在图形右侧绘制一个矩形选区，以选中部分图形，将选区填充为黑色，将部分图形隐藏，完成之后按Ctrl+D组合键将选区取消，如图8.218所示。

图8.217 添加图层蒙版　　　　图8.218 隐藏图形

⑥ 选择工具箱中的"横排文字工具" T，添加文字，如图8.219所示。

图8.219 添加文字

⑦ 选择工具箱中的"圆角矩形工具" 🔲，在选项栏中将"填充"更改为无，"描边"为深青色（R：43，G：96，B：102），"大小"更改为2点，"半径"更改为5像素，绘制一个圆角矩形，此时将生成一个"圆角矩形1"图层，如图8.220所示。

图8.220 绘制图形

⑧ 在"图层"面板中，选中"圆角矩形1"图层，将其拖至面板底部的"创建新图层" 🔲按钮上，复制1个"圆角矩形1 拷贝"图层，如图8.221所示。

⑨ 选中"圆角矩形1 拷贝"图层，在选项栏中将"填充"更改为深青色（R：43，G：96，B：102），"描边"为无，按住Shift键将图形向右侧平移，将左侧与原图形稍微重叠，如图8.222所示。

图8.221 复制图层　　　图8.222 修改图形颜色

8.6.3 添加文字

① 选择工具箱中的"横排文字工具" T，在刚

才绘制的图形上添加文字，如图8.223所示。

图8.223 添加文字

② 选择工具箱中的"直线工具" ╱，在选项栏中将"填充"更改为浅青色（R：193，G：220，B：220），"描边"为无，"粗细"更改为2像素，按住Shift键绘制一条与画布相同宽度的水平线段，此时将生成一个"形状1"图层，如图8.224所示。

图8.224 绘制图形

③ 选中"形状1"图层，按住Alt+Shift组合键向下拖动，将图形复制2份，此时将生成"形状1 拷贝"及"形状1 拷贝2"图层，同时选中"形状1""形状1 拷贝"及"形状1 拷贝2"图层，单击选项栏中的"垂直居中分布" 🔳按钮将图形对齐，如图8.225所示。

图8.225 复制图形并分布对齐

8.6.4 添加素材

① 执行菜单栏中的"文件"|"打开"命令，在弹

357

出的对话框中选择配套资源中的"素材文件\第8章\APP游戏安装页面\游戏图标.psd"文件，将打开的素材拖入画布并适当缩小，如图8.226所示。

02 选择工具箱中的"横排文字工具" T，在游戏图标右侧位置，添加相对应的文字信息，如图8.227所示。

图8.226 添加素材　　　图8.227 添加文字

03 选择工具箱中的"多边形工具" ⬡，在选项栏中将"填充"更改为黄色（R：255，G：186，B：0），单击 ⚙ 图标在弹出的面板中勾选"星形"复选框，"缩进边依据"更改为40%，"边"更改为5，在"鼠雄奇幻之旅"文字下方位置绘制一个星形，此时将生成一个"多边形1"图层，如图8.228所示。

图8.228 绘制图形

04 选中"多边形1"图层，按住Alt+Shift组合键向右侧拖动，将图形复制4份，此时将生成相应的4个拷贝图层，选中最右侧的图层，在选项栏中将其"填充"更改为灰色（R：164，G：164，B：164），如图8.229所示。

图8.229 复制图形并更改图形填充

05 同时选中"多边形1""多边形1 拷贝""多边形1 拷贝2""多边形1 拷贝3"及"多边形1 拷贝4"图层，按住Alt+Shift组合键向下拖动至每个游戏文字下方位置，将图形复制，如图8.230所示。

06 分别选中部分多边形，将图形颜色更改为灰色（R：164，G：164，B：164），如图8.231所示。

图8.230 复制图形　　　图8.231 更改图形颜色

07 选择工具箱中的"圆角矩形工具" ▢，在选项栏中将"填充"更改为无，"描边"为深青色（R：43，G：96，B：102），"大小"更改为2点，"半径"更改为5像素，在"鼠雄奇幻之旅"文字右侧绘制一个圆角矩形，此时将生成一个"圆角矩形2"图层，如图8.232所示。

图8.232 绘制图形

08 选中"圆角矩形2"图层，按住Alt+Shift组合键向下拖动，将图形复制，如图8.233所示。

09 选择工具箱中的"横排文字工具" **T**，在绘制及复制的图形上添加文字，这样就完成了效果制作，最终效果如图8.234所示。

图8.233 复制图形　　图8.234 添加文字及最终效果

8.7 本章小结

本章主要详解综合设计实战。在本章中讲解了几个最为经典的案例，从精致CD控件的设计制作到APP游戏安装页面的制作，这其中包括质感、扁平、流行的风格的运用。通过本章的学习与深层次的吸收，可以达到独立设计常用流行应用界面的目的。

8.8 课后习题

UI设计的流行，为我们的设计提供了很多学习资源，读者要多从生活中发现，并勤于学习，以能快速提高设计能力。在本章的最后，安排了2个综合性的实例供读者参考学习。

8.8.1 习题1——点餐APP界面

案例位置 案例文件\第8章\点餐APP界面.psd
视频位置 多媒体教学\8.8.1习题1——点餐APP界面.avi
难易指数 ★★★☆☆

本例主要练习点餐APP界面的制作。本例的制作方法比较简单，在绘制过程中需要注意界面的主体色调和食物颜色相搭配，由于是西餐类的界面设计，所以在制作的过程中要参考文字信息及菜品图像进行着手，在设计上尽量达到符合西餐的风格。最终效果如图8.235所示。

扫码看视频

图8.235 最终效果

步骤分解如图8.236所示。

图8.236 步骤分解图

8.8.2 习题2——概念手机界面

案例位置　案例文件\第8章\概念手机界面.psd
视频位置　多媒体教学\8.8.2习题2——概念手机界面.avi
难易指数　★★★☆☆

扫码看视频

　　本例主要练习概念手机界面的制作。本例的制作过程看似简单，却需要一定的思考能力，由于是概念类手机界面，在绘制的过程中就要强调它的特性，如绘制的界面需要适应更窄的手机边框、神秘紫色系的颜色搭配等，都能很好地表达这款界面的定位。最终效果如图8.237所示。

图8.237 最终效果

　　步骤分解如图8.238所示。

图8.238 步骤分解图